推进职业院校校企合作的研究与实践

吴堂林　胡昌送　马　杰　朱　强　著

人民交通出版社

内 容 提 要

本书作为“行业引导型政校企合作共建体制机制建设”项目的研究成果之一，深入剖析了行业引导型校企合作的现状与需要解决的核心问题，并就广东交通职业技术学院行业引导型校企合作体制机制建设提出具体的建议。本研究视角较为独特，注重结合国内外高等职业教育的最新研究成果，对高等职业教育校企合作的内涵、改革开放以来我国校企合作政策进行了系统的梳理与回顾，对存在的问题作出深入反思。

图书在版编目(CIP)数据

推进职业院校校企合作的研究与实践 / 吴堂林等编著. — 北京 : 人民交通出版社, 2013.11

ISBN 978-7-114-11260-7

Ⅰ. ①推… Ⅱ. ①吴… Ⅲ. ①职业教育—产学合作—研究—中国 Ⅳ. ①G719.2

中国版本图书馆 CIP 数据核字(2013)第 045527 号

书 名：推进职业院校校企合作的研究与实践
著 作 者：吴堂林 胡昌送 马 杰 朱 强
责任编辑：任雪莲 徐 菲
出版发行：人民交通出版社
地 址：(100011)北京市朝阳区安定门外外馆斜街 3 号
网 址：http://www.ccpress.com.cn
销售电话：(010)59757973
总 经 销：人民交通出版社发行部
经 销：各地新华书店
印 刷：北京市密东印刷有限公司
开 本：787 × 1092 1/16
印 张：13.25
字 数：311 千字
版 次：2013 年 11 月 第 1 版
印 次：2013 年 11 月 第 1 次印刷
书 号：ISBN 978-7-114-11260-7
定 价：46.00 元
(有印刷、装订质量问题的图书由本社负责调换)

前　言

2010年，教育部、财政部联合启动了"国家示范性高等职业院校建设计划"骨干院校建设工程，大力推进合作办学、合作育人、合作就业、合作发展。校企合作体制机制建设成为国家骨干高职院校建设的首要任务。广东交通职业技术学院作为首批立项建设的国家骨干高职院校，设立了"行业引导型政校企合作共建体制机制建设"综合项目，在开展校企合作理论研究的同时，积极开展实践探索，对学校政校企合作发展理事会进行了换届，完善了校企合作组织机构和运作机制，做实了专业层面的校企合作，推动了学校的内涵发展。

作为"行业引导型政校企合作共建体制机制建设"项目的研究成果之一，本书深入剖析了行业引导型校企合作的现状与需要解决的核心问题，并就广东交通职业技术学院行业引导型校企合作体制机制建设提出了具体的建议。本研究视角较为独特，注重结合国内外高等职业教育的最新研究成果，对高等职业教育校企合作的内涵、改革开放以来我国校企合作政策进行了系统的梳理与回顾，对存在的问题作出深入反思。在此基础上，对国内校企合作的模式、合作内容、存在问题等从实践逻辑的角度进行研究，并以美国、德国、澳大利亚、日本、新加坡等校企合作案例为主开展国际视野的比较研究。最后，基于广东交通职业技术学院行业引导型校企合作开展了案例研究。研究中的不成熟和不完善之处，敬请同行和专家批评指正。

本书虽然由项目组人员执笔撰写完成，实际上却凝聚着广东交通职业技术学院全体教职员工的智慧和汗水。在国家骨干高职院校即将验收之际，我们既把本书作为国家骨干高职院校建设的重要成果，也作为学校开启后骨干时代全面提升办学水平的献礼。

本书由广东交通职业技术学院"行业引导型政校企合作共建体制机制建设"项目组成员完成，主要分工如下：第一章由吴堂林、胡昌送编写，第二章、第四章由马杰、朱强编写，第三章由胡昌送、吴堂林编写，第五章由朱强、马杰编写，吴堂林教授为全书作了统稿工作。在成书过程中，广东交通职业技术学院的校领导、部分老师对本书提出了建设性的意见和建议，在此对他们表示感谢。人民交通出版社自始至终关心着本书的撰写和出版，对他们的敬业精神表示感谢。

"行业引导型政校企合作共建体制机制"项目组

2013年10月

目 录

1 绪论

在高等教育大众化进程中,中国高等教育系统的结构和层次发生了重大变化。高等职业教育作为我国职业教育体系的重要组成部分,近年来已得到社会各界前所未有的重视与支持,社会吸引力正在不断提升。改革开放30多年来,尤其是近十年间,高等职业教育经历了跨越式的发展。2009年,高等职业院校发展到1 215所,年招生规模313.4万人,在校生964.8万人,毕业生近285.6万人。[1] 普通专科(包括高等职业院校)招生规模占了普通高等院校招生规模的一半(图1-1)。

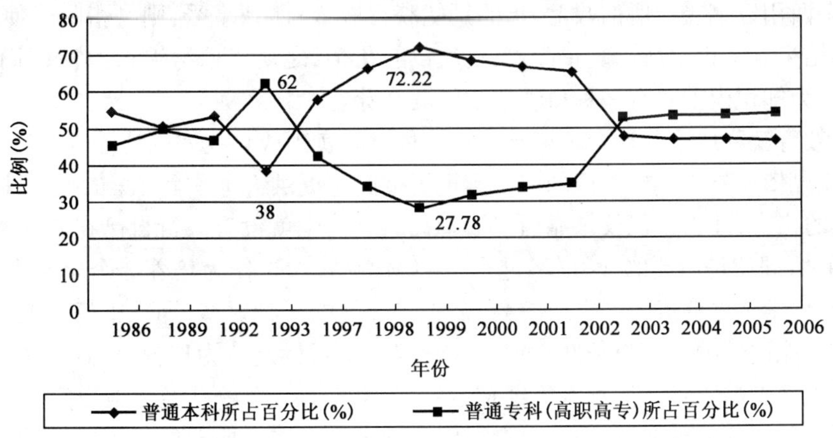

图1-1 1985—2006年普通高校本、专科招生比例

资料来源:①中国教育年鉴1985—1986;②中国教育年鉴1989;③中国教育统计年鉴1991—1992;④中国教育综合统计年鉴1993;⑤中国教育事业统计年鉴1997;⑥1998—2006年全国教育事业发展统计公报;⑦1998—2006年教育统计年鉴。

当前,我国现代化建设正站在一个新的起点上,经济社会发展需要尽快走上"创新驱动、内生增长"的轨道。这为职业教育创造了前所未有的机遇,也提出了前所未有的要求。2014年,李克强总理主持召开国务院常务会议,专门部署加快发展现代职业教育。把发展职业教育看作是促进转方式、调结构和民生改善的战略举措。认为办好职业教育,对提升劳动大军就业创业能力、产业素质和综合国力,意义重大。党和政府部门对职业教育寄予厚望,希望高职教育能够成为中国高等教育率先创新办学模式、人才培养模式乃至成为创建世界一流的重要突破口。打造具有中国特色、较高水平、国际影响的高等职业教育,既成为建设高等教育强国的重要内容,也成为高职教育战线的共同愿景。

1 职业教育改革发展综述:服务经济建设主战场[N].中国教育报,2010-7-12.

1.1 高等职业教育的内涵、意义、功能的再认识

1.1.1 后大众化时代高等教育功能的认识

传统的高等教育只有一种组织形式——大学,是所谓精英为满足"闲逸的好奇"追求学术的"乐园"。它与社会保持着有尊严的距离,尽力抵制来自政府和市场的压力和诱惑。在19世纪,当"实用主义"风暴冲击传统大学的自由教育时,纽曼在《大学的理想》一书中坚持认为,大学是探究普遍知识的场所,大学教育的目的即为知识本身。他把自由教育与绅士联系在一起,并通过比较"奴性"一词来突出自由的含义——自由教育立足于我们的要求,不受后果支配,不期望补充,不受目的影响,也不会被任何技艺所同化。[1] 尽管纽曼承认专业教育会为改变生活带来种种便利,但他引用亚里士多德的话语竭力为自由教育进行辩护:有用的东西带来收益,自由的东西用以享受。所谓收益,指的是能获得收入;所谓享受,则是指除了使用之外,不会带来任何结果。知识之所以真正高贵,之所以有价值,之所以值得追求,其原因不在于它的结果,而是因为知识内部含有一种科学或哲学的胚芽。[2]

把自由教育解释成不受社会环境支配的一种自我实现或自我完成是合情合理的。帕利坎指出,大学如果依靠具有英雄气概的成就实现了把面包提供给每一个餐桌的抱负,同时却忽略了一条基本的格言,即人不仅仅是靠面包活着,那么,大学就没有履行自己在心智和道德上的责任。[3] 有用性,即使是重要的话,也不过是一种副产品,如果作为培养一个全面发展的、有价值的人的结果,学生也会成为国家或教会、企业或学问的一种财富,那也很好。但这种教育的主要目标决不能以这种结果为条件。[4] 但当大学仅仅把目标定位为理智上的训练的话,它就难以回避实用主义者的职责。洛克就曾经诘问:"要求孩子们学习已经为他设定好的职业中根本派不上用场的语言基础知识,而一向忽视培养学生为大多数职业所不可或缺的一手好字和算账的能力吗?没有什么比在教育中忽视那些为孩子将来的职业所必需的事情更荒唐可笑了。"[5] 布鲁贝克也告诫,自由教育,它的生命力来自经验、来自历史。自由教育的思想起源于古希腊古罗马时代。它与个人在社会中的政治、经济地位有关,只适合与奴隶、工匠相对的自由人。他们无需谋生技能,只需要追求杰出的理智训练。在一定意义上,自由教育只是少数人的特权。[6]

到了近代,工业革命的成功使得科学技术在推动社会经济和文明的发展过程中起着越来越重要的作用。高等教育的无形产品——知识,是我们文化中唯一最强大的因素,它影响各种职业,甚至社会阶级、地区和国家的兴衰。[7] 随着知识经济社会的到来,知识产业凸现。现代社

1 纽曼.大学的理想[M].杭州:浙江教育出版社,2006:28.

2 纽曼.大学的理想[M].杭州:浙江教育出版社,2006.

3 帕利坎.大学理念重审:与纽曼的对话[M].北京:北京大学出版社,2008:20.

4 布鲁贝克.高等教育哲学[M].杭州:浙江教育出版社,2002:81.

5 纽曼.大学的理想[M].杭州:浙江教育出版社,2006:79.

6 布鲁贝克.高等教育哲学[M].杭州:浙江教育出版社,2002:82.

7 克尔.大学的功用[M].5版.北京:北京大学出版社,2008:1.

会的运作越来越依靠知识及其应用。国力的增强与知识的生产性有更加紧密的联系,国与国之间的竞争不再是资源和军事实力的较量,更多的体现在知识和技术的高低上。世界银行在1998 年发表的《知识发展报告》中明确提出,在全球知识爆炸的今天,各国应缩小知识差距,否则穷国将被更远地抛在后头。人力资本理论的兴起,也大大刺激了许多国家特别是发展中国家的教育投资和发展。根据人力资本理论,教育不是消费性事业,教育对生产来说也是一种投资,也是一种资本。而且人力资本增长速度比一般物质资本增长快,人力资本的增长是现代经济最鲜明的特点。根据推算,初级教育收益率为 35%,中级教育收益率为 10%,高等教育的收益率为 11%,教育的平均收益率为 17.3%。据此推算,国民总收入增长部分中的 33% 得益于教育[1],而其中很大一部分是由高等教育提供的。根据经济合作与发展组织(OECD)的统计[2],以知识为基础的工业,包括高科技产品的主要生产者、高科技和中高科技的生产工艺以及技术的主要使用者,已经占 OECD 国家国内生产总值的一半以上,而且仍然在继续快速增长。从1985 年到 1997 年的十多年间,以知识为基础的工业和服务在商业部门的价值及就业增长中的份额,在几乎所有的国家都有明显的增长。社会和经济发展要求大学走出象牙塔,从社会生活的边缘走向社会生活的中心,成为社会发展的"动力站"和"服务站"。高等教育越来越被要求在解决人口、环境、和平、发展等方面承担更多的社会责任。

推动高等教育大发展的另外一个动力是民主化浪潮的兴起。在传统的大学中,接受高等教育是少数精英的"特权",在大众化时期,这种"特权"观受到了挑战。接受一定程度的高等教育不再被认为是少部分人的"特权",而被看作是大多数人的"权利"。接受一定年限的高等教育成为越来越多的人们提升自我价值,实现向上流动,获取更多机会的重要选择,正如希尔斯(Shils)曾经指出的,"这是一个对通过大学使社会和个人得到完善,具有伟大指望的时代。"克拉克也指出"高等教育将越来越少地为精英阶级服务,而将更多地服务于创造一个相对没有等级的社会。"

高等教育发展首先体现在规模的急剧扩张上,多数国家已进入"高等教育大众化阶段"。表 1-1、表 1-2 为世界各国关于毛入学率的一些数据。

世界各国第三级教育毛入学率(%) 表 1-1

国 家	2002 年	2003 年	2004 年	2005 年	2006 年	2007 年	2008 年	2009 年	2010 年
世界平均(World)	21.52	22.52	23.47	24.14	24.95	25.93	27.01	28.07	29.17
澳大利亚(Australia)	74.54	72.67	71.35	72.10	71.22	72.06	72.27	75.91	79.92
巴西(Brazil)	20.09	22.25	23.81	25.63					
智力(Chile)	40.50	42.86	42.81	47.81	46.68	52.26	55.01	59.18	
中国(China)	12.76	15.45	17.74	19.41	21.05	21.91	22.42	24.35	25.95
法国(France)	52.82	54.35	54.88	55.24	55.41	54.62	54.20	54.53	
印度(India)	10.18	10.70	11.06	10.82	11.62	13.26	15.15	16.23	17.87
日本(Japan)	50.80	52.03	53.86	55.35	57.58	58.40	58.57	59.02	59.74
马来西亚(Malaysia)	28.16	31.61	31.24	29.31	30.60	33.04	37.46	40.24	

1 袁振国. 对峙与融合:20 世纪的教育改革[M]. 山东:山东教育出版社,1995:12.
2 周满生,谢维和. OECD 教育政策分析 2001[M]. 北京:教育科学出版社,2003:85.

续上表

国　家	2002 年	2003 年	2004 年	2005 年	2006 年	2007 年	2008 年	2009 年	2010 年
墨西哥(Mexico)	21.77	22.79	23.78	24.47	25.09	25.82	26.55	27.04	28.03
新西兰(New Zealand)	67.24	68.94	83.56	80.63	78.72	79.01	78.16	82.73	82.56
俄罗斯(Russian Federation)	66.54	66.30	70.21	72.16	72.34	73.48	74.71	75.89	
英国(United Kingdom)	62.25	61.70	59.00	58.69	58.91	58.65	57.04	58.53	
美国(United States)	79.48	81.21	81.33	82.18	82.64	83.40	85.40	89.08	94.81

资料来源:世界银行,http://search. worldbank. org/quickview? name = School + %3Cem%3Eenrollment%3C%2Fem%3E%2C + % 3Cem% 3Etertiary% 3C% 2Fem% 3E + % 28% 25 + % 3Cem% 3Egross% 3C% 2Fem% 3E% 29&id = SE. TER. ENRR&type = Indicators&cube_no = 2&qterm = Gross + enrollment + ratio2012-10-10.

2000 年各国高等教育毛入学率的国际水平与该国实际水平对照表　　表 1-2

国　家	按购买力平价法计算的人均 GDP(国际元)	高等教育毛入学率的国际水平(%)	该国实际的高等教育毛入学率(%)
美国	34 142	94	71
日本	26 755	75	48
法国	24 223	68	54
意大利	23 626	66	50
英国	23 509	66	59
墨西哥	9 023	26	20
巴西	7 625	22	16
土耳其	6 974	21	24
泰国	6 402	19	36
伊朗	5 884	18	21
菲律宾	3 971	12	31
印度尼西亚	3 043	9	15
印度	2 358	7	11
越南	1 996	6	10
孟加拉国	1 602	3	7
中国	3 976	12	10

注:为了增强可比性,我国高等教育毛入学率数据也来自联合国教科文组织,与我国现有教育统计数据有些差别。

在高等教育大众化时期,教育多元化是基本特征和必然趋势。不同类型的教育承担不同的功能和目标以满足不同个人和社会的需要。所以不同类型的学校、不同教育有不同的功能和目的。

早在 20 世纪 70 年代,欧洲教育部长会议组织了“第三级教育多样化专题调查组”,经过 6 年在英、法、德、荷兰、挪威、瑞士、瑞典七国的调查与试验,提出“第三级教育多样化”的报告,指出“传统的高等教育制度,既不能满足各方面差别不断增加的学生们的需要,也不能适应这些国家技术上较发达以及民主的欧洲社会中技术和资格极大多样化对教育的需求。要使这些问题得以解决,只有把传统的高等教育改变成范围较广的,具有各种目的和各种水平的多样化第三级教育体系。"调查还提出,不同于传统大学教育,另外形式的教学计划要"更着重于就业需要","专业和职业走向必须以关于劳动力市场发展情况的既有数量又有质量的系统情报为基础"。1998 年联合国教科文组织第一届世界高等教育大会提出的《关于高等教育的变革与发展的政策性文件》中指出:"几乎世界各地的高等教育都趋向多样化,虽然有些学校,尤其是具有理论传统的大学对变革有一定程度的抵触,但从总体上说,高等教育已经在较短时期内进行了意义深远的改革","许多国家的高等教育制度,出现了两元的但未必是两极的分化现象——大学类型及非大学类型的高等院校……多样化是当今高等教育中值得欢迎的趋势,定当全力支持"。

马丁·特罗的大众化理论描述了大众化时期高等教育在"质的规定性"方面的变化:教育机会的性质将由少数人的特权,成为一定资格者的权利;高等教育机构将由类型单一,规模小,每校数千人,学校与社会的界线清晰转变为类型多样化,学校规模大,成为巨型大学,学校与社会界线模糊。我国学者对此作了详细的归纳,见表 1-3。

表 1-3　高等教育发展三阶段的量变化和质的 10 个维度变化[1]

三段论 维度	精英阶段	大众阶段	普及阶段
高等教育规模 (毛入学率)	15%以下	15%～50%	50%以上
高等教育观	上大学是少数人的特权	一定资格者的权利	人的社会义务
功能	塑造人的心智和个性,培养官吏与学术人才	传授技术与培养能力; 培养技术与经济专家	培养人的社会适应能力,造就现代社会公民
课程	侧重学术与专业,课程高度结构化和专门化	灵活的模块化课程	课程之间、学习与生活之间的界线被打破,课程结构泛化
教学形式与师生关系	学年制,必修制; 重视个别指导法; 师徒关系	学分制; 讲授为主,辅以讨论; 师生关系	教学形式多样化,应用现代化手段; 师生关系淡化
学生的学习经历	住校,学习不间断	走读,多数学生的学习不间断	延迟入学,时学时辍现象增多
学校类型与规模	类型单一; 每校数千人; 学校与社会间界线清晰	类型多样化; 三四万人的大学城; 学校与社会间界线模糊	类型多样至没有共同的标准,学生数无限制,学校与社会间的界线逐渐消失
领导与决策	少数精英群体	受政治、"关注者"影响	公众介入
学术标准(质量标准)	共同的高标准	多样化	"价值增值"成了标准
入学与选拔	考试成绩,英才成就	引进非学术标准	个人意愿
学校行政领导 学校内部管理	学术人员兼任; 高级教授控制	专业管理者,初级工作人员和学生参与	管理专家; 民主参与; 校外人士参与

1 潘懋元,谢作栩. 试论从精英到大众高等教育的"过渡阶段"[J]. 高等教育研究,2001,(2).

在高等教育被寄予厚望,不断卷入社会经济的发展过程中,高等教育的功能分化成为必然。高等教育功能的分化是随着知识的分化、社会分工专业化的发展而逐步发展起来的。纽曼所倡导的大学是探究普遍知识的场所,大学教育的目标在于知识本身,在于培养掌握全部学问的“学问大师”,“有用的知识”是“一堆糟粕”的时代已经一去不复返了。但正如克拉克·克尔所言,这个美妙的世界在它被如此美妙地描绘时就已经永远的破碎了。当1852年纽曼在撰写《大学的理想》时,德国的大学正成为新的楷模。民主、工业与科学革命都在西方世界大行其道。科学开始取代道德哲学的地位,研究开始取代教学的地位。[1] 现代社会出现的“知识爆炸”让任何人都不可能成为通晓一切知识或掌握百科全书式知识的人。今天,一个人只能希望成为精通有限领域学问的人。

高等教育不是外在于一个时代的社会总体组织外部,而是内部,它不是分隔开的,不是历史的,尽可能不顺从或多或少的新势力和新影响。正相反,它是时代的表述,也是对今日和未来发生着的影响。大学朝着它所参与的社会的演变方向,而其通过知识服务社会也在“毁誉参半”中踯躅前行。在这一过程中一直伴随着通识教育(General Education)、专业教育(Professional education)、职业教育(Vocational Education)之争。教育目标之争往往演变为教育层次和知识贵贱之争,通识的知识一般被看作是高贵的,而专业知识则很久不被大学所承认,更何况职业的知识。弗莱克斯纳指责大学成为了“中等学校”、职业学校、教师培训学校、研究中心、进修机构、生意事务,如此等等,它们从事“难以置信的荒唐活动”。最糟糕的是,它们成为了“公众的服务站”。[2] 当“怀旧者”对走出“象牙塔”的大学耿耿于怀时,大学则通过克拉克所谓的“多元巨型化大学的方式”与它所处的社会保持必要的张力,即高等教育机构已经从大学这一唯一的组织形式中衍生出服务不同目的的各类型机构。阿什比如此评价美国高等教育机构:“美国高等教育的质量千差万别,学士学位的标准多种多样,对自身环境具有很有价值的适应力。社会上所要求的合格标准,并不都是学术上所力求达到的合格标准;学校所发的廉价证书,正像市场出售的廉价汽车一样,具有它合法的市场。”[3]

高等教育功能分化使得高等教育机构分化成为必然。促使高等教育机构多样化的力量部分是专业化的原因,这是高等教育结构分化的内部力量。在基础理论研究得到加强的同时,实践性知识、应用性知识也越来越受到了重视。“专业化越来越明显,知识越来越重要,院校形式的多样化就是对这两种发展趋势作出的合乎逻辑的反应。在许多情况下,通过为特定的学生群体精心设计培养目标,新建院校和改革后的院校能为公共利益提供最好的服务。”[4] 而响应市场对大量不同类型、不同层次人才的需求,则是高等教育机构分化的外部力量。

---

1 克尔.大学的功用[M].5版.北京:北京大学出版社,2008:2.

2 克尔.大学的功用[M].5版.北京:北京大学出版社,2008:3.

3 阿什比.科技发达时代的大学教育[M].北京:人民教育出版社,1983:12.

4 世界银行,联合国教科文组织高等教育与社会特别工作组.发展中国家的高等教育:危机与出路[M].北京:教育科学出版社,2001:29.

专栏 1-1

国际教育标准分类

根据1976年版的“国际教育标准分类”,高等职业教育应该归类于ISCED5,也就是“第三级教育第一阶段”中“授予不等同于大学第一级学位的学历证明”这一层次,属于专科层次的高等教育。

但是,随着20世纪八九十年代高新技术的迅猛发展,职业教育也发生了日新月异的变化,无论是质量或数量、内容或形式,都与以往产生了较大区别。因此,1976年版的“国际教育标准分类”中对高等职业教育的界定,已经显得过于笼统,无法满足当前和未来的需要。为了适应形势的发展,联合国教科文组织于1997年重新制定了新版本的“国际教育标准分类”(ISCED1997)。新标准分类将教育分为7个等级,具体是:

ISCED0 级为学前教育;

ISCED1 级为小学教育;

ISCED2 级为初中教育;

ISCED3 级为高中阶段教育;

ISCED4 级为高中阶段与大学阶段之间的补习期教育;

ISCED5 级为大学阶段教育;

ISCED6 级为研究生阶段教育。

1997年版本的分类标准与1976年版本的分类标准相比,最大的区别是将大学阶段的教育类别重新进行了组合与划分,将ISCED5阶段的教育分为以学术研究为主的教育(5A)和以实用技术为主的教育(5B)。可以看到,1976年的ISCED版本,是以学制和学历作为分类标准;而1997年的ISCED版本,是以人才培养目标和职业生涯发展方向作为分类标准。高等职业教育的层次与分类,应归属于5B这一等级。

根据国际上通行的概念描述,ISCED5A教育“具有较强的理论基础”,并可与ISCED6(研究生教育)衔接,获得“具有进入高等研究领域的能力”,这也是传统高等教育所强调的。相比之下,ISCED5B的教育是“定向于某个特定职业的课程计划”,“主要设计成获得

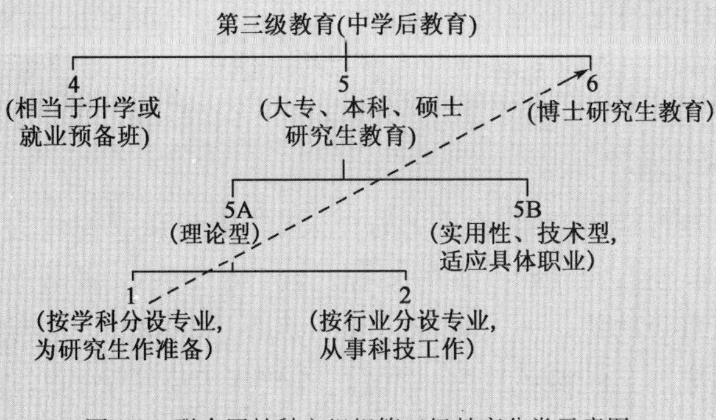

图1-2 联合国教科文组织第三级教育分类示意图

某一特定职业或职业群所需要的实际技术和专门技能，对学习完全合格者通常授予进入劳动力市场的有关资格证书”，“比5A的课程更加定向于实际工作，并更加体现职业特殊性，而且不直接通向高等研究课题。”在通常情况下，5B的学制要比5A短一些，但某些特殊领域学制时间也会较长。图1-2所示为联合国教科文组织第三级教育分类。

我国在20世纪90年代初期之前，高等教育基本上属于精英教育。1990年，高等教育毛入学率仅为3.4%，从1999年扩招开始，中国高等教育开始向高等教育大众化迈进。1999年普通高校招生数比1998年增加了47.4%，2002年高等教育毛入学率达到了15%，2010年达到了26.5%。从普通高中升学率来看，也从90年代初的27%，增加到2010年的83.3%。见图1-3。

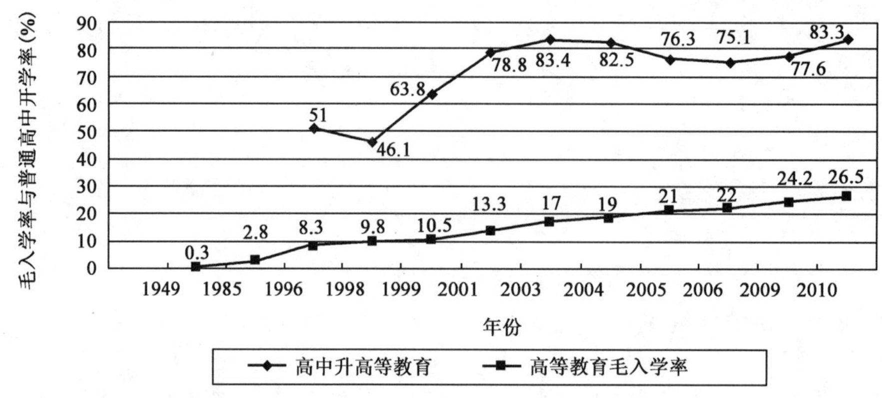

图1-3　1949—2010年高等教育毛入学率与普通高中升学率

资料来源：①新中国五十年统计资料汇编；②中国教育统计年鉴2003；③中国教育与人力资源问题报告课题组. 从人口大国迈向人力资源强国[R]. 北京：高等教育出版社，2003. 23；④刘英杰. 中国教育大事典1949—1990(上)[M]. 杭州：浙江教育出版社，1993. 49；⑤全国教育事业发展发展统计公报1998—2010年。

仅从数字而言，中国高等教育进入了所谓的“后大众化”时代。有研究者提出来“后大众化”时代“1∶99”现象。据西班牙科学计量学专家统计，当今世界上有2万多所大学，而真正具有“知识贡献”的高校不到200所。换句话说，未来1%的大学担负着研究使命，剩下99%的大学担负着就业、创意、创业、创新的使命。蒋国华教授指出，纵观中国的公立大学，尤其是“211工程”、“985工程”高校，仍在为向世界一流高校而努力。“而事实上，99%的大学无论新老、公私(民)、大小，都站在同一条新的起跑线上。”为此，他提出了“职业培训站”的概念，把以传统的知识系统为本的授课时间压缩去三分之一甚至更多，腾出时间来开展企业环境下的教学、培训和下基层下企业的实践。[1]

因此，在一个高等教育结构日益多元化的今天，必须摒弃那种认为职业教育不如专业教育、通识教育的做法。职业教育同样存在着知识发现、知识传授、知识转移的功能。不过，与其他两类相比，需要认清自身的特点——职业教育的核心是职业性。必须要避免各类教育功能之间同质化的趋向，形成自己的特色，这是中国高等教育亟待解决的基础性问题。

1 蒋国华. “后大众化”时代，民办大学走向何处[N]. 中国科学报. 2012-03-28.

1.1.2 职业性——高等职业教育的内涵及基本特征

职业教育的内涵及特征是由职业教育的本质属性,特别是它的内在矛盾的特殊属性所决定的。早期的职业教育(专业教育)由于被看作是"实用的"技能训练而被认为是"低贱"的。柏拉图在《理想国》中就根据人的秉性和天赋对教育对象和目标作了严格的区分:那些作为国家的护国者,需要一种深谋远虑的智慧,不需要考虑国中某个特定方面的事情;专业知识和技能属于工匠、奴隶、自由民等。教育的目的就在于使不同人各尽其责,不可逾矩。纽曼与洪堡延续着这样的传统。他们把职业教育看作是"实用的""专业的"教育,从而与"自由的""以知识本身""纯粹的科学研究本身"为目的的教育区分开来。

早期自由教育与职业教育的差异主要体现在培养目标上。纽曼竭力反对把教育目标限定在培养所谓的工程师、科学家、教师、医生等专业人才之上。他引用考波斯顿博士的话指出,专业分离及劳动分工导致各种技艺日臻完善、民族的繁荣富强以及人民的幸福安康。但就个人而言,一个人越是把他的才能倾注于某个职业,他在工作中自然会展示更娴熟的技能、更高的敏捷度。他为社会财富的积累贡献越大,但作为理性的人,他自己就会越来越退化。他就像一个功率强大的机器上的一个部件,在其所在的位置上是有用的,一旦离开这个位置便变得微不足道、一文不值了。[1] 尽管如此,如今知识的激增已经远远超远了纽曼所处的时代。现代社会所出现的知识爆炸,使得任何人都不可能成为通晓一切知识或掌握这种百科全书式知识的人。

当下,知识爆炸及社会分工的发展,职业教育与自由(普通)教育在培养目标上的差异则具体体现在知识的类型方面。蔡元培在谈到普通教育和职业教育的区别时也指出,所谓职业教育,就好像一所房屋,内有教室、寝室等,有各自的用处;普通教育就像一所房屋的地基,有了地基,便可以把亭台楼阁等建筑起来。故职业教育所注重的,是专门技能或知识,有时研究到极精妙处,也许出现和日常生活绝不相干的情形。[2] 具体而言,职业教育面对的主要冲突是它和学科知识教育之间的张力。学科知识型教育将知识分门别类、由浅入深地组织教学,极大地提高了教育的效率。所以,应该说,学科知识型教育的产生和发展是人类教育史上的重大进步。但是它也潜藏着一个"危险",由于这种教育是按照学科知识的体系来设计安排教育的,学习掌握这些学科知识本身就是目的,并不直接针对受教育者的实际需要,因此容易产生学非所用、学用脱节。因此,必将又会出现学科知识教育与职业技术教育并重的形态。一方面,科学知识进一步发展并应用于生产领域,形成了许多基于科学知识的新技术,相应的社会需要大量掌握和应用这些技术的劳动者;另一方面,学科知识型教育培养的人有好多没有适合的工作,于是又呼唤再生职业技术教育,并与学科知识型教育相辅相成、并驾齐驱。[3] 这种冠名"职业技术教育"的教育发展与各国的工业化进程相一致,而其中职业技术教育的"高移"发展又与各国的信息化进程相一致。[4] 这就需要学科知识教育与职业教育并重发展。

同时,自由(普通)教育与职业教育也必将逐步从矛盾和冲突中走向融合。正如黄炎培指出的:职业教育者,其目的最显明之一部分,为解决个人生计问题,但不应仅仅局限于此。职业

1 纽曼.大学的理想[M].杭州:浙江教育出版社,2006:88.

2 蔡元培.普通教育和职业教育[C]//华东师范大学教育系.中国现代教育文选.北京:人民教育出版社,1993:6.

3 唐永泽,王晓东.论职业教育与非职业教育的分类[J].教育与职业,2012,(12).

4 潘懋元.高等教育:历史、现实与未来[M].北京:人民教育出版社,2004:556.

教育将使受教育者各得一技之长,以从事于社会生产事业,籍获适当之生活;同时更注意于共同之大目标,即养成青年自求知识之能力、巩固之意志、优美之感情,不惟以应用于职业,且能进而协助社会、国家,为其健全优良之分之也。[1]

图1-4为职业教育、自由教育与学科知识教育之间的张力示意图。

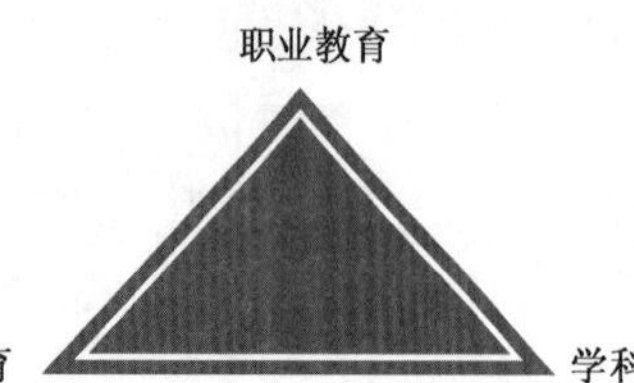

图1-4　职业教育、自由教育与学科知识教育之间的张力

综上所述,职业教育既区别于传统大学所秉承的自由教育精神,也不完全等同于注重学科知识传统的当代大学。它是一种教育类型而非仅为普通教育的一个层次。《中华人民共和国职业教育法》明确提出:"职业教育是国家教育事业的重要组成部分,是促进经济社会发展和劳动就业的重要途径。"《中国教育改革和发展纲要》(以下简称《教育纲要》)也提出:"职业教育是现代教育的重要组成部分,是工业化、社会化和现代化的重要支柱。"联合国教科文组织的文件中指出,职业教育是"主要给予学生从事某种生产劳动或职业所需要的知识和技能,同时给予职业道德、习惯的教育"。[2]《教育纲要》在明确职业教育的使命和任务时指出:"职业教育要面向人人、面向社会,着力培养学生的职业道德、职业技能和就业创业能力。"再就表明,[3] 职业教育有其内在规定性,即职业性。它是直接为地方经济和社会发展,包括行业建设服务的;它是直接为人的就业服务的;它与市场特别是劳动力市场的联系最直接、最密切。这些特殊的属性,就决定了职业教育具有与其他类型教育相比的不可替代性。

1)职业教育的职业性体现在专业性方面

社会学家把职业界定为专业化社会角色,不同职业依据不同的职业分类标准进行划分。把社会角色看作是职业活动的主体,完成职业活动应具备的资格和素质就成为表征职业的重要内容。作为专业活动的职业,必须受国家专门制度的规范和约束。国家或国际职业分类体系及其准入制度是职业制度化的专门制度,前者规定职业的基本范围,后者规定从业者必须具备从业资格。德语中关于职业(Beruf)的定义可以看出这一点。定义中将理论与实践知识、社会身份的紧密联系表达清晰,内容如下:大量相关的系统理论知识、一整套实践技能和已掌握者的社会身份。获得这一身份以通过考试取得资格证书为证明,因而也被所有雇主完全认可。[4]

因此,对于职业的语义或常识性解释及其社会学解释,至少有三方面限制性:其一,职业是个人为了谋生而服务社会的工作或劳动;其二,职业是个体合乎社会角色规范必须承担的责任;其三,职业是需要专业知识、技能的制度化的活动。因此,职业的概念界定为:职业是以谋生为基本目的,基于市场交换驱动的分工基础上,个体必须从事的连续的制度化的社会生产或服务性专业活动。[5]

1　黄炎培. 中华职业教育社成立五年间之感想[C]//华东师范大学教育系. 中国现代教育文选. 北京:人民教育出版社,1993. 112-113.

2　元三. 职业教育概论[M]. 长沙:湖南教育出版社,1988:4.

3　国家中长期教育改革和发展规划纲要(2010—2020年)[EB102]. (2010-07-29)[2010-07-29] http://www. gov. cn/jrzg/2010-07/29/content-1667143. htm.

4　克拉克,温奇. 职业教育:国际策略、发展与制度[M]. 瞿海魂,译. 北京:外语教学与研究出版社,2011:154.

5　肖凤翔,所静. 职业及其对教育的规定性[J]. 天津大学学报:社会科学版,2011,(5).

专栏 1-2

美国国家标准职业分类与 O ＊NET 系统职业分析
——O ＊NET 系统职业分析给我们的启示与借鉴

在美国劳动部公布的标准职业分类系统(Standard Occupational Classification system, SOC)中,将美国的职业分为 23 个大类、97 个中类、461 个小类、840 个细类,对具有相近工作职责、技能训练水平、教育水平的具体职业岗位归属于一个细类中,它包括了从洗碗工、搬运工到经济学家、律师等各个职业。2010 年美国劳动部统计局对 2000 年的标准职业分类作了重新修订,发布了 2010 年最新的标准职业分类。

职业描述案例:机械工程技术员(Mechanical Engineering Technicians)

机械类专业技术职业分为机械工程师、技术师、技术员三个层次,其中机械工程技术员职业描述有 13 个部分:职业定义、工作任务、工具与技术要求、知识、技能、工作能力、工作活动、工作方式、所需教育水平、职业兴趣、性格要求、工作价值观、相关联职业等。

举例如下:

(1)职业定义:在工程师的指导下,应用机械工程理论和原理对机器设备进行调整、开发和检测。

(2)工作任务:应用仪表测量电流、电压及输入输出,分析零件工作性能;根据设计指标和测量对象分析测试结果,调试设备使之满足工作要求性能;应用工程技能测量零件尺寸,使之达到规定尺寸与要求;对机器设备、测量仪器等进行设计、制造、装配新零件或改进零件等 10 项要求。

(3)使用的工具与技术:使用工具包括铜焊设备、气焊设备、氧乙炔设备和弧焊设备、组合铣床、立式数控铣床、薄板切割机、自动火焰切割机等。需掌握技术包括 ANSYS、AutoCAD、SolidWorks、Mastercam 等各类工具软件,数学软件,数控编程、机器人编程与 PLC 伺服控制等工业控制软件,微软公司文字处理软件等。

(4)知识要求:机械和工具设计、使用、维修和维护知识;工程科学技术应用知识;产品设计生产和维护知识;涉及技术计划制订、制图和三维造型等方面的设计、工具和原理等知识;算术、代数、几何、微积分、统计等数学知识;英语语言结构、单词意义、拼写、作文和语法知识等。

(5)技能要求:能阅读理解、积极倾听、与人协调、判断和决策、数学应用、复杂问题解决、时间管理、主动学习、疑难解决、设备选型等。

(6)能力要求:口语理解、演绎推理、发现问题敏感性、仔细观察、口头表达、书面理解、归纳推理、信息订制、事件分类、精确控制等。

(7)工作活动:获取信息,识别物体、动作和事件;检查设备、结构和材料;决策和解决问题;信息评价与决定是否符合标准;监测工艺、材料和环境;与主管、同事和下属沟通;确定对象、行为和活动;记录与保存信息;控制机器与生产工艺;使用计算机等。

(8)工作方式:面对面讨论、自由决策、室内环境控制、与他人沟通、精准工作、电子商务、团队工作、周工作时间、穿戴防务衣装等。

(9)教育水平:需经职业学校培训,并有工作经验,或具有二年制社区学院的副学士学位。

(10)性格要求:工作可靠、注意细节、与人合作、工作适应能力、分析思维、能承受工作压力、工作主动创新、诚信、独立工作、不惧困难等。

机械工程技术员职业各项要求重要性排序

在职业分析的同时,对职业要求承担的工作任务、所需知识、技能、能力各个方面还作了重要性排序分析,对机械工程技术员的主要职业要求重要性数据分析如下:

(1)工作任务重要性:仪表使用为73%,分析测试结果为69%,绘制零件草图并制定加工工序为68%。

(2)工具与技术重要性:列出了所有需学习使用的详细工具清单、工具软件清单。

(3)知识重要性:机械知识为82%,工程技术知识为79%,设计知识为72%,数学知识为68%,化学知识为41%,外语知识为12%,美术知识为5%等,共有33项。

(4)技能重要性:阅读为86%,人际关系为74%,数学为73%,主动学习为70%,写作为67%,质量控制分析为49%,计算机编程为25%等,共有35项。

(5)能力重要性:口语理解为72%,发现问题为69%,演绎推理为69%,口头表达为66%,数学计算为53%,书面写作为66%,归纳推理为63%,记忆力为38%等,共有52项。

(6)工作活动重要性:获取信息为85%,检测设备与材料为82%,机器与工艺控制为70%,机械设备维护与维修为60%,与外界人员交流为49%,行政办公为34%等,共有41项。

(7)其他重要性还有:工作方式(57项),职业兴趣(6项),性格要求(16项),工作价值观(6项)等。

通过对职业要求的重要性分析,可使职业院校和受教育者能明确教学内容、学习或培训的重点所在,能使社区学院更加清晰地掌握职业教育的工作要求,更科学地进行专业教学内容的开发与实施。

职业概念反映的是职业活动的一般的、本质特征,它对教育的规定性,是职业活动的一般的和本质特征对教育现象的限定,决定职业教育的基本属性,其目的在于促进教育胜任社会分工的责任,是职业对教育的社会性的规制与限定。职业作为制度性的专业活动,其主体是专业化的职业角色。职业角色在教育和工作过程中实现专业化。教育是生成社会角色的过程,职业角色是重要的社会角色,其角色规范要靠胜任职业活动必需的专业素质支撑,学习者通过工学结合的教育过程生成职业所需的专业素质。在不考虑职业岗位供给的前提下,通过教育为社会培养数量足够、质量合格的职业人,是社会稳定、文明进步的基础。就特定个体而言,职业角色是个体胜任所要扮演的各种社会角色的基础与核心。教育作为社会分工的特殊行业,其使命在于使学生具备胜任社会角色尤其是职业角色,帮助他们逐渐形成社会角色的素质。教育的任务在于,生成所有社会成员或角色所必需的基本素质,这些素质是所有职业角色必须具备的共同素质。[1]

1 肖凤翔,所静. 职业及其对教育的规定性[J]. 天津大学学报:社会科学版,2011,(5).

职业活动决定职业教育机构的专业教育方式体现于四点：

第一，工作任务决定专业教学目标体现在：①专业教学目标需反映职业活动者对工作结果的预期。工作任务是对有效职业活动结果的描述，它要正确体现职业活动及其过程的原理，实质是合乎标准的职业活动的逻辑。职业教育专业教学目标，应体现特定职业活动及其过程的原理。②完成工作任务的标准应成为检测职业教育专业教学效果的依据。从此意义上讲，职业教育专业教学目标与特定领域工作任务的指向具有一致性。

第二，工作内容决定教学内容。德国学者研究了职业教育专业教学内容与职业活动同质性关系。这种同质性关系就是职业教育专业教学内容的选择与组织应该遵循职业活动的逻辑，即职业活动的"行动领域"规定并对应于"学习领域"，据此开发出的项目课程就是工作内容决定教学内容的典型。

第三，劳动工具决定教学手段和教学用具。有的职业学校总结出"在做中学，在学中做"的经验，"做中学"与"学中做"都以"做"为中心，"做"的目的在于完成工作任务，完成工作任务要凭借劳动工具，在此意义上讲，劳动工具与教学手段和教学用具同义。

第四，劳动组织形式决定教学组织形式。职业教育机构的专业教育具有很强的职业性，它要受职业活动方法及其组织形式的制约，工作或职业活动方式在很大程度上就成为了教育活动方式，深深地影响着职业教育机构的专业教育活动方式。职业教育中的实习或实训，通常是在真实的职业环境中进行，只有在真实的劳动组织中，工作任务、人际关系、工作氛围、职业文化等才可能真实，才能达到实习与实训目的。保持教学组织形式与劳动组织的一致性，是现代职业教育教学过程的重要特点。[1]

2）职业教育的职业性体现在社会性方面

1930 年，黄炎培在《职业教育机关惟一的生命是什么》一文中指出，职业学校有最紧要的一点，譬如人身中的灵魂，"得之则生，弗得则死"。这就是社会性，从其作用来说就是社会化。[2]

职业学校开设哪类专业，各专业间的相关性等，不能凭教育行政部门、学校师生员工的意志，而应该由劳动力市场的供求关系决定。劳动力市场的供求关系表征着产业、行业对技能型人才的需求，它对职业学校办学具有导向作用。职业分类标准确定的职业范围及其工作类型的同一性，它规定着从事相应职业的人应该具备的共同素质，他们从事职业活动所借助的劳动手段、劳动工具、面对的劳动对象以及身临的工作环境。职业范围及其工作类型的同一性随产业、行业不同而不同。

对于职业教育的这一属性，黄炎培早在 1926 年的《实施职业教育新标准》中就明确要求："（四）职业教育机关欲决定设科，自宜从事调查。其方法宜从地方调查，如现有之职业，孰为发达，孰应改良，及未来之职业孰为需要。（五）职业教育机关调查研究之结果，于农、工、商……各科中决定何科，尤当于一科之中，决定专设何种（如设农科，应视土性所宜，决定何种作物。如设工科，应视地方状况，决定其为机器工或手工，而于机器或手工中，更视地方所产何种原料，需要何种出品，而决定何种工艺。如设商科，应视地方情形而定普通商业或特种商业），宜简单，宜切要。候其收执远商推广……（八）职业教育机关招收学生，必审察其将来生活

1 肖凤翔，所静．职业及其对教育的规定性［J］．天津大学学报：社会科学版，2011，(5)．

2 黄炎培．职业教育机关惟一的生命是什么［C］∥华东师范大学教育系．中国现代教育文选．北京：人民教育出版社，1993：122-123．

需要，是否为是项职业所能供给。（九）职业教育机关招收学生，必须审察社会需要之分量，以定学额之多寡及按年续招与否。”[1]

也有研究者称之为职业教育的“跨界”属性。他们认为，高等职业教育的产生源于产业经济发展对高技能人才的大量需求。这种与区域产业的关系决定了职业教育不同于普通教育，除了教书育人、传承文化的功能外，还要面向行业企业，面向经济的现实需求，是一种打破教育与职业的界限，“跨越了企业与学校，跨越了工作与学习，即跨越了职业与教育的疆域”的育人活动。[2] 因此“跨界性”应是职业教育的本质属性，职业教育要真正做到“校企合作、工学结合”，必须有行业企业的实质参与，这正是职业教育跨界属性的本质表述。但是，职业院校和行业企业是不同的组织，各自有着不同的组织目标与利益追求，两者之间存在着清晰的边界，主要表现为物理边界（如高教园区和产业园区在地理位置上的差异）、社会边界（如职业院校与行业企业对社会公益的诉求不同）和心理边界（表现为不同的组织特定的认知、学习与文化氛围对人的行为、心理的影响及思维上的差异）。[3]

职业教育的社会属性使其在专业设置、教学内容、教学方式、人才培养目标等方面与社会产业部门保持密切的联系。联合国教科文组织关于技术与职业教育的主要观点与建议指出：技术与职业教育应与各级各类教育和职业界相沟通，成为终身教育的一个重要组成部分：

——消除各级各类教育之间、教育与职业界之间以及学校与社会之间的割裂状况，把各级技术、职业和普通教育合理地结合起来；

——建立开放和灵活的教育结构；

——考虑到个人的教育需要、职业的发展并将工作经验看作是学习之组成部分；

——创造一种学习文化，使个人能够扩大知识视野，积极参与社会活动。

职业教育的社会性还体现在教育教学方式上。职业教育的宗旨在于帮助学习者学会做事，做事方式或职业活动方式即成为影响职业教育机构专业教育活动方式的关键因素。在现代社会，“职业界也是一个良好的教育环境。……工作具有培养人的价值”。[4] 职场之所以成为教育环境，工作具有培养的价值，在于完成工作任务所采取的方法及其劳动组织形式成为影响职业教育学习者的专业学习经验的重要内容。职业教育专业教学追求行动导向教学，强调教学相对工作现场的真实性、完整性和协作性，项目教学十分典型地体现出来。项目教学将教学方法与劳动组织形式融合，把教学的核心课题设计成为一个个项目，教学活动围绕这些项目展开，使教学过程与生产过程同步，项目实施完毕，特定产品被生产出来。项目教学实施的过程与工作现场具体产品生产过程同步，它基本模拟了工作现场的方法及其组织形式，将二者有机结合起来。

因此，也有研究者强调，职业教育最好都让产业部门来办。最有效的培养模式，是采取类似自学考试的弹性模块制度：产业部门负责技能培训，可自招学徒工或由学校把学生定向分配到企业及相应的职业部门，鼓励职业教育走“半工半读”的办学模式。在具体教育教学过程中，由教育部门与产业部门合作办学：企业是办学的主体，负责课程设置、教材编写、提供教师

---

1 黄炎培. 实施职业教育新标准[C]//华东师范大学教育系. 中国现代教育文选. 北京：人民教育出版社，1993：118.

2 姜大源. 中国职业教育发展与改革：经验与规律[J]. 职业技术教育，2011，(19).

3 崔永华，张旭祥. 论职业教育的“跨界”属性[J]. 教育发展研究，2010，(17).

4 联合国教科文组织. 教育：财富蕴藏其中[M]. 联合国教科文组织总部中文科，译. 北京：教育科学出版社，1996：98.

和教学设施设备、指导学生的技能实践、实施教学和技能评估。教育部门主要负责提供相应的文化课程和基础课程的教学,指导产业部门进行有效的教学管理。学生毕业时要相应地通过两种毕业考试,即产业部门负责职业技术的等级资格考试,发放全国统一的职业技术资格证书;教育部门负责文化课和基础理论的考试,发放相应的学历证书。各司其职,各尽所能,合作培养。[1]

专栏 1-3

Franklin W. Olin College 简介

Olin 学院是一所私立本科工程类院校,位于波士顿(Boston)附近,紧邻波士顿学院校区(Boston College)。Olin 学院作为一所年轻的、小规模的、以项目制方式设置课程(Project-based Curriculum)的院校在工程领域界颇引人注目。

Olin 学院根据《普林斯顿评论》(The Princeton Review)大学排名:

就业服务最好排名:20;

学生最快乐:8;

学生学习最用功:3;

社区最融合:10。

2010 年《美国新闻周刊》排名:Olin 学院在不具有博士学位授予机构中,开展本科工程教育最好的院校中排名第 8,在电气/电子/通信领域最好的本科院校排名第 9。

Olin 学院成立于 1997 年,F. W. Olin 基金会为学校捐助了大约 4.6 亿美金。2003 年理查德·米勒(Richard Miller)作为第一任校长走马上任。与其他高校不同,Olin 学院没有独立的学术院系(Academic Department),每个专业/主修(Major)或学科也没有独立的经费预算。所有教师持有五年一签的合同,并且没有机会获得终身教职。学校在 2006 年获得美国新英格兰院校协会(NEASC)的认证。学校电气工程/计算机工程(Electrical/Computer Engineering)、机械工程(Mechanical Engineering)和工程学的学位在 2007 年获得美国工程教育及技术认证委员会(ABET)的认证。

Olin 学院的探索

Olin 学院的多数课程围绕工程进行实践,或者参与项目的设计。学校非常强调学生的动手能力。在大一新生中就开展这种以项目为基础的教学,直至学生能参与两项比较“前沿”的工程项目。通过高级工程咨询项目组(SCOPE),学生们可以受雇于一些非盈利组织或者公司,能真正参与到世界工程项目中去。

所有录取的学生都能获得 Olin 奖学金,能够相抵一半的学费。这些学费包括和波士顿学院、卫斯理学院(Wellesley College)和布兰迪斯大学(Brandeis University)等的跨院校注册费。为鼓励学生的热情和积极性,Olin 学院认可学生选修非学位授予学校(Non-degree College)的学分。除了奖学金外,学院还为学生提供财政补助。

---

1 王军. 职业教育:最好都让产业部门来办[N]. 南方周末. 2010-04-01.

学术方面

学院提供的学位有电气和计算机工程(ECE)、机械工程(ME)和工程(E)等领域的学位。在工程的学位项目中,学生可以选择计算机工程(E:CE)、生物工程(E:BE)、材料科学(E:MS)或者系统设计(E:SYS)等方向。另外,如果获得学校管理者的许可,学生也可自主选择自己的研究方向。

Olin 学院强调学生掌握多学科的知识和方法。新生的课程模块中把工程学、数学中的微积分和物理学整合在一起,以探寻三个学科之间的关系。将艺术、人文科学和社会科学进行课程组合,形成了认识我自己、技术的历史以及视听等课程。

Olin 学院特别强调学生的动手和实践能力。教学不仅是教给一组概念,而是要让学生参与到真实的项目中,并在项目中接受挑战。新生进入 Olin 学院后,第一年就进入机械车间,围绕项目开始学习和工作。学生们在实践中学习,在实践中运用和深化对概念和理论的理解。

Olin 的课程一般需要修学五年,并且要求学生必须融会贯通不同的学科内容。这使得学院具有一种持续变革和创新的文化以及不断进行自我革新的氛围。

Olin 学院作为一所小型的、新建院校,无论是管理者还是教师都乐意听取学生的意见。学生在学院未来的发展中发挥了积极的作用。

资料来源:Franklin W. Olin College 官网。

3)职业教育的职业性体现在它与自由教育与学科教育保持必要的张力方面

正如前文所述,职业教育的主要目的在于让受教育者谋得一技之长。根据国际教育标准分类,ISCED5B 教育主要是使求学者获得某一特定职业或职业群所需的实际能力(包括知识技能、态度等方面)。在课程设计上主要设计成获得某一特殊职业或职业群所需要的实践技术和专门技能——对学习完全合格者通常给予劳动市场的有关资格证书。[1] 但职业教育不能仅限于此。有研究者提出“高教性”应是其培养目标定位的基准,高职教育应当按照高等教育的规律和要求来准确定位,高职学生不仅要掌握较高层次的理论知识和专业技术能力,还要具备创新意识和可持续发展的能力,高职教育要根据社会需求和自身的性质、特点,确定自己的人才培养目标。[2] 科学设计课程体系和探索教学模式改革高职院校的“高教性”体现在培养专门人才上,专门人才首先是一个全面发展的人,是具有基本文化素养和良好社会适应性的人,是精通一门本行业内的专业技术兼晓其他的人才。高职院校的人才培养目标需要通过特定的课程体系和教学模式来实现,首先体现在人才培养的岗位定位上,高职教育的“高”就高在毕业生所从事的工作岗位以及综合程度,目前高职教育应当培养岗位适应性强、适应于技术密集型岗位的人,而非简单技能操作工、流水线上的操作员。高职与中职最明显的差异是文化程度,职业技能和职业能力所掌握的程度的区别。高职学生是技术型和智力技能型,而不是一般熟练的技能型,高职学生具有可持续发展的能力,即具有技术应用能力、问题解决能力以及具有一定专业理论知识基础。

1 董步学.从“国际教育标准分类”理解我国“高等职业教育”内涵[J].职业教育研究,2005,(5):6.

2 丁金昌.关于高职教育体现“高教性”的研究与实践[J].教育研究,2011,(6).

1.1.3 高等职业教育的功能

职业教育是教育体系的一个组成部分,因此,职业教育功能与教育所具有的一般功能如文化传递功能、政治功能、经济功能、发展科学技术功能、培养人才的功能等是一致的。但职业教育作为一个特定的教育类型,在共性中又有其自身特有的功能。《职业教育法》中对职业教育的表述:"职业教育是国家教育事业的重要组成部分,是促进经济、社会发展和劳动就业的重要途径。"《国家中长期教育改革和发展规划纲要(2010—2020 年)》中明确指出,"发展职业教育是推动经济发展、促进就业、改善民生、解决'三农'问题的重要途径,是缓解劳动力供求结构矛盾的关键环节,必须摆在更加突出的位置。"正如有些专家指出,"我们过去在谈职业教育重要性的时候,更多的是从经济发展的角度去认识的,就是经济发展需要职业教育,2005 年以后,党中央国务院不光是强调发展职业教育对于经济建设的作用,而且看到了对于构建和谐社会、促进社会公平方面的重要作用。"

职业教育的功能主要体现在两个方面:一是人力资源开发,解决民生问题,建构和谐社会的功能;二是推进终身学习,满足人自身发展的诉求。

1)职业教育与人力资源开发

职业教育是使人力资本开发系统化、规范化的重要手段。一个社会的人才结构从根本上是由社会生产力水平和经济结构决定的。由于社会职业十分庞杂,这就需要通过职业教育体系所划分的层次、专业的设置、课程的开发,使千差万别的职业形成一个合理的人才结构层次和培养人才的科学系统。

大力发展职业教育,是推进我国工业化、现代化的迫切需要。基本实现工业化,大力推进信息化,加快建设现代化,是 21 世纪前 20 年我国经济社会发展的战略任务。

高等职业教育以培养生产、建设、管理、服务第一线的高素质技能型专门人才为根本任务,在建设人力资源强国和高等教育强国的伟大进程中发挥着不可替代的作用。通过各级各类职业教育的发展规划和职业教育的发展规模,可以使国家研究型、工程型、技术型人才和高级专业人才、中级专业人才、初级专业人才保持一个合理的比例。使国家的人力资源能够构成一个知识技术结构合理、高效率的智力群体。[1]2009 年,全国独立设置高等职业院校 1 215 所,招生 313 万人,占普通高校招生总数 639 万人的 49%,在校生 965 万人。高等职业教育成为培养高技能人才的主要基础力量。[2]

目前,从我国人力资源开发现状来看,劳动力人口文化素质过低,科技创新人才严重缺乏。主要体现在:

①劳动力受教育程度不高。我国在 2000 年 25 ~ 64 岁劳动力中,初中及以下文化程度所占比例为 82%。具有高中及以上学历的比例为 18%。与 1999 年 OECD 国家同一指标平均数(69%)相比,差距近 3 倍,与美国同一指标相比差距近 4 倍。

②高层次人才匮乏。2011 年,我国 25 ~ 64 岁劳动力中,具有高等教育学历的比例仅为

1 高奇.职业教育功能[J].中国职业技术教育,2005,(5):17-20.

2 教育部高等教育司.国家高等职业教育发展规划(2011—2015 年)(征求意见稿)[EB/OL].(2010 年 9 月 13 日)[2010-11-19]http://www.worlduc.com/blog2012.aspx? bid = 2281452.

10.5%，而OECD国家1999年这一指标平均值就为24%。根据《2001年世界发展指数》数据，在每百万人中从事研究与开发的科学家和工程师人数，美国1993年为3 676人，日本1994年为4 909人，韩国1994年为2 193人，而我国1995年仅为454人。

③各行业、职业人口学历层次较低，竞争能力不强。[1] 表1-4所列为我国和日本部分行业人员受教育程度比较情况。

中国、日本部分行业人员受教育程度比较 表1-4

行业	人均受教育年限(年)		大专及以上从业人员比重(%)	
	中国	日本	中国	日本
农林牧渔业	6.79	10.67	0.14	8.16
建筑业	8.98	11.74	4.61	21.29
制造业	9.47	12.33	5.81	28.25
电力、煤气、热、供水业	11.25	13.21	16.28	31.58
交通通信业	9.8	12.08	6.85	22.25
批发、零售、饮食业	9.32	12.57	5.17	34.03
金融、保险、房地产业	12.79	13.58	37.45	54.18
社会服务业	9.75	13.24	8.7	51.62

资料来源：中国教育与人力资源问题报告课题组.从人口大国迈向人力起源强国[R].北京：高等教育出版社，2003.66.

《国家中长期人才发展规划纲要（2010—2020年）》（以下简称《人才纲要》）明确提出，要造就宏大的高素质人才队伍，突出培养创新型科技人才，重视培养领军人才和复合型人才，大力开发经济社会发展重点领域急需紧缺专门人才，统筹抓好党政人才、企业经营管理人才、专业技术人才、高技能人才、农村实用人才以及社会工作人才等人才队伍建设，培养造就数以亿计的各类人才，数以千万计的专门人才和一大批拔尖创新人才。具体目标，见表1-5。

国家人才发展主要指标 表1-5

指标	单位	2008年	2015年	2020年
人才资源总量	万人	11 385	15 625	18 025
每万劳动力中				
研发人员	人/(年·万人)	24.8	33	43
高技能人才占技能劳动者比例	%	24.4	27	28
主要劳动年龄人口受过高等教育的比例	%	9.2	15	20
人力资本投资占国内生产总值比例	%	10.75	13	15
人才贡献率	%	18.9	32	35

注：人才贡献率数据为区间年均值，其中2008年数据为1978—2008年的平均值，2015年数据为2008—2015年的平均值，2020年数据为2008—2020年的平均值。

资料来源：国家中长期人才发展规划纲要(2010—2020年)。

(1)经济社会发展重点领域急需紧缺专门人才。到2020年，在装备制造、信息、生物技术、新材料、航空航天、海洋、金融财会、国际商务、生态环境保护、能源资源、现代交通运输、农

1 中国教育与人力资源问题报告课题组.从人口大国迈向人力起源强国[R].北京：高等教育出版社，2003：64-65.

国家统计局人口和就业统计司，人力资源和社会保障部财务司.中国劳动统计年鉴2011年[M].北京：中国统计出版社，2012.

业科技等经济重点领域培养开发急需紧缺专门人才五百多万人;在教育、政法、宣传思想文化、医药卫生、防灾减灾等社会发展重点领域培养开发急需紧缺专门人才800多万人。

(2)专业技术人才队伍。到2015年,专业技术人才总量达到6 800万人。到2020年,专业技术人才总量达到7 500万人,占从业人员的10%左右,高级、中级、初级专业技术人才比例为10:40:50。

(3)高技能人才队伍。到2015年,高技能人才总量达到3 400万人。到2020年,高技能人才总量达到3 900万人,其中技师、高级技师达到1 000万人左右。

(4)农村实用人才队伍。到2015年,农村实用人才总量达到1 300万人。到2020年,农村实用人才总量达到1 800万人,平均受教育年限达到10.2年,每个行政村主要特色产业至少有1～2名示范带动能力强的带头人。

这对我国高职教育提出了迫切的要求。职业教育被看作是实现这些目标的重要途径。《人才纲要》中明确提出要完善以企业为主体、职业院校为基础,学校教育与企业培养紧密联系、政府推动与社会支持相结合的高技能人才培养培训体系。[1]

专栏1-4

国家高等职业教育发展规划(2011—2015年)

高等职业教育发展目标:拓展功能,提高质量,服务能力显著增强

——全日制与非全日制并重,稳步发展全日制专科教育,积极发展非全日制专科教育,2015年高等职业教育在校生总数达到1 390万人,其中,全日制在校生稳定在1 000万左右。

——适应学习型社会建设需要,大力开展技能和技术培训,年培训量达到1 000万人次,其中国家示范(骨干)院校年培训人次要达到全日制在校生人数的2倍,省级示范院校要达到1.5倍。

——优化专业结构。把握我国发展的阶段性特征和区域发展特征,面向振兴产业、战略性新兴产业、现代农业和现代服务业等领域,围绕地方支柱产业,调整专业布局,重点支持建设需求旺盛、产学结合紧密、人才培养质量高的国家级重点建设专业1 000个,省级重点建设专业2 000个,校级重点建设专业3 000个,全面提高专业建设的整体水平。

——强化技术服务。加强高等职业院校技术服务平台建设,面向行业企业开展技术服务,每年技术服务收入不低于12亿元,其中省级以上示范院校(含省级,下同)校均年技术服务收入不低于200万元。

——扩大国际交流与合作。拓展海外办学,加强师生交流,扩大来华留学生规模,“十二五”期间招收留学生3万人,其中省级以上示范院校招收留学生达到2万人。

2)职业教育与就业、民生

在当代社会,职业是个人谋生的手段,个人通过职业获得生存于社会的各种需求。我国现代职业教育家黄炎培提出,职业教育的目的是“使无业者有业,使有业者乐业”。职业教育不

1 国家中长期人才发展规划纲要(2010—2020年)[EB/OL].(2010年6月6日)[2010-06-06]http://www.gov.cn/jrzg/2010-06/061/content-1621777.htm.

仅要使受教育者获得从事某种职业的能力和资格，同时还要通过“核心能力”（关键能力）的培养，获得寻求就业、保持就业和变更就业的能力。职业教育可以通过对失业人员的转业、转岗培训，帮助他们重新就业。通过专业设置与各种培训，调节与解决社会结构性失业问题，促进就业。[1]1999年，联合国教科文组织召开的第二届国际技术与职业教育大会的主要工作文件中提出：“直接为大多数制造业和服务业职工所需的知识和技能的是教育体系中的技术和职业教育。虽然技术和职业教育不会创造工作机会，但是他可以使人们掌握改善就业机会所需的技能。”

《国家高等职业教育发展规划(2011—2015年)（征求意见稿）》明确提出，高等职业教育必须在改善民生、促进就业等方面发挥积极作用。发展职业教育的指导思想是必须“坚持以服务为宗旨、以就业为导向、走产学研结合的发展道路……突出人才培养的针对性、灵活性和开放性，增强办学活力，丰富办学特色，全面提升高等职业院校整体办学水平，不断提高服务经济社会发展的能力”。

1999年，中共中央、国务院提出大力发展高等职业教育，经过十年的快速发展，2009年全国高等职业院校在校生数比1999年增长了8.2倍，为我国实现高等教育大众化发挥了重要作用。然而，21世纪初中国职业教育面临的外部环境是全球最大的、持续的就业压力。而人口劳动力相对丰富，劳动力素质欠缺则又是一个难题。就业是民生之本，高等职业教育必须在全面提高广大劳动者素质和职业技能、缓解就业的结构性矛盾、培养符合经济发展和产业升级需要的高素质技能型专门人才等方面发挥独特的作用，为改善民生，促进社会和谐做出积极贡献。因此，有研究者指出，职业教育就是就业教育、谋生教育、生涯教育，只有根据各地区不同情况采取不同的发展政策，因地制宜，才能使职业教育得到最充分的发展。职业教育要从初中后发展到职业生涯的全辐射。职业教育的出路在于：以就业为导向，以服务求支持，以贡献求生存，以特色求发展。[2]

专栏1-5

江苏省2010年度高职院校就业率首次超过本科院校

2012年6月10日，江苏省高校招生就业指导服务中心（以下简称招就中心）发布《江苏省2011年度高校毕业生就业报告》，发布2010届高校毕业生的就业情况。2010届江苏省高校毕业生毕业半年后就业率为93.3%。

据江苏招就中心的报告显示，2010届江苏省高校毕业生毕业半年后就业率为93.3%，比2009届江苏省高校毕业生半年后就业率(90.4%)高2.9个百分点。其中，2010届江苏省高校本科毕业生毕业半年后就业率为92.6%，比江苏2009届本科(90.9%)高1.7个百分点；2010届江苏省高校高职高专生毕业半年后就业率为93.8%，比江苏2009届高职高专(89.8%)高4.0个百分点。

值得注意的是，江苏省连续两届（2008届、2009届）高职高专生毕业半年后的就业率与本科生的差距在不断缩小，并在2010届超过了本科毕业生1.2个百分点。高职院校的就业率首超本科院校，招就中心负责人分析，这可能是因为制造业的转型升级需要更多技能型、高素质的劳动者。

1 高奇. 职业教育功能[J]. 中国职业技术教育，2005，(5)：17-20.

2 张力. 以特色求发展：职业教育 = 就业教育[EB/OL].（2005年6月25日）[2012-02-23]. http://www.chinagz.org/a/xueshengjiuye/zhiyeshengyaguihua/2012/0223/408.htm.

3)职业教育与人的发展、终身学习

联合国教科文组织在第二届职业技术与培训大会发表的《技术与职业教育和培训:21世纪的展望》中认为,“我们讨论了21世纪——一个知识、信息和通信时代——的新挑战。全球化和信息与通信技术的革命预示了需要一种新的以人为本的发展模式。我们得出结论:职业与技术教育(TVE)作为终身学习的组成部分,在此新时代应发挥至关重要的作用。因为,它是实现和平文化、有益于环境的可持续发展、实现社会和谐和国际公民意识的有效手段”。

《国家高等职业教育发展规划(2011—2015年)(征求意见稿)》提出,高等职业院校在面对建设学习型社会的战略目标时,必须抓住机遇,为社会成员多样化学习和发展提供服务,主动服务学习型社会建设,满足社会成员多样化学习和发展需要。让高职院校成为当地从业人员继续教育、社区教育、技能培训、新技术推广和先进文化传播的重要基地。

专栏1-6

联合国教科文组织关于技术与职业教育的主要观点与建议

技术与职业教育的指导思想——技术与职业教育同全民教育、可持续发展和终身教育的关系:

(1)技术与职业教育应与各级各类教育和职业界相沟通,成为终身教育的一个重要组成部分。

——消除各级各类教育之间、教育与职业界之间以及学校与社会之间的割裂状况,把各级技术、职业和普通教育合理地结合起来;

——建立开放和灵活的教育结构;

——考虑到个人的教育需要、职业的发展,将工作经验看作是学习之组成部分;

——创造一种学习文化,使个人能够扩大知识视野,积极参与社会活动。

(2)技术与职业教育应成为实现可持续发展的重要途径。

——进一步增强技术与职业教育体系中教师和培训师的可持续发展意识;

——吸引更多的私立部门参与技术与职业教育和可持续发展有关的活动;

——开发基于可持续发展理念的技术与职业教育教材和学习工具,促进创新性实践;

——将可持续发展的理念和内容融入职业教育,促进以发展技能和增强就业为目标的能力建设;

——通过各种会议、出版物和互联网分享和宣传与可持续发展有关的典型实践案例,促进相关信息的传播;

——启动与可持续发展相关的项目,促进可持续目标的实现。

(3)技术与职业教育应面向全民,成为体现关怀弱势群体、促进社会公平的重要手段。

——保证女童和妇女接受技术和职业教育与培训的机会均等;

——为失业者和各种处境不利的人群提供各种正规与非正规技术和职业教育与培训;

——为所有社会成员提供职业指导和咨询;

——促进弹性入学,以实现终身学习与培训。

1.2 高等职业教育的实施路径——校企合作、行业合作

2007年，温家宝指出，深化职业教育管理体制改革，建立行业、企业、学校共同参与的机制，推进工学结合、校企合作的办学模式。2010年，《国家中长期教育改革和发展规划纲要(2010—2020年)》指出，应建立健全职业教育政府主导、行业指导、企业参与的办学体制。鲁昕在教育部校企合作签约仪式上的讲话中指出，职业教育是将自然人培养成职业人的重要过程，是以满足工作岗位需要为出发点，并以劳动收入体现其价值的教育。职业教育的人才培养过程与生产、服务过程的各个环节密切相关，职业教育的这些特点决定了它必须联系行业企业生产实际，实行校企合作的模式。

倡导的"产教合作、工学结合"是职业教育职业性本质的必然要求，也是教育与生产劳动相结合原则在职业教育中的具体体现，实现了职业教育的本质回归。校企合作是职业教育的本质要求，它是产教结合的基本途径，产教结合是我国发展职业教育的基本要求。校企合作是工学结合的体制基础，工学结合是我国职业教育的基本培养模式。[1] 然而，就我国而言，高等职业院校与行业企业紧密联系的体制机制尚未形成，管理体制和运行机制不够灵活，办学活力不足，专业设置和人才培养质量难以完全适应区域经济社会发展需要。《国家中长期教育改革和发展规划纲要(2010—2020年)》指出，调动行业企业的积极性，建立健全政府主导、行业指导、企业参与的办学机制，制定促进校企合作办学法规，推进校企合作制度化。鼓励行业组织、企业举办职业学校，鼓励委托职业学校进行职工培训。制定优惠政策，鼓励企业接收学生实习实训和教师实践，鼓励企业加大对职业教育的投入。

《国家高等职业教育发展规划(2011—2015年)(征求意见稿)》提出的高等职业教育的根本任务是培养生产、建设、管理、服务第一线的高素质技能型专门人才。而坚持了"以服务为宗旨，以就业为导向，走产学研结合发展道路"的办学方针，就要求职业教育必须更新人才培养观念，把就业放在极其重要的位置，切实从专业学科本位向职业岗位和就业本位转变，实现教育与就业的对接，而校企合作模式就是贯彻这一办学方针的有效途径。

1.2.1 校企合作的基础、内涵、意义及路径

校企合作(主要是合作教育)形式最早产生于19世纪末的德国，至今已有110多年的历史。世界合作教育协会(WACE)对合作教育的解释是"利用学校和行业(企业)两种不同的教育环境和教育资源，将课堂上的学习与工作中的学习结合起来，学生将理论知识应用于现实的实践中，然后将工作中遇到的挑战和见识带回学校，促进学校的教与学"。这种解释提及了合作的主体、内容、方式和人才培养的过程等，也重视教与学的关系，但对学校与企业扮演什么样的角色以及如何合作，在哪些方面合作等并不十分明确。

在我国语境下，校企合作是指职业院校与相关行业、企业在人才培养与职工培训、科技创新与技术服务、资源共享与共同发展等方面开展的合作行为。其内涵至少包括两个方面的合

1 王继平.校企合作是职业教育发展的战略引擎[EB/OL].[2012-10-20]http://121.192.32.131/web/articleview.aspx?id=20111215140756859.

作理念:一是理论联系实际,培养企业需要的技能型、应用型人才;二是充分发挥学校和企业的不同职能,实现人才和经济效益的双赢。它是一种以市场和社会需求为导向的运行机制,是利用学校和企业两种不同的教育环境和教育资源,采用课堂教学与学生参加实际工作有机结合的方式来培养适合不同用人单位需要的应用型人才的教学模式。这既是一种办学模式,也是一种人才培养模式。

1)校企合作的基础

从一般意义上而言,合作基于共同的诉求。就“校企合作”而言,企业发展需要人力、信息、技术等资源支撑,而高等学校作为知识生产、保留、传承、转移的基地,恰恰满足了企业的诉求。同时,学校作为知识生产和育人的机构,其出发点和归宿点也离不开其所处社会,包括作为生产经营单位的企业,这也正是校企合作的前提和基础。但校企合作也面临着严重的冲突,其中最主要的冲突在于两个主体在价值观之间的差异。育人与逐利,这是校企参与“校企合作、共育人才”的源动力,也直接构成“校企”价值冲突的根源。[1] 在当前的校企合作中,多数高职院校和企业的校企合作仍呈现出一种自发的、浅层次的、松散型的状态,高职院校实施校企合作的目的在于建立学校与社会共同培养实用人才的新体制,而企业实施校企合作的目的在于追求利润最大化。这种目标错位,并在干预和协调机制缺失状态下,有相当数量的企业认为参与校企合作是直接的损失、间接的利益,近期的投入、远期的收益,于是校企合作时常出现学校“热情似火”,企业却“可有可无”的局面。再加上高职院校的人才培养、课程设置等方面与企业需求存在差距,专业设置追求惰性的盲目跟随等问题,则更影响了企业的积极性。而地方政府面对合作双方在很多方面利益不均衡的现状管理缺位,则使其统筹协调职能没有得到充分的发挥。[2] 消弭二者冲突在于求同存异。现代学校组织发展和企业组织发展也在不断借鉴彼此之间的长处,学校走向社会,企业建构学习型组织也在逐步缩小二者之间的差距。但是,二者价值冲突不容否定。

化解校企合作冲突的根本着力点在于行业。学校从服务于某一个单个的企业转向行业,它无需亦步亦趋跟随企业的直接需求,从而确立自己的特色。而企业也能从学校对行业服务中实现自身的利益,这时合作共赢才能真正实现。

2)校企合作的内容

从目前的文献资料和合作实践看,校企合作的主要内容基本可以分为以下三个方面:

(1)资源型合作。主要体现为有形资产之间的合作,如厂房、场地租用、共建实训基地等。这种合作方式是基于双方原有的基础,直接的“以物易物”式的交换。不过在合作过程中,一些无形资产,如各自的声誉也会产生交换并发生作用。如世界五百强企业租用学校场地等也会提升学校的知名度。不过这种合作一般是偶然的、单项的、不会持久的合作。

(2)技术和知识合作。高职院校承担着知识生产、传播、转移的功能。在现代社会中,企业也具有同样的功能。

《国家中长期科学和技术发展规划纲要》中明确指出,企业同样是社会创新的重要基地。校企合作中知识和技术合作是双方长久、稳定合作的重要保障。不过由于知识和技术的作用

1 黄文伟,舒畅.职业教育校企合作主体冲突的功能与实现[J].职教论坛,2012,(3):12-15.

2 孙云志,何玉宏.论基于回应理论视角下高职院校与企业合作政策保障机制[J].继续教育研究,2011,(5).

不同,也可以分为多种类型和层次。在知识和技术合作中,组织制度、管理经验等合作尚待进一步增强。

(3)人力资源合作。校企依据各自的人力资源优势开展合作。学校为企业源源不断地输送人才,为企业员工培训提供必要的师资。同样,企业也可以为学校提供生源。并且,在职业教育双师型教师匮乏的今天,企业同样可以为学校教育提供必要的师资。

图 1-5 所示为校企合作内容框架示意图。

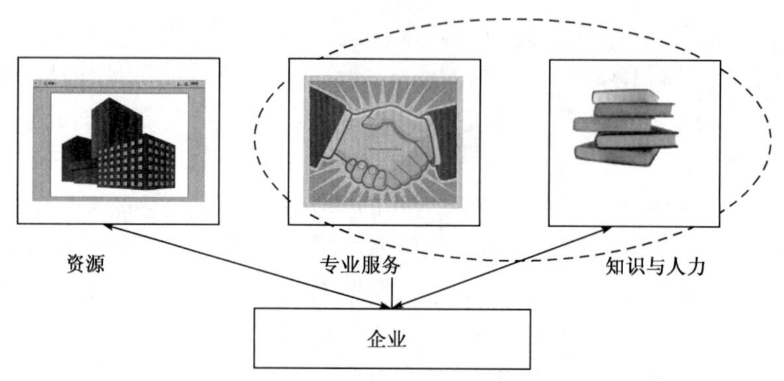

图 1-5　校企合作内容框架

具体来说,校企合作具有丰富的内容:

①校企合作开发专业和课程。课程建设直接影响人才培养方案的实现,高职教育课程建设要基于企业实际的工作岗位、工作项目和工作过程,具有"工学结合"的鲜明特色。

②共建实训室。学校的教师与企业技术人员一起设计课程建设的整体方案,一起研发与之配套的实训设备。

③共同打造优质的师资队伍。学校教师去企业锻炼,增强实践能力,合作企业的专家及技术人员到学校任教,建立一批专兼结合、互通有无的优质的师资队伍。

④共建技术开发平台。通过企业技术项目,以技术应用研究为重点,校企资源共享,双方合作攻关技术开发项目,打造技术开发平台,提高企业的技术核心竞争力,增强高职院校教师的应用技术研究能力。

⑤构建职业服务体系。联合企业搭建高职继续教育平台,一是开展技能培训与资格鉴定,二是开展成人学历教育。开展企业员工职后教育,提高员工学历和职业能力,并延伸服务社会成人学历教育,进一步构建和服务终身教育体系。

3)校企合作的意义

校企合作具有重要的现实意义。高等职业教育是与经济、社会结合得最为紧密的高等教育。坚持以服务为宗旨,以就业为导向,走产学研合作的校企合作道路,是促进我国高等职业教育又好又快发展的重要途径。2005 年国务院颁布《关于大力发展职业教育的决定》明确提出,要大力推行工学结合、校企合作的培养模式。2006 年教育部《关于全面提高高等职业教育教学质量的若干意见》提出,把工学结合作为高等职业教育人才培养模式改革的重要切入点,这是高等职业教育理念的重大变革,是高职教育发展的必由之路。

在市场经济体制下,职业教育要从根本上得到发展,关键在于以市场需求为主,突出技能人才的能力培养,这不仅符合职业教育发展的客观规律,也是国家发展职业教育的战略方针。因为,校企合作能促使高职院校明确办学思路,优化专业设置;有助于构建合理的人才培养模式、优化师资队伍、促进教学改革。校企合作有利于培养学生的职业素养、合理分担教育投入、建立稳定的实习基地、学生就业、教学改革。

4)校企合作的方式

讨论校企合作问题,核心问题主要有三个方面:一是合作什么,即合作的内容;二是怎么合作即合作的机制或模式;三是合作需要什么样的条件保障(政策、法律、双方利益保障等)。这三个问题密切相关,合作内容决定合作的机制,反之,合作机制也会影响合作内容的实施效果。合作内容、合作机制都受制于一定的政策、法律等约束。推进校企合作必须从多个层面、多个视角整体推进。对此,有学者建构了一个校企合作内容和方式的分析框架,见表1-6。

推动校企合作的分析框架 表1-6

分析纬度 涉及层面	价值论	本体论	方法论
体制层面	就业导向,市场驱动	政府导引,校企主体	多元整合,系统设计
课程层面	能力本位,过程导向	项目课程,任务载体	工作分析,课程开发
教学层面	学生主体,行动导向	做学合一,情境学习	工学交替,完整体验
科研层面	互利共赢,共同发展	项目引导,任务载体	立足需要,关注长远
资源层面	取长补短,优势互补	依托项目,规范管理	各取所需,利益保障

资料来源:马成荣,徐丽华.校企合作模式研究[J].职业与教育,2007,(23).

目前,校企合作的内容尽管已经涉及各个方面,但存在的主要问题是:

(1)信息资源不匹配,校企之间无法获得充分信息。

(2)单项输出,即在合作过程中,无论是学校亦或是企业,合作内容是单向度的,无法实现互利共赢。

(3)合作内容上重视资源型合作,层次单一,在知识生产、知识转移、人力资源合作等方面的广度和深度不够,都有待于进一步开放。企业需求与学校需求存在较大间隙。

因此,需要对校企合作的内容和方式进行评估,探索构建多方位、多层次立体合作框架,涉及资源、知识与技术、人力以及制度等。探索改变合作结构,提高合作质量,增强学校与企业的互补性等各项举措。就学校建设而言,即探索提高学校核心竞争力,加强学习型组织建设,增强学校在与企业合作中的不可替代性等做法。校企合作的内容见表1-7。

校企合作的内容 表1-7

序号	学校	企业
1	输出性成果1:主要包括培养的人才、师资等	岗位、员工素养提升、师资等
2	输出性成果2:专业知识、培训、咨询等	战略规划、决策咨询、技术革新、新技术等
3	资源共享:场地、实训基地等	场地、技术、人员(师资)经费等
4	制度(学校教育、教学制度)等	制度(企业管理经验)等

本研究建构了校企合作的主要途径以及合作的程度分析框架。

(1)依据合作需求:单向合作(学校→企业);双向合作(学校↔企业)。

(2)依据合作方式:随机的、偶然的(临时性)、长期的合作。

(3)依据合作强度:依附性(主要体现为学校对企业的依附)、交融性、共赢性(合作成为必然和生存之道)。

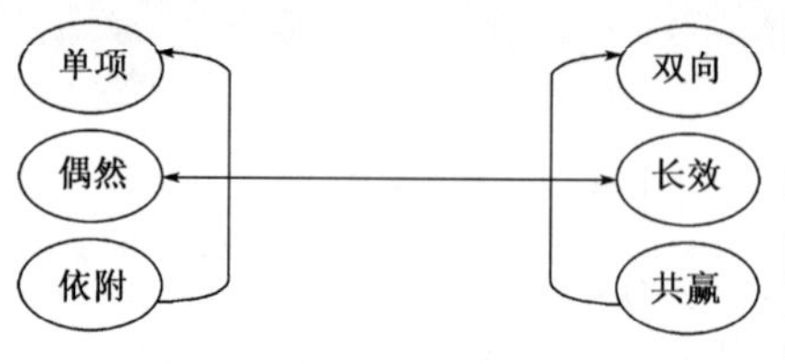

图 1-6 从"依附"到"共赢"的合作模式

由于合作内容不同,合作主体参与不同,存在不同的合作机制。本课题将着力探索校企合作的多种机制。除了单项的、偶然的、依附性的合作机制外,还将探索建立基于双向需求,平等独立的、具有长期性的、交融性、基于法律保障的校企合作模式。如图 1-6 所示。

1.2.2 行业职业教育与校企合作

"行业职业教育工作是我国职业教育与培训事业的重要组成部分,是构建终身教育体系和构建学习型社会的重要环节。"根据《中华人民共和国职业教育法》规定,行业组织和企业、事业组织应当依法履行实施职业教育的义务。依靠行业企业发展职业教育和培训,是我国始终坚持的一条重要方针。

1)行业职业教育的历史及使命

行业是职业的类别,行业是由具有同一属性的社会生产和社会生活部门、单位和个人而构成的职业共同体,如水利行业、电力行业、化工行业、纺织行业、饮食行业、新闻行业等。在人类社会生产和社会生活活动中,还没有完全独立于行业之外,也没有符合任何行业属性的部门、单位和工作者。

职业教育的产生和发展还没有完全脱离行业生产(工作)的职业教育,也没有能包括和适应所有行业生产(工作)需要的职业教育,因此就某一种职业教育来说都是行业职业教育。因此,职业教育实际上是行业职业教育,行业职业教育就是根据行业生产(工作)和岗位职业发展的需要,有目的、有计划地训练提高广大从(待)业人员的专业知识、业务技能和思想道德水平的社会活动。[1]

"中世纪以来的学徒制度一般被纳入近代职业技术教育的研究体系中","而学徒制度是手工业行会组织的一个重要组成部分,它起源于中世纪行会对技工师傅的培训。"[2] 在现代成功的职业教育模式中,德国的双元制是一种典型的行业企业与政府共同办学,行业企业起主要作用的办学模式。[3] 在德国的职业教育事业中,各种行业协会(包括工商业行会、各手工业协会等)与企业界的雇主集团,依据本行业的发展需要,制定职业培训目标,共同开发课程,拟订考核办法和考试评价标准,它们既是职业教育事业的主要投资者,又是最大受益者,因此也是积极参与者。[4] 英国的职业教育从 20 世纪 90 年代开始酝酿和推行现代学徒制度,该制度"由培训和企业委员会(TECs)和工业训练组织(Industry Training Organizations, ITOs)配合企业共同实施"。

1 赵景欣. 试论行业职业教育及其改革发展的动力[J]. 职教论坛,1995,(9).

2 翟海魂. 发达国家职业技术教育历史演进[M]. 上海:上海教育出版社,2008:15.

3 翟海魂. 世界职业教育发展规律初探[J]. 河北师范大学学报:社会科学版,2006,(2):102-109.

4 邓泽民,王宽. 现代四大职教模式[M]. 北京:中国铁道出版社,2006:90.

专栏 1-7

同一行业、同一职业的劳动者联合起来形成的组织就是法团。法团成员享有特权但却受到严格的纪律约束。一方面,他们把持"准入资格",联合对外;另一方面,法团成员也必须遵循严格的纪律和义务,以维持自身的强大。中世纪法团的典型特征,就是一些享有特权但却受制于严格纪律约束的群体。

根据瑟博斯《法国史》记载,仅皮匠一行,至1160年就有五个行会:皮鞋匠、补鞋匠、制皮带匠、制钱袋匠等。

资料来源:[法]涂尔干. 教育思想的演进[M]. 上海:上海人民出版社,2006:111.

从世界发达国家职业教育发展历程可以看出,职业教育起源并形成于行业企业的需求,而且行业企业一直参与其中,并且是职业教育快速发展的重要推动力量。[1]

在我国,20世纪80年代全国职工教育带动行业职业教育全面恢复。1981年2月20日,中共中央、国务院发布《关于加强职工教育工作的决定》,要求力争在第六个五年计划期间,有计划有步骤地把职工普遍训练一次。1985年8月底,全国青壮年职工文化补课累计合格2 037万人,占应补课人数的76%;技术补课累计合格1 595万人,占应补课人数的74%。[2] 随着《职业教育法》的颁布,特别是《教育纲要》的颁布,进一步从政策上和法律上明确了行业企业参与和发展职业教育、开展职工教育和培训的责任。

进入21世纪,随着经济全球化的飞速发展,我国加快了经济增长方式由粗放型向集约型转变的步伐。习近平总书记明确要求要把创新驱动发展作为面向未来的一项重大战略实施好。他指出,新一轮科技革命和产业变革正在孕育兴起,一些重要科学问题和关键核心技术已经呈现出革命性突破的先兆,带动关键技术交叉融合、群体跃进,变革突破的能量正在不断积累;机会稍纵即逝,抓住了就是机遇,抓不住就是挑战。实施创新驱动战略,关键在人才,这对高素质劳动者和技术型人才提出了新的更高的要求。行业职业教育的当务之急是如何适应、服务经济发展方式的转型和实施创新驱动战略所提出的要求。

据劳动和社会保障部提供的数据,我国1.4亿名产业工人中,技术工人7 000万人,其中高级技术工人只有245万人,工人技师只有100万人左右,分别占技术工人总数的3.5%和1.4%,而发达国家的这一比例为40%和20%。我国的高级技师全国只有7万多人,占技术工人的0.1%。

目前我国技术工人技能结构这一现状,已经严重制约了我国行业产业的发展,削弱了"中国制造"在国际市场上的竞争力。特别是2008年全球经济危机之后,转变发展方式变革更加迫切。行业企业通过职业教育与培训进行技能升级是必然的应对之策。

2)行业的职业教育指导职能

行业、企业在发展职业教育方面负有重要责任,对实现把经济建设转到依靠科技进步和提高劳动者素质的轨道上来具有决定性的意义。

对于行业的职业教育指导职能,有研究者从学理的角度提出四个方面:

1 王玲,杨景振. 行业的职业教育指导职能分析[J]. 职教论坛,2011,(19):36-39.

2 张祺午,陈衍. 行业职业教育回顾与使命[J]. 职业技术教育,2008,(11):62-65.

(1)开展职业教育公共服务。行业组织利用所掌握的最新的人才供求信息、人才技术结构、年龄结构、岗位空缺信息、用人单位的人才需求情况、职业岗位技术需求情况等信息、资源,为行业内企业和职业院校提供精准的信息服务,为行业内企业和职业院校提供职业中介服务,能够对已掌握的信息进行整理分析,制定不同职业的职业素质测评方案,积极开展职业设计、岗位用人设计和培训项目设计,进行行业人力资源预测等。

(2)统筹优化行业内职业教育和培训资源。利用行业组织优势,改变过去企业培训由企业教育部门一家承担为行业企业教育部门、中高职院校、政府培训单位和社会培训教育四家共同参与社会实践,使各种教育资源得以充分发挥;积极参与、指导职业院校、培训机构与行业企业职业教育和培训计划的制订,以及指导、帮助他们进行职业教育和培训的制度建设,指导和帮助他们制订行业企业职业教育和培训发展规划。

(3)积极参与职业教育人才培养全过程。行业最清楚本行业的人才需求和技术需求情况,因此行业有义务指导、帮助职业院校制定人才培养目标,指导职业院校的课程开发,大力支持和鼓励行业企业工程技术人员、管理人员和有特殊技能的人员到职业院校和培训机构担任专、兼职教师。接受职业院校专业教师进行专业考察和实践,积极为职业院校和培训机构提供实习场所和设备,参与职业院校和培训机构职业技能标准的制定和检查评估工作,积极为他们提供职业技能鉴定指导,协助职业院校和培训机构做好职业技能鉴定工作,为职业院校和培训机构的学习者提供就业指导。行业还应积极参与职业院校和培训机构的科学研究工作,积极推动职业院校开展产学研相结合的职业教育模式。

(4)单独或联合举办职业学校和培训机构。大力发展行业企业教育培训事业,进一步扩大培训规模,加快培训生产一线急需的高素质人才,提高企业人员的培训力。落实依靠行业企业发展职业教育的方针,推进行业企业参与职业教育的法规建设,充分发挥其应有的作用,促进行业企业的管理,完善行业参与职业教育和继续教育的宏观管理,建立和完善企业接受职业院校学生实习的制度,积极推进行业在职业教育培训方面的作用,也可以探索各种形式的联合举办职业教育的形式,创新办学体制。[1]

事实上,我国的行业的职业教育指导逐步由行政指导转向监督与服务功能。目前,还存在着行政指导的功能。具体体现在职业教育经费由行业支付,职业教育活动的开展由行业负责组

专栏 1-8

重庆实施“151”航运人才工程培养计划

重庆围绕建设长江上游航运中心,培养造就一支在数量、结构和素质上相匹配的航运人才队伍。明确把长江上游人才中心建设计划列入全市人才项目计划,培养和引进 10 名航运领军人才,培养 50 名高级专家,培训 1 000 名业务骨干,即实施“151”航运人才工程培养计划。

资料来源:交通运输部网站。

1 王玲,杨景振.行业的职业教育指导职能分析[J].职教论坛,2011,(19):36-39.

织和实施。但随着行政隶属关系的打破，行业的职业教育指导功能转变为相互协作、服务与被服务之间业务指导。

3）行业院校面临的发展危机及出路

新中国成立初期，为了适应国家走工业化发展道路的需要，大批行业高校应运而生。它们“因行业而生，因行业而发展”，极大地满足了当时国家经济建设对行业人才的迫切需求，有力地推动了经济发展和社会进步，一度满载荣耀与辉煌。但到了20世纪90年代后期，随着国家经济、教育和科技体制改革，大批工业部委被撤并，部委直属的绝大部分高校被划归地方政府或直属教育部管理，逐步形成中央和省两级管理、以省级政府统筹管理为主的新体制。进入21世纪后，行业职业院校与行业之间的关系正发生着巨大的变化。合肥工业大学校长徐枞巍指出，2000年之前，行业院校与行业之间的关系是行政隶属关系，输血型、依赖型；2000年之后，二者是并行关系，若即若离；新的阶段，二者是合作共赢关系，互惠互利，利益共享。

时代的发展与行政隶属关系的改变，使得行业型高校的生存与发展面临着诸多问题和困境：外部面临高等教育日趋激烈的同质化竞争困境，内部面临行业特色弱化和人才培养错位的困境。

对于今天的行业特色型大学来说，划转之后面临的现实是：原行业部门对它的政策和经费支撑力度弱化；它与原行业部门的联系和沟通渠道减少，校企合作的广度、深度也随之降低。

北京交通大学校长宁滨说：“划转之后，一方面，行业对学校没有责任了，即使有人脉关系，国有企业想给钱也给不了，没有拨款渠道和方式，私营企业没有这个能力，也不可持续……有些企业不把对学校的需求放在重要位置，学生想去实习他们不要，只能通过人情关系来联系，没有制度保障。”

除了外部环境的变化，行业特色型高校自身也面临着发展困境。行业院校原先可以享受到很多政策上的资源，特色学科的建设几乎不用参与社会竞争。但与行业脱钩之后，不能享有独占行业资源的地位，而综合型院校逐步涉及了行业领域，导致行业院校的学科特色被弱化。[1]

在高等教育大发展的今天，面对高等教育日趋激烈的同质化竞争，坚持科学发展观，对办学进行准确定位，继续保持并发展原有优势，建设品牌学科群，培养应用创新型行业人才，与行业开展产、学、研全面合作，坚持“以服务求支持、以贡献促合作、以实力赢地位”，是这类学校提升核心竞争力的路径选择。[2]

行业特色院校要提升核心竞争力，就必须善于分析、发掘自身所具有的比较优势，善于构筑、强化别人难以模仿的自身特色，善于捕捉新的教育增长点，在办学类型与办学层次、办学功能与服务面向、学科门类与专业设置、人才规格与培养模式诸方面进行科学定位。

（1）办学类型与办学层次的定位。行业特色院校不能盲目走综合性研究型大学发展道路，应坚持自身优势和特色，以教学型或教学研究型定位，以教学为主，兼顾行业实践性研究和行业发展高端研究；以应用性本科为主，适度发展研究生教育。

（2）办学功能与服务面向的定位。人才培养、科学研究、社会服务是学界公认的现代大学

1 王磊，杨俊. 综合型院校逐步涉及行业领域，行业院校特色被弱化[N]. 中国青年报.

2 李文冰. 行业特色院校科学发展的路径选择[N]. 光明日报，2010-05-05.

的三大功能,但不同时期、不同类型的大学,这三大功能的权重及其相互之间的关系和联系是不一致的,各种功能侧重的领域和限度也各不相同。行业特色院校以应用型大学定位,其功能不在于培养领军人物、开展顶尖级研究,而在于以社会需求与学校内在发展的统一为前提,重在培养适应社会需求的应用型创新人才,重在依托带有鲜明行业特征的人才、设备、信息等资源,为社会、为行业提供高水平、多样化、综合化的服务。在服务面向上,应植根区域、面向全国、紧贴行业、服务社会。

(3)学科门类和专业设置的定位。一方面,行业特色院校应坚持学科特色,有所为有所不为;另一方面,又要突破原有学科门类过于单一的局面,围绕行业发展多科性。在专业设置上,应建立起与行业紧密相关的互相促进、互相补充、互为依托的专业群,形成有别于非行业院校的特有的学科专业生态。

(4)人才规格和培养模式的定位。伴随着高等教育的大众化,社会对高等教育具有多层次、多规格、多样化的需求,行业特色院校应充分结合自身办学传统、发展轨迹、历史积淀,牢牢把握行业发展脉搏,发挥比较优势,在人才规格定位上,培养行业适用的应用型、创新型、复合型人才,并根据这一定位,探索个性化的人才培养模式。

基于行业标准的高技能人才培养模式是一种校企紧密合作、工学深度融合的人才培养模式;学历证书和职业资格证书“双证”融通模式;增强毕业生工作适应性和岗位胜任力,促进成功就业的人才培养模式。基于行业标准的高技能人才培养模式有利于行业高职院校的价值定位和功能确定,是实现产学深度融合的重要基础,是培养适应行业需求的高质量人才的根本保证。[1]

1.2.3 构建核心竞争力,深化校企合作

推动校企合作深入健康发展,需要激发企业的合作动力,需要行业的协调,需要国家政策与法律的保障,但核心是要提升学校的核心竞争力,增强和掌握其在合作中的主动性和能动性。

核心竞争力一词最早由美国经济学家C·K·普拉哈拉德和G·哈默于1990年在《哈佛商业评论》上发表的一篇题为《公司的核心竞争力》的文章中提出的。他们指出,“核心竞争力是在某一组织内部经过整合了的知识和技能,是企业在经营过程中形成的不易被竞争对手效仿的、能带来超额利润的、独特的能力。”1997年,麦肯锡管理咨询专家Kevin P. Coyne,Stephen Hail和Patricia Clifford给出核心竞争力的内涵:“核心竞争力是群体或团队中根深蒂固的、互相弥补的一系列技能和知识的结合,是借助该能力能够按世界一流水平实施的一项或多项核心流程。”

换而言之,核心竞争力是企业长期形成的,独特并不易被竞争对手效仿的,蕴涵于企业内质中的,支撑企业过去、现在和未来的竞争优势,是使企业长期在竞争环境中取得主动权的核心能力。核心竞争力已经成为当今企业市场竞争成败的关键因素,是企业能否控制未来、掌握未来市场竞争主动权的根本。

高等职业教育是以就业为导向的教育,其人才培养目标定位于培养适应生产、建设、管理、

1 吴万敏,姚琳莉.论行业高职院校基于行业标准的高技能人才培养模式之必要性[J].高教探索,2010,(6).

服务第一线需求的高技能人才。高职教育的特征决定了它与企业有着与生俱来的共性,也要融入市场、参与竞争。而要想在职教市场中立于不败之地,就必须打造高职教育的核心竞争力。

不同研究者从不同角度阐释了高职院校的核心竞争力。有学者总结了以下几种观点:一是能力整合观。该观点提倡者认为"高校的竞争力就是高校以技术能力为核心,通过对战略决策、科学研究及其产业化、课程设置与讲授、人力资源开发、组织管理等的整合或通过其中某一要素的效用凸现而使学校获得持续竞争优势的能力"。[1] 二是构成要素观。该观点提倡者认为,从中国国情出发,构成高校核心竞争力的要素是教师、管理者和大学校长。[2] 也有学者认为,大学竞争力主要表现为硬件核心竞争因素和软件核心竞争因素。硬件核心竞争因素是能被感知和测量的影响大学创新能力和知识体系的各种因素,包括领先的学术能力、较强的创新能力、科研成果转化能力和具有竞争力的人力资源优势等。软件竞争力因素是指大学长期形成的大学观念、价值、文化、办学理念、大学规划、战略等综合体现。[3] 三是核心能力观。对于核心能力,不同学者有不同的主张。有学者认为,一流高校必须具有强大的整体竞争力,而构成整体竞争力的核心部分就是学科建设水平。[4] 也有学者认为核心竞争力是高职院校在长期的发展过程中培育和形成的,蕴涵于学校内质之中且难以被其他学校模仿的,支撑学校在未来竞争中稳操主动权的一种独特的竞争优势或核心能力。这一核心竞争力体现为学校的文化力。学校文化力则是指学校在长期办学过程中的文化发展和文化积累所产生的独特的"能量",是校园文化对学校全体成员所产生的认知力、导向力、凝聚力、整合力、推动力、约束力,以及对社会公众所产生的识别力、渗透力、辐射力、感染力、影响力、号召力。[5] 也有学者主张,专业品牌是高职院校的核心竞争力。[6] 如图 1-7 所示。

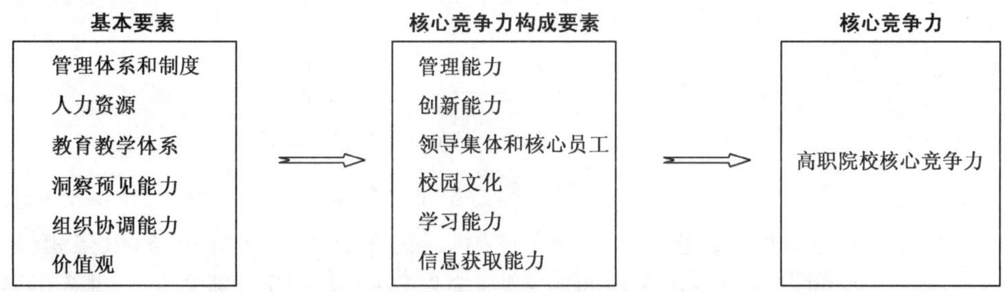

图 1-7 高职院校基本要素、核心竞争力构成要素和核心竞争力的关系

资料来源:焦胜军.高职院校核心竞争力的内涵、构成和特征[J].改革与战略,2005,(10):96-97.

对于以上各种观点,本文认为核心竞争力作为一种竞争优势,会体现为一种难以复制(不断创新超越)、独特(高价值性)的能力。但这种能力并不是无源之水,它需要深深扎根于它所处的组织、制度和文化之中。

1 赖胜德,武向荣.论大学的核心竞争力[J].教育研究,2007,(2).

2 王继华,文胜利.论大学核心竞争力[J].中国高教研究,2001,(4).

3 王生卫,李惠玲.论大学的核心竞争力及其培育[J].北京航空航天大学学报:社会科学版,2004,17(1):63-67.

4 陈传鸿,陈雨军.切实加强学科建设,构筑高校核心竞争力[J].学位与研究生教育,2003,(3).

5 孙支南.论示范性高职院校核心竞争力的建设[J].教育与职业,2009,(2):53-54.

6 胡家秀,倪勇,丁明军.高职院校的核心竞争力研究[J].高教探索,2012,(2):107-109.

高职院校的核心竞争力是在长期办学过程中形成的整体竞争优势。它是不断根据外部环境变化而作出的内部调整，以使自己的竞争优势可以长久地保持。

波特认为企业所在产业是企业环境的最关键部分，对产业所处的产业结构进行分析是企业制订战略的基石。任何企业，无论是国内或国际的，无论是生产产品或提供服务，竞争规律都体现在五种竞争作用力当中：新的竞争者入侵，替代品的威胁，客户的议价能力，供应商的议价能力，以及现有竞争对手之间的竞争。[1] 这五种基本竞争力量的状况及综合强度，决定着产业的竞争激烈程度，从而决定着产业中最终的获利潜力以及资本向本行业的流向程度，产业结构分析是确立竞争战略的基石，理解产业结构永远是战略分析的起点。

高等职业教育可以看作一个"产业"。波特"五力模型"也适用于高等教育，一个学院要想打败竞争对手，制订好的发展战略，也必须对影响高等教育产业的竞争情况的五种竞争力量进行博弈分析，并在博弈中获胜。如图 1-8 所示。

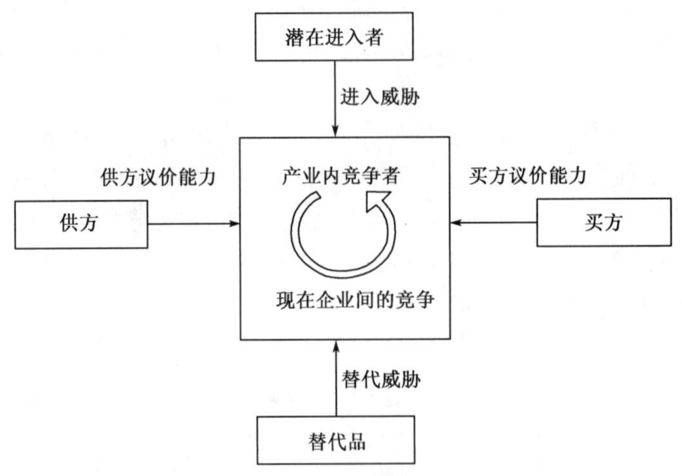

图 1-8　高职院校基本竞争力（波特"五力"分析）模型

（1）潜在的进入者。波特五种力量的第一种力量是新的竞争者入侵的威胁。潜在竞争者的进入风险是进入壁垒高度（令进入的竞争者付出代价）的函数。代价越高，壁垒越高，这一竞争力量就越弱。高的竞争壁垒将潜在的竞争者挡在产业之外，阻碍新竞争者进入的主要壁垒形式有品牌忠诚、绝对成本优势、规模经济和政府管制等。如果进入壁垒高，那么新的进入者就和现有的大学竞争激烈，要想进入本行业则不会容易。对于高职院校而言，潜在的进入者有国外教育培训机构和国内民办教育机构。对于行业院校而言，潜在的竞争者还包括非行业院校的进入。增高壁垒是阻挡潜在进入者的有效措施之一。

（2）现有院校之间的竞争。在自由市场经济中，产业内的竞争程度可能很大，一所院校所采取的竞争行动通常会造成其他竞争者的连锁反应。现有院校之间的竞争很激烈，它们主要是围绕以下几个方面进行竞争：学生花费，如学生支付的费用；便捷性，即能否通过灵活的时间表、政策和体制等，使学生进入课程、项目和服务更加容易；创新性，即院校是否有能力改变现有竞争规则；体制、过程和技术，即院校利用先进技术提高体制和过程的效率；网络化，即院校

1　波特. 竞争优势[M]. 陈小悦，译. 北京：华夏出版社，2005：4.

是否和其他院校合作;行政结构和治理,组织结构影响院校对环境反应的能力;文化,即院校文化是促进还是阻碍变革;声望,即公众对该产业内一个学校与另一个学校区别的认可;资源,即提高能力和表现的可利用的资产情况;独特性,即在该产业内一个学校是否与其他学校相区别。[1]

(3)购买者讨价还价的能力。高等教育中的消费者主要是学生,以及雇用学生的机构和使用院校研究成果的组织。学生和有力的利益相关者,如商业和产业的顾主和法律制定者,通过要求更高的质量或更多的服务来对学院和大学实施讨价还价的权利,这通常使院校付出很高的成本。

(4)供应者讨价还价的能力。在高等教育中,供应者主要是为教育提供资源的人或组织,这也包括学生。学生付了学费,他们既是消费者又是供应者,他们提供了资源,又从资源中受益,他们有着双重角色。另外,供应者还包括信息资源、教育技术和通信网络的提供者等。政府也是高等教育的主要供应者。高等院校要在应对供应者的问责和保持自己的独立性方面面临艰难的选择。

(5)替代者的威胁。对于高职院校而言,在高等教育大众化阶段,普通高等学校是它们有力的替代者。

通过对威胁的分析,高职院校必须培育自己的核心竞争力才能在激烈的竞争中立于不败之地。

1.3 本课题研究的问题

本课题主要关注校企合作的理论问题,具体研究以下几方面的问题。

1)校企合作的内容——合作什么?

随着校企合作的不断深入,合作内容也不断延伸。明确合作内容是校企合作的前提和基础,明确厘定各自所需,是校企合作能够持久和稳定的保障。为此,首要研究的问题是深入研究校企合作的内容。

研究这个问题需要从两个方面着手:其一,国际比较的视角。通过国内外比较研究,了解职业教育或在校企合作方面做的比较好的国家、地区。本课题将选择美国、英国、澳大利亚、新加坡、日本等国家的校企合作作为研究对象。通过文献资料、个案比较研究对校企合作内容进行深入系统的研究。其二,历史发展的视角。系统梳理校企合作内容演变的路径,探讨未来校企合作可能拓展的新空间。

2)校企合作的途径——怎么合作?

不同的合作内容决定不同的合作机制。不同的合作机制取决于合作主体的需求。然而,在校企合作中,除了校企双方的需求外,尚需要制度、法律保障。因此研究校企合作机制,需要关注三个方面的问题:

(1)校企双方合作的机制或模式。校企合作机制或模式的核心是建立校企双方的利益协调机制,即所谓的合作共赢机制。这种利益协调由于合作内容不同而不同。本研究将根据不

1 张艳敏.高等教育竞争态势分析:波特五力模型的视角[J].辽宁教育研究,2007,(9):20-22.

同的合作内容构建不同的合作机制。

(2)行业在校企合作中的作用和角色。推动校企合作,需要重视行业组织的作用。《国务院关于大力发展职业教育的决定》明确指出,依靠行业企业发展职业教育,行业主管部门和行业协会要开展本行业人才需求预测,制定教育培训规划,组织和指导行业职业教育与培训工作;参与制定本行业特有工种职业资格标准、职业技能鉴定和证书颁发工作;参与制定培训机构资质标准和从业人员资格标准;参与国家对职业院校的教育教学评估和相关管理工作。本课题将着力研究行业在推动校企合作中发挥的作用,以及如何才能发挥作用。

(3)国家在校企合作中的地位和作用。校企合作除了要协调合作主体之间的利益外,尚需要国家制度和法律的保障。本研究将着力研究在校企合作中国家的角色和责任。通过比较研究和政策研究,分析国外政府在促进校企合作中的角色和作用。同时通过政策梳理,研究我国政府在推进校企合作中的"应然"作用和"实然"作用。

3)校企合作——广东交通职业技术学院案例研究

(1)研究的问题

主要关注以下几个方面的问题:

①该校在校企合作中的基本经验(合作内容和合作机制)。

②该校在校企合作中面临的主要问题(来自企业、行业、国家政策与法律等方面的掣肘与制约)。

③该校推进校企合作的目标定位与诊断。

④核心竞争力建构与校企合作(运用价值链、核心竞争力理论进行分析)。

(2)研究方法:实地调研、访谈

①实地调研:通过对学校和合作企业的调研,了解校企合作的现状、机制,揭示合作中存在的问题。

②访谈:访谈对象,包括学校管理部门人员、学生、合作企业负责人、合作企业相关部门人员、有关员工等。

访谈目的:从多个利益关联主体考察,把握他们对校企合作的认识与看法。从而比较真实地把握校企合作的目的、内容、体制机制等。

(3)研究的假设与目标

①问题诊断:真实、全面了解该校在校企合作中面临的各种问题,包括合作内容、机制、制度保障等。

②总结经验:根据该校企合作定位、校企合作的实践等,总结其校企合作的基本经验。以核心竞争力理论,探索推动该校在校企合作中发挥主动性和能动性的途径。

2 改革开放以来我国校企合作政策的历史梳理

高职院校校企合作不仅仅是校企双方的需求,也离不开国家政策法规的扶持。改革开放以来,我国陆续出台了一系列支持校企合作的政策,在政策推动下,校企合作办学得到较快发展。

本章将对我国1985年以来有关职业教育校企合作的政策法律法规进行梳理,其目的在于:①了解校企合作的主体如何合作,怎样合作。政府和行业组织作为外在推力,在推动校企合作中的作用及特点。②了解校企合作的主要内容和方式,着重了解校企合作在推动高职院校人才培养模式变革方面产生的影响。③了解校企合作主要面临的问题。通过对校企合作相关政策的分析与解读,深入了解我国校企合作政策的内涵及走向,为校企合作的进一步良性发展指明方向。

2.1 办学体制改革与校企合作

正如前文所言,开展校企合作,并非仅仅建立在校企双方的需求上。如果没有政策支持,校企合作就无法走向制度化、规范化。但政策对校企合作所起的作用主要在于引导和保障方面。真正维系校企合作的纽带是行业。行业是从事国民经济中同性质的生产或其他经济社会的经营单位或者个体的组织结构体系。企业相对于行业而言,是一个独立的运作单位,它有着自身独有的特点和行为。行业则是一个属的概念,它的发展需要一个个独立的经营单位的发展,但同时又为每个个体的发展划定门槛,建立标准,避免属内的无序和恶性竞争,保障每个个体的良性健康发展。职业院校服务企业,在一定程度上必须以行业的基准为指引。

2.1.1 企业参与办学的变化趋势

校企合作的过程中,需要企业的积极参与,离开了企业的参与,无异于无源之水。改革开放以来,出台的校企合作政策法规也无一不大力倡导企业积极与高职院校合作。现实中,大多数企业也正是按照国家政策法规的要求积极参与到与学校的合作中,校企双方都从中获益颇多。

1985年颁布的《中共中央关于教育体制改革的决定》指出:“发展职业技术教育,要充分调动企事业单位和业务部门的积极性,并且鼓励集体、个人和其他社会力量办学。要提倡各单位和部门自办、联办或与教育部门合办各种职业技术学校。这些学校除了为本单位和部门培训人才外,还可以接受委托为其他单位培训人才并招收自费学生。”从中我们不难看出,国家鼓励企业参与办学,并为企业办学、校企合作提供便利。但在现实中,企业作为一个独立法人,其主要职能就是获取较大的经济效益。要使企业在追求经济效益的同时,鼓励其发挥社会效益,主动参与职业教育,其根本途径是切实保障企业利益,营造校企合作的政策环境。[1] 因而,要使校企合作得以顺利进行,在政策层面应多关注企业的盈利问题,切实保障企业参与校企合作时不会受到利益的损害。

1996 年 9 月,李鹏总理和李岚清副总理在全国职业教育工作会议上作了重要讲话,讲话中尤其强调企业在发展职业教育中的地位和责任问题。强调"在社会主义市场经济体制的条件下,企业是生产经营的主体,也是职业教育的主要服务对象和直接受益者,因此也理应成为进行职业教育的主体。我国就业人数多,仅靠就业前的职业学校教育是不够的,还要靠就业后企业根据需要进行培训。中外有远见、有成就的企业经营管理者,历来都是重视职业教育的,不是要我办,而是我要办。企业要依法承担兴办职业教育的责任和相应的费用,大中型企业要重视职业教育培训机构的建设,对本单位职工和准备录用的人员有计划地进行职业教育和培训。这是企业兴旺发达和可持续发展的一个重要条件。"

全国职教会议上国家领导人对职业教育校企合作的讲话,指明了校企合作发展方向,指出企业要承担兴办职业教育的费用。但就企业而言,当前劳动力市场是买方市场,国家没有相关政策扶持,企业没有动力参与校企合作。目前我国还没有明确的法律条款,对参与校企合作的企业给予经费上的支持和鼓励,在这一方面的法律基本处于空白。[2]

从这一角度而言,真正意义上的校企合作并不多,原因在于企业的合作动力不足,主要是政策问题、收益问题和长处不足问题等。[3]

2002 年 8 月,国务院颁布了《关于大力推进职业教育改革与发展的决定》(以下简称《决定》)。《决定》中第二条指出:"推进管理体制和办学体制改革,促进职业教育与经济建设、社会发展紧密结合。要充分依靠企业举办职业教育。企业要根据实际需要举办职业学校和职业培训机构,强化自主培训功能,加强对职工特别是一线职工、转岗职工的教育和培训,形成职工在岗和轮岗培训的制度,实行培训、考核、使用、待遇相统一的政策。企业要和职业学校加强合作,实行多种形式联合办学,开展'订单'培训,并积极为职业学校提供兼职教师、实习场所和设备,也可在职业学校建立研究开发机构和实验中心。有条件的大型企业可以单独举办或与高等学校联合举办职业技术学院。中小企业应依托职业学校和职业培训机构进行职工培训和后备职工培养。企业举办的职业学校和职业培训机构应积极面向社会开展职业教育和培训。"

从以上政策不难看出,国务院《关于大力推进职业教育改革与发展的决定》要求企业要与职业学校加强合作,开展'订单'培训,并积极为职业学校提供兼职教师、实习场所和设备。[4]

政府除出台有关校企合作的政策外,还通过对职业教育立法的形式,将校企合作教育的原则加以确立,提高企业参与的积极性,为企业和高职院校的双赢互动发展提供法律保障,促进校企合作的发展。[5]

校企合作需要企业的积极合作,同时职业教育也为企业服务,企业是直接的受益方,必须

---

1 李海燕,刘铭.基于高职院校视域的校企合作政策环境研究[J].重庆电子工程职业学院学报,2012,(1).

2 红艳.高职院校校企合作政策研究综述[J].现代企业教育,2008.(20).

3 胡常胜.高职院校校企合作中企业动力不足的原因探析[J].武汉职业技术学院学报,2006,(6).

4 谢俊琍,杨琼.改革开放以来职业教育校企合作的政策解读及现状分析[J].职业教育研究,2009,(11).

5 李芹,谭辉平.政府在高职产学合作教育中的角色分析[J].中国高教研究,2006,(3).

推动企业来参与职业教育。2005 年《国务院关于大力发展职业教育的决定》明确提出企业在职业教育中的责任和义务:企业有责任接受职业院校学生实习和教师实践。2006 年《中共中央办公厅、国务院办公厅关于进一步加强高技能人才工作的意见》提出:“要健全和完善以企业为主体、以职业院校为基础,学校教育与企业培养紧密联系,政府推动与社会支持相互结合的高技能人才培养体系。”[1] 这些政策的出台进一步明晰了企业在促进校企合作中的责任,有助于深化校企合作的基础、拓宽校企合作的范围。

2010 年,颁布了《国家中长期教育改革和发展规划纲要(2010—2020 年)》,这是指导我国今后十年各项教育顺利发展的方向标。在职业教育校企合作方面,提出,要调动行业企业的积极性。建立健全政府主导、行业指导、企业参与的办学机制,制定促进校企合作办学法规,推进校企合作制度化。鼓励行业组织、企业举办职业学校,鼓励委托职业学校进行职工培训。制定优惠政策,鼓励企业接收学生实习实训和教师实践,鼓励企业加大对职业教育的投入。这些政策的出台和实施将有助于深化公办高职学校办学体制改革,切实鼓励行业、企业等社会力量参与公办学校办学,积极扶持薄弱学校的发展,扩大了优质教育资源,增强了办学活力,提高了办学效益。各地也应从实际出发,开展公办学校与相关企业联合办学、委托企业管理等试验,探索多种形式办学之道,提高高职院校办学水平。

2.1.2 行业参与办学的变化趋势

校企合作的切实开展,除了企业的积极参与外,各类行业组织的合作对于深入开展校企合作也是非常必要的。纵观历年的校企合作政策,大多极力强调行业组织的参与。

1991 年 10 月,《国务院关于大力发展职业技术教育的决定》指出:“我国职业技术教育必须采取大家来办的方针,要在各级政府的统筹下,发展行业、企事业单位办学和各方面联合办学,鼓励民主党派、社会团体和个人办学;要充分发挥企业在培养技术工人方面的优势和力量。要发展电视、广播和函授职业技术教育。各类职业技术教育机构的设立、调整和撤销均应按国家有关规定和审批程序办理。”该政策突出强调行业组织要与企事业单位、社会团体等合作,通过各种渠道发展职业教育校企合作。

1996 年 9 月,李鹏总理和李岚清副总理在全国职业教育工作会议上作重要讲话,提到了行业组织在校企合作中的重要作用:“行业和企业多年来在我国职业教育发展中做出了重要贡献。现有的中等专业学校和技工学校,主要是由各个行业和企业举办的。职业高中与行业、企业的联合办学现已比较普遍。从目前的实际情况看,行业和企业还有较大的举办职业学校和职业培训的潜力,职业教育的质量和效益也有待于进一步提高。有相当数量的三资企业、乡镇企业、私营企业和各种公司等,还没有举办职业教育。建立健全以行业和企业为主的职业教育办学体制,促进职业教育事业有一个新的发展,促进企业发展转向依靠科技进步和提高劳动者素质的轨道,这是行业和企业分内的工作,必须加大工作力度,切实抓出实效。”行业组织的效用没有完全发挥出来,因而在政策层面大力倡导显得尤为必要。

政策大力提倡行业组织参与校企合作并不是空穴来风,因为“我国的行业组织是受政府委托进行行业管理的机构,行业组织具有行业资源、技术、信息等优势,同时也是高职院校毕业

1 钟卫. 政府对校企合作的政策支持研究[J]. 中国电力教育,2009,(11).

生的使用者。因此,应该充分发挥行业引领职业教育校企合作的功能。"[1] 行业组织所具有的这些优势是其他任何企业或是高职学校所无法取代的,充分发挥其作用往往会收到事半功倍的效果。

2003 年,教育部颁布《2003—2007 年教育振兴行动计划》。该《计划》指出,大力发展多样化的成人教育和继续教育。充分发挥行业、企业的作用,加强从业人员、转岗和下岗人员的教育与培训。积极发展多样化的高中后和大学后继续教育,统筹各级各类资源,充分发挥普通高等学校、成人高等学校、广播电视大学和自学考试的作用。积极推进社区教育,形成终身学习的公共资源平台。大力发展现代远程教育,探索开放式的继续教育新模式。

从以上的政策,不难得出政府有意支持行业组织参与校企合作的结论。但仅仅在政策上的支持是远远不够的,必须"给予行业组织财政专项补助以推动其参与课程改革,建立中小企业实习中心,对中小企业校企合作进行指导与服务"。[2] 只有这样,才能真正发挥出行业组织在促进校企合作方面所应有的重大作用。

2004 年 6 月,全国职业教育工作会议,也进一步提到了行业组织参与校企合作情况。同年 9 月,七部委联合印发了《教育部等七部门关于进一步加强职业教育工作的若干意见》。该《意见》第五条强调,深化办学体制改革,促进多元办学格局的形成。各级政府要在发展职业教育中继续发挥主导作用,努力办好公办职业院校。行业企业要继续办好职业学校和培训机构,鼓励行业企业与职业学校实行合作办学,建立行业职业教育咨询、协调机制。强化企业自主培训的功能,努力加强职工在岗培训和下岗失业人员培训。要深化公办职业院校体制改革,积极推进公办职业院校运行机制创新,真正形成面向社会、面向市场自主办学的实体。鼓励公办职业院校大胆引进竞争机制,推动公办职业院校重组和整合,探索与企事业单位、社会团体、民办职业学校及个人合作方式,实行多元投资并举的办学体制。在推进职业院校的重组和整合中,要防止公办职业教育资源的流失。

以上政策,在强调政府的主导作用之外,也切实提倡行业企业与学校的合作办学,发挥行业组织在校企合作的进程中理应具有的重大作用。

2.1.3 学校办学的变化趋势

作为校企合作的重要一方,高职院校理应积极配合政府、企业等,不断加强校企合作力度,将校企合作的广度与深度不断推进。

1991 年 10 月出台的《国务院关于大力发展职业技术教育的决定》指出,各类职业技术学校和培训中心,应根据教学需要和所具有的条件,积极发展校办产业,办好生产实习基地。提倡产教结合,工学结合。政府和有关部门要在起步资金、条件设施、产销渠道等方面给予支持。非义务教育阶段的职业技术教育,可以收取学费,用于补充教学方面的开支。政策要求各类职业院校都应不同程度地发展校企合作,当然政策会在资金等方面予以倾斜。

按照政策要求发展起来了众多的校企合作,在当前我国实际的环境下,校企合作的双方——企业与学校所发挥的作用不尽相同,有研究者指出,"目前我国校企合作模式本质上是一

1 李海燕,刘铭.基于高职院校视域的校企合作政策环境研究[J].重庆电子工程职业学院学报,2012,(1).

2 余祖光.职业教育校企合作的政策担当[J].职业技术教育,2009,(6).

种'以学校为主的校企合作模式'"。[1] 这足见学校在推进校企合作中的巨大作用,因而学校的配合情况对于切实推进校企合作的开展,意义重大。

1993年,中共中央、国务院印发《中国教育改革和发展纲要》,在其中第三条教育体制改革中,也提到了职业教育校企合作问题。具体包括:改革办学体制。改变政府包揽办学的格局,逐步建立以政府办学为主体、社会各界共同办学的体制。在现阶段,基础教育应以地方政府办学为主;高等教育要逐步形成以中央、省(自治区、直辖市)两级政府办学为主、社会各界参与办学的新格局;职业技术教育和成人教育主要依靠行业、企业、事业单位办学和社会各方面联合办学。在强调政府主导的前提下,突出包括学校在内的社会各界力量的联合办学。

仔细分析1993年《中国教育改革和发展纲要》,不难发现《纲要》要求各级各类职业技术学校都要主动适应当地建设和社会主义市场经济的需要,认真实行"先培训、后就业"制度。这一思想表明了对职业技术教育重要性的认识达到了一定的高度,并在办学体制上给予了更宽广的政策。[2]

1995年,原国家教委颁布了《关于深化高等教育体制改革的若干意见》。《意见》第九条指出,积极开展多种形式的合作办学试验,同时也提到了职业教育发展问题。突出强调:距离相近的不同类型、不同科类的学校,开展学校之间的合作办学,在自愿互利的基础上,实行资源共享、优势互补、学科交叉、协同发展,共同提高办学水平和效益。学校之间的合作办学,应征得学校主管部门和所在省、自治区、直辖市的同意和支持,在学校之间充分酝酿的基础上报国家教委备案。各校的主管部门和独立的法人地位保持不变,但要自愿组成合作办学的协调机构进行协商和管理。合作办学的高等学校,要通过互聘教师、互相承认学分、共同开展科学研究和技术开发、联合培养研究生、合作开展对外交流活动、实行计算机联网、共用图书资料和教学、科研试验设施、共办产业以及共同建议公共服务设施等,充分挖掘各校潜力,真正做到互惠、互利、互补,共同发展,共同提高。合作办学的高等学校,如果条件成熟,可以进行实质性合并,形成一个独立办学的法人实体。以上政策强调职业院校之间应加强协作,政策之所以要大力倡导院校之间的合作,说明院校的合作对于校企合作的切实有效施行意义重大。同时政策针对职业教育发展中的一些问题也进行相应地阐述和分析。

如今,全球金融危机的余波仍旧影响着经济的发展,大多数企业也都遭遇了经济危机,高职院校的学生面临巨大的就业压力,此时正是高职院校重新调整校企合作定位,发挥自身优势,吸引企业构建校企合作双赢机制的有利时机。[3] 在政策支持的基础上再加上外在客观环境,学校唯有积极与各方合作、切实推进校企合作的开展。

1998年12月,教育部颁布《面向21世纪教育振兴行动计划》,该《行动计划》中第七条指出,实施"高校高新技术产业化工程"。带动国家高新技术产业发展,为培育经济新的增长点做贡献。加强产学研合作,鼓励高等学校与科研院所开展多种形式的联合、合作、优势互补、讲求实效。促进高等学校、科研院所和企业在技术创新和发展高科技产业中的结合。鼓励企业在高等学校建立工程研究中心、生产力促进中心等技术集成与扩散的示范中心,开发高新技术产品。鼓励高等学校向企业转让技术,或利用现有中小企业兴办高新技术企业,探索企业与高

1 黄亚妮. 高职教育校企合作模式初探[J]. 教育发展研究,2006,(10).

2 李孔珍. 近年来我国职业教育政策发展解析[J]. 教育与职业,2006,(4).

3 张春生. 高职院校构建校企合作双赢机制应对危机的思考[J]. 中国职业技术教育,2009,(6).

校从立项到投产"一条龙"的全面合作。以上政策突出强调了高职院校与科研院所的合作,以提升技术创新和发展高科技产业的能力。这些政策的出台和实施,对于进一步拓宽校企合作的深度具有重大意义。

1999 年 1 月,教育部、原国家计委印发了《试行按新的管理模式和运行机制举办高等职业技术教育的实施意见》。《实施意见》提出"按新的管理模式和运行机制举办的高等职业技术教育为专科层次学历教育,其招生计划为指导性计划,教育事业费以学生缴费为主,政府补贴为辅"。《实施意见》更明确提出高等职业教育由以下机构承担:短期职业大学、职业技术学院、具有高等学历教育资格的民办高校、普通高等专科学校、本科院校内设立的高等职业教育机构(二级学院)、经教育部批准的极少数国家级重点中专、办学条件达到国家规定合格标准的成人高校等(简称"六车道"办学)。[1] 这样就形成"六车道"一起办高职的繁荣局面,指出了高职教育发展的多种途径。"六车道"一起办高职,无一不是强调学校在高职教育中的作用,无论是哪一"车道",都是各级各类学校在举办高职教育。

2.1.4 示范性高职院校建设

中共中央、国务院早在 1993 年就提出要重点建设和努力办好一批骨干示范学校。1991 年《国务院关于大力发展职业技术教育的决定》中也提出"要有计划地对现有各类职业技术学校加强规范化建设,集中力量办好一批起骨干示范作用的学校"。1998 年,教育部《面向 21 世纪教育振兴行动计划》又再次明确"努力在各地办出一批有较高社会声誉的职业技术学校"的要求。1999 年 9 月 4 日教育部印发《关于开展建设示范性职业技术学院工作通知》。《通知》要求整体推进高职高专教育改革和建设,同时指出高职高专教育人才培养模式的基本特征是:以培养高等技术应用型专门人才为根本任务;以适应社会需要为目标,以培养技术应用能力为主线,设计学生的知识、能力、素质结构和培养方案,毕业生应具有基础理论知识适度、技术应用能力强、知识面较宽、素质高等特点;以"应用"为主旨和特征构建课程和教学内容体系;实践教学的主要目的是培养学生的技术应用能力,并在教学计划中占有较大比重;"双师型"(既是教师,又是工程师、会计师等)教师队伍建设是提高高职高专教育教学质量的关键;学校与社会用人部门结合、师生与实际劳动者结合、理论与实践结合是人才培养的基本途径。高职高专不同类型的院校都要按照培养高等技术应用型专门人才的共同宗旨和上述特征,相互学习、共同提高、协作攻关、各创特色。并决定组织实施《新世纪高职高专教育人才培养模式和教学内容体系改革与建设项目计划》。为此,教育部于 2000 年 5 月公布了首批国家级重点中等职业学校并且在之后继续实施这类计划。另外,在 2006 年国家还针对高等职业教育制定了《教育部、财政部关于实施国家示范性高等职业院校建设计划,加快高等职业教育改革与发展的意见》,决定实施国家示范性高等职业院校建设计划,计划将重点支持 100 所高水平示范院校建设,建成 500 个左右产业覆盖广、办学条件好、产学结合紧密、人才培养质量高的特色专业群。

2000 年 9 月,教育部颁布《关于启动第一批示范性职业技术学院建设的通知》(以下简称《通知》)。《通知》强调,示范性职业技术学院建设是贯彻、落实《面向 21 世纪教育振兴行动计划》和第三次全教会有关精神,大力发展高等职业教育的重要举措。各校要切实加强对此项

1 胡永. 论我国高等职业教育政策的得与失[J]. 黑龙江教育(高教研究与评估),2006,(5).

工作的领导，加快高等职业教育教学内容和教学方法的改革，加强高等职业教育师资队伍、实训条件的建设，积极探索符合我国国情的高等职业教育的人才培养模式，加强高等职业教育教学改革。在专业建设上，要充分发挥学校的优势和特色，紧密结合岗位、职业、行业的特点和要求，积极适应社会主义市场经济发展的需要。在教学内容和教学方法上，要加强学生实践能力、技术运用能力的培养，充分反映新兴技术、新兴产业对技能培养的要求，满足经济结构战略性调整、技术结构优化升级和高科技产业迅猛发展对人才培养的需要。在教材建设上，要逐步建立以能力培养为基础的、特色鲜明的专业教材和实训指导教材。在教学管理上，要逐步建立科学、合理的高等职业教育质量监控和评价体系。加强高等职业教育校内外实训基地建设。校内实训基地主要承担高等职业教育日常教学实习和仿真训练，应拥有先进的仪器设备，健全的管理制度，并配备相应的实训指导教师和教材，能够较好地满足教学计划对能力训练的要求。校外实训基地主要承担高等职业教育岗位实务训练，通过开展产学合作，建立相对稳定的、能够反映岗位、职业、行业发展方向和水平的校外实训基地。

《通知》提出了开展示范性高职院校建设的重要意义，同时也提出了如何加强示范性高职院校的建设，对于指导今后示范性高职院校建设意义重大。

2005 年 8 月，教育部在天津召开工学结合座谈会，并与天津市签署共建“国家职业教育改革试验区”协议，后来双方又出台了《关于共建国家职业教育改革试验区的意见》，明确提出，天津将在深化职业教育改革、创新“工学结合”教学模式、扩大职业教育开放、推进就业准入制度和职工培训制度试验以及探索东部地区支持西部职业教育发展的有效途径等五个方面展开试验。天津市政府于 2007 年启动了天津市示范性高职建设项目。

2005 年 10 月，《国务院关于大力发展职业教育的决定》对职业教育存在的一些问题和政策进行总结，形成一个整体性文件，明确表示要建设 100 所示范性高职学院，该项政策对各级政府重视职业教育起到了推动作用。[1]

2005 年，国家发展改革委和财政部决定在“十一五”期间部署职业教育基础能力建设的“四个计划”，其中第三个即实施好“职业教育示范性院校建设计划”，重点建设好高水平培养高素质技能型人才的 1 000 所示范性中等职业学校和 100 所示范性高等职业院校。[2]

2007 年，国务院批转教育部《国家教育事业发展“十一五”规划纲要的通知》指出，实施示范性高水平职业院校建设计划，重点建设 1 000 所示范性中等职业学校和 100 所示范性高等职业院校。

2010 年，《教育部财政部关于进一步推进“国家示范性高等职业院校建设计划”实施工作的通知》提出，要新增 100 所左右骨干高职建设院校，创新办学体制机制，推进合作办学、合作育人、合作就业、合作发展，增强办学活力；以提高质量为核心，深化教育教学改革，优化专业结构，加强师资队伍建设，完善质量保障体系，提高人才培养质量和办学水平；深化内部管理运行机制改革，增强高职院校服务区域经济社会发展的能力，实现行业企业与高职院校相互促进，区域经济社会与高等职业教育和谐发展。对校企合作进行了具体规划：地方政府与行业企业共建高职院校，探索建立高职院校董事会或理事会，形成人才共育、过程共管、成果共享、责任

1 邱同保. 从高职教育文本政策的解析看高职教育的发展轨迹[J]. 教育与职业，2008，(6).

2 李孔珍. 近年来我国职业教育政策发展解析[J]. 教育与职业，2006，(4).

共担的紧密型合作办学体制机制，发挥各自在产业规划、经费筹措、先进技术应用、兼职教师聘任（聘用）、实习实训基地建设和吸纳学生就业等方面的优势，促进校企深度合作，增强办学活力；深化内部人事管理制度改革，落实教师密切联系企业的责任，引导和激励教师主动为企业和社会服务，开展技术研发，促进科技成果转化，实现互利共赢。

2010 年，教育部和天津市对共建国家职业教育改革创新示范区提出了新的要求，强调要创新人才培养模式，加大制度创新力度，加强基础能力建设，加快终身学习体系建设，扩大国际交流与合作等。示范区建设要立足天津，服务环渤海，辐射“三北”地区，为全国技能型人才培养提供重要支撑，在服务国家发展战略、推动职业教育科学发展和创新职业教育等方面走在全国前列，努力成为职业教育体制创新、培养模式改革、质量提升和建设学习型城市的示范，全面贯彻落实《国家中长期教育改革和发展规划纲要》，为发展有中国特色职业教育、建设人力资源强国作出更大贡献。[1]

校企合作在示范性院校不断深入，在 2009 年，示范性高等职业院校建设计划实施工作办公室在北京举办了“国家示范高职建设院校教学改革工作座谈会”，会议就示范建设过程中的难点与瓶颈问题进行了讨论，校企合作被列为难点与瓶颈问题之一。与会代表一致认为，“虽然示范建设院校都有成功的合作办学案例，但在社会主义市场经济体制下如何赢得企业真正、稳定、持续参与人才培养，仍处于探索阶段，难度非常大”。[2]

国家重点中等职业学校建设以及国家示范性高等职业院校建设计划的实施，是通过选取一批职业学校中的优秀代表作为建设模范，使之在当地、在具体行业乃至在全国的职业学校中起到骨干和示范作用，以此来促进职业教育质量提升和当地经济社会的发展。[3]

自 2006 年以来，已经有 100 所高等职业院校成为示范性高等职业院校建设计划的对象。重点中等职业学校建设计划以及示范性高等职业院校建设计划的实施，不仅可以使学校在办学实力、教学质量、管理水平、办学效益和辐射能力等方面有较大提高，还可以充分发挥重点和示范的带头作用，带动全面的职业教育改革与发展，逐步形成结构合理、功能完善、质量优良的职业教育体系，更好地为经济建设和社会发展服务。[4]

2.1.5 政府主导作用的变迁趋势

国家是举办各级各类教育的主体，高等职业教育当然也不例外，职业教育校企合作的顺利开展离不开政府的大力支持，政府在整个校企合作的过程中理应发挥主导作用。纵观历年的高职教育政策，政府的主导作用非常突出。

1985 年颁布了《中共中央关于教育体制改革的决定》。《决定》指出，调整中等教育结构，大力发展职业技术教育。万里同志指出：“这是教育体制改革的一个重点”，“社会主义现代化建设不但需要高级科学技术专家，而且迫切需要千百万受过良好职业技术教育的中、初级技术人员、管理人员、技工和其他受过良好职业培训的城乡劳动者。没有这样一支劳动技术大军，

1 教育部与天津市共建国家职业教育改革创新示范区，人民网［EB/OL］（2010 年 3 月 8 日）［2012-10-29］http://www.tech.net.cn/web/articleview.aspx? id =20100309000022&cata_id = N004.

2 张海峰.高职教育校企合作制度化研究［J］.教育与职业，2010，（6）.

3 高燕南.十年来职业教育政策与法规建设探析［J］.职业教育研究，2009，（11）.

4 同上.

先进的科学技术和先进的设备就不能成为现实的社会生产力。但是,职业技术教育恰恰是当前我国整个教育事业最薄弱的环节。一定要采取切实有效的措施改变这种状况,力争职业技术教育有一个大的发展。”调整教育结构,没有政府的助推是不可能完成的,因而在政府主导下调整中等教育结构,对于职业教育的招生会产生巨大的影响。

职业技术教育问题已经强调多年,局面没有真正打开,重要原因在于长期以来对就业者的政治文化技术准备缺乏应有的要求,在于历史遗留的鄙薄职业技术教育的陈腐观念根深蒂固。因此,要在全党和全社会进行教育,树立行行光荣、行行出状元的观念。树立劳动就业必须有一定的政治、文化和技能准备的观念,并且在改革教育体制的同时改革有关的劳动人事制度,实行“先培训,后就业”的原则。今后各单位招工,必须首先从各种职业技术学校毕业生中择优录取。一切从业人员,首先是专业性技术性较强行业的从业人员,都要以汽车司机经过考试合格取得驾驶证才可以开车为例,必须取得考核合格证书才能走上工作岗位。有关部门应该制定法规,逐步实行这种制度。

发展职业技术教育要以中等职业技术教育为重点,发挥中等专业学校的骨干作用,同时积极发展高等职业技术院校,优先对口招收中等职业技术学校毕业生以及有本专业实践经验、成绩合格的在职人员入学,逐步建立起一个从初级到高级、行业配套、结构合理又能与普通教育相互沟通的职业技术教育体系。职业技术教育体系的建立和完善需要政府统筹一切教育资源,从教育大局出发,经过慎重调研后建立。

另外,抛开政策层面,从现实层面分析。政府主导校企合作是发达国家发展职业教育的一大特点。近几年,我国职业教育借鉴发达国家校企合作的经验,转变职业教育人才培养方式,实现了跨越式发展,但在发展过程中还存在许多问题。我国职业教育的校企合作往往表现为一种自发的、浅层次的、松散型的状态,企业的参与度不高。要使校企合作健康发展就必须调动企业的积极性,增强合作的稳定性。而这些仅靠市场机制来调节是远远不够的,甚至是无法实现的,只能由政府建立校企合作的体制、机制和制度加以保障。实施政府主导型校企合作发展战略,其目的在于由政府发挥统筹和引导作用,使校企合作成为培养技能人才的根本途径和普遍模式。[1] 现实的经验教训告诉我们政府主导校企合作是该项工作得以顺利进行的关键。

1987 年 1 月,第一次全国职业技术教育工作会议召开,此次会议提出了“七五”期间全国职业技术教育的发展目标,该目标主要是扩大高中阶段职业技术教育的规模,推行“先培训,后就业”政策。

1991 年 10 月,《国务院关于大力发展职业技术教育的决定》出台。该《决定》指出,各级政府、各级财政部门、各有关业务主管部及厂矿企业等要从财力和政策上支持职业技术教育的发展,努力增加对职业技术教育的投入。各级各类职业技术学校的业务主管部门要根据财力可能和事业发展的需要,与同级财政部门会商,制定本地区、本部门(行业)职业技术学校的生均经费标准。在国家政策规定的范围内,各地各部门应采取多种措施,扩大职业技术教育的经费来源。除国家投资外,要提倡利用贷款,有关部门要为职业技术学校使用贷款创造条件,并鼓励集体、个人和其他社会力量对职业技术教育捐资助学。

各级政府和有关部门应该制定有关法规,采取必要的行政和经济手段,有步骤地推行“先

1 李滨. 试论我国职业教育校企合作政府主导型战略[J]. 黑龙江高教研究,2010,(6).

培训,后就业”的原则。首先在专业性技术性较强的行业实行,进而争取尽快做到:在城市,未经职业技术教育,达不到岗位规范要求的一律不得就业、上岗;在农村,企事业单位(含乡镇企业)招工、招干及从事技术性强的生产经营工作,必须经过相应的职业技术教育。今后,各单位招工、招干应首先从专业对口的各种职业技术学校毕业生中择优录用,在对口专业合格毕业生尚未全部录用的情况下,用人单位一般不另行从社会上招用人员。政府和有关部门对回乡参加农业生产的职业技术学校毕业生,在贷款、农用生产资料等方面给予扶持和优惠。凡进行技术等级考核的工种,逐步实行“双证书”(即毕业证书和技术等级或岗位合格证书)制度。应把技术等级证书或岗位合格证书,作为择优录用和上岗确定工资待遇的重要依据。在农村完善农民技术人员职称评定制度,并视条件逐步实行农民技术资格证书制度。

从以上政策原文不难看出,实施政府主导校企合作战略,是学校与企业深度合作的必然要求。国务院《关于大力发展职业教育的决定》指出:“各级人民政府要加强对职业教育发展规划、资源配置、条件保障、政策措施的统筹管理,为职业教育提供强有力的公共服务和良好的发展环境。”中共中央办公厅、国务院办公厅《关于进一步加强高技能人才工作的意见》进一步明确:“各地要建立高技能人才校企合作培养制度,可由政府及有关部门负责人、企业行业和职业院校代表,以及有关方面专家组成高技能人才校企合作培养协调指导委员会,研究制定校企合作培养高技能人才的发展规划,确定培养方向和目标,指导和协调学校与企业开展合作。”[1]

再者,中共中央办公厅和国务院办公厅颁布《关于进一步加强高技能人才工作的意见》,财政部、国家税务总局颁布《关于教育税收政策的通知》,国务院颁布《关于大力发展职业教育的决定》,这些政策文件都对职业学校开展校企合作设立了相关的优惠政策。校企合作开展情况,作为国家重点示范性院校评估备案的必要条件,有专项资金配套;对校企合作培养高技能人才成绩突出的职业院校,将授予国家高技能人才培训基地,有专项资金及相关优惠政策配套,并优先推荐申报中央财政实训基地建设和国家职业教育基础设施建设支持项目,优先推荐申报国家、省重点计划项目。[2] 政府主导校企合作的开展,在资金、技术方面提供便利。

1993 年,中共中央、国务院印发《中国教育改革和发展纲要》。《纲要》提出,职业技术教育是现代教育的重要组成部分,是工业化和生产社会化、现代化的重要支柱。各级政府要高度重视,统筹规划,贯彻积极发展的方针,充分调动各部门、企事业单位和社会各界的积极性,形成全社会兴办多形式、多层次职业技术教育的局面。到本世纪末,中心城市的行业和每个县,都应当办好一两所示范性骨干学校或培训中心,同大量形式多样的短期培训相结合,形成职业技术教育的网络。这些政策突出了各级政府在统筹规划校企合作中的重大作用。

1996 年 9 月,李鹏总理和李岚清副总理在全国职业教育工作会议作重要讲话,说明政府主导校企合作方面至少涵盖以下重要的两点:第一,发展职业教育对实现我国现代化具有重要意义。《职业教育法》的颁布,标志着我国职业教育走上了制度化、法制化的轨道。职业教育在我国现代化建设中发挥着越来越重要的作用。大力发展职业教育,是提高劳动者素质和实现现代化的迫切要求;大力发展职业教育,是优化教育结构,提高教育整体效益的根本措施;大

1 李滨.试论我国职业教育校企合作政府主导型战略[J].黑龙江高教研究,2010,(6).

2 谢俊琍,杨琼.改革开放以来职业教育校企合作的政策解读及现状分析[J].职业教育研究,2009,(11).

力发展职业教育，是促进劳动就业、深化企业改革的重要条件。第二，深化改革，走符合我国国情的发展职业教育的道路。坚持在政府统筹管理下，真正形成社会兴办职业教育的格局。职业教育具有广泛的社会性。与基础教育和高等教育相比，发展职业教育更需要、也更有条件动员社会各方面参与。依靠社会力量兴办职业教育，是许多国家的成功经验。我国是发展中国家，办大教育更需要充分发挥各方面的积极性，依靠社会力量办学，走符合我国国情的发展职业教育的道路。我国的职业教育，要在政府的统筹和管理下，主要依靠行业、企事业单位以及社会各方面和公民个人举办，政府给予适当资助和扶持。《职业教育法》对政府及社会各方面举办职业教育的责任和义务做出了明确规定，要坚决按法律规定贯彻落实。

1998 年 12 月，教育部《面向 21 世纪教育振兴行动计划》第八条指出，应贯彻《高等教育法》。积极稳步发展高等教育，加快高等教育改革步伐，提高教育质量和办学效益，积极发展高等职业教育，是提高国民科技文化素质、推迟就业以发展国民经济的迫切要求。对于学历高等职业教育，除对现有高等专科学校、职业大学和独立设置的成人高校进行改革、改组和改制，并选择部分符合条件的中专改办(简称"三改一补")发展高等职业教育之外，部分本科院校可以设立高等职业技术学院，基本不搞新建。挑选 30 所现有学校建设示范性职业技术学院，发展非学历高等职业教育，主要进行职业资格证书教育。要逐步研究建立普通高等教育与职业技术教育之间的立交桥，允许职业技术院校的毕业生经过考试接受高一级学历教育。

1999 年 6 月第三次全国教育工作会议召开，在此次全教会上江泽民总书记曾明确指出："在大力抓好九年义务教育、普通高中教育和各种中等职业技术教育的同时，根据需要和可能，采取多种形式积极发展高等教育，特别是社区性的高等职业教育，扩大现有普通高校和成人高校的招生规模，尽可能满足人民群众接受高等教育的要求。"这进一步明确了政府在举办职业教育中的责任，同时，政府有大力向全社会宣传、公开企业参与职业教育的社会责任。[1]

良好教育的开端需要有良好的社会舆论氛围。因而，政府要充分注重营造全社会重视和支持职业教育的氛围，营造政府主导、行业引领、企业参与的职业教育环境。[2]

另外，政府也是社会公共事务的管理者，在教育中扮演着重要的角色，当然在职业教育及其校企合作中也不例外。只有政府的作用得以充分的发挥，校企合作顺利进行，职业教育的质量得以提高，才能为企业、为社会培养出真正所需的人才，才能保持经济的可持续发展，维持社会的和谐。[3]政府角色的充分发挥，不仅有助于职业教育校企合作的顺利开展，将更深远影响着经济社会的可持续健康发展。

2002 年 8 月，《国务院关于大力推进职业教育改革与发展的决定》颁布。《决定》第六条提到，多渠道筹集资金，增加职业教育经费投入。利用金融、税收以及社会捐助等手段支持职业教育的发展。县级以上各级人民政府应支持企事业单位、社会团体、其他社会组织及公民个人按照国家有关规定设立职业教育奖学金，奖励学习成绩优秀的学生，资助经济困难的学生。金融机构要为家庭经济困难学生接受职业教育提供助学贷款，优先为符合贷款条件的农村职业学校毕业生开展生产经营提供小额贷款。认真执行国家对教育的税收优惠政策，支持职业学校办好实习基地、发展校办产业和开展社会服务。鼓励社会各界及公民个人对职业教育提

1 胡艳曦，曹立生，刘永红. 我国高等职业教育校企合作的瓶颈及对策研究[J]. 高教探索，2009，(1).

2 李海燕，刘铭. 基于高职院校视域的校企合作政策环境研究[J]. 重庆电子工程职业学院学报，2012，(1).

3 赵健秀. 试论政府在职业教育校企合作中的作用[J]. 广东技术师范学院学报，2010，(1)

供资助和捐赠，企业和个人通过政府部门或社会中介机构对职业教育的资助和捐赠，可在应纳税所得额中全额扣除。

从以上政策原文中不难看出，各级政府在校企合作中充当了非常重要的角色，发挥着引导、协调、管理和监督等重要作用。[1]在发挥巨大作用的同时，政府也要充分发挥“舆论导向、组织协调、投入保障、信息服务、评估监督”等行政功能和作用。[2]再者，政府主动担当起校企合作教育的领导者与倡导者、组织者与推动者、协调者与监督者的职责，充分发挥政府的行政功能和主导作用。[3]

2005 年 11 月国务院召开了全国职业教育工作会议，提出要“进一步建立和完善适应社会主义市场经济体制，满足人民群众终身学习需要，与市场需求和劳动就业紧密结合，校企合作、工学结合，结构合理、形式多样，灵活开放、自主发展，有中国特色的现代职业教育体系”，[4] 并提出了具体的要求和意见。该项政策充分表明了我国政府发展职业教育的决心，其制定和实施必将为我国职业教育的发展带来勃勃生机。[5]

2007 年，国务院批转教育部国家教育事业发展“十一五”规划纲要的通知。通知指出，营造职业教育发展的良好制度环境。各级政府要切实把发展职业教育放在更加突出更加重要的位置，加强领导和统筹，建立、完善职业教育工作联席会议制度，协调处理好有关部门之间、学校与企业之间的关系，逐步增加公共财政对职业教育的投入，重点支持面向农村学生的中等职业教育发展，支持少数民族地区职业教育和成人教育发展。落实企业合理分担职业教育办学经费的相关政策，采取税收优惠等措施，鼓励企业为职业院校学生提供更多的实习岗位，支持行业企业参与职业教育办学和技能型人才培养，形成政府主导、行业企业与学校紧密合作的职业教育新格局。完善职业资格证书制度。逐步提高技能型人才的社会地位、经济收入和社会保障水平，形成全社会关心、重视和支持职业教育发展的良好氛围。

高职教育校企合作的开展离不开政府财政的支持，以上政策也强调要逐步增加公共财政的投入力度。为此，政府必须制定增加和保证校企合作投入的优惠政策，建立起以国家和各级地方政府财政为导向、企业投入为主体的多渠道、多层次的校企合作投入体系，并将企业参与职业教育的鼓励性政策与不履行职业教育义务的惩罚性政策法规化。[6]

2010 年，政府出台《国家中长期教育改革和发展规划纲要(2010—2020 年)》。《纲要》第六章专门论述职业教育。强调，发展职业教育是推动经济发展、促进就业、改善民生、解决“三农”问题的重要途径，是缓解劳动力供求结构矛盾的关键环节，必须摆在更加突出的位置。职业教育要面向人人、面向社会，着力培养学生的职业道德、职业技能和就业创业能力。到 2020 年，形成适应经济发展方式转变和产业结构调整要求、体现终身教育理念、中等和高等职业教育协调发展的现代职业教育体系，满足人民群众接受职业教育的需求，满足经济社会对高素质

1 赵健秀. 试论政府在职业教育校企合作中的作用[J]. 广东技术师范学院学报,2010,(1).

2 翟向阳,潘立本. 论政府在产学研合作教育中的行政功能与作用[J]. 职教论坛,2006,(3).

3 张红艳. 高职院校校企合作政策研究综述[J]. 现代企业教育,2008,(10).

4 教育部 2005 年第 13 次新闻发布会. 通报教育部贯彻落实全国职业教育工作会议精神有关情况(文字实录)[NB/OL]. http://www.moe.edu.cn.

5 李孔珍. 近年来我国职业教育政策发展解析[J]. 教育与职业,2006,(4).

6 马成荣. 校企合作模式研究[J]. 教育与职业,2007,(23).

劳动者和技能型人才的需要。

《纲要》指出政府应切实履行发展职业教育的职责，把职业教育纳入经济社会发展和产业发展规划，促使职业教育规模、专业设置与经济社会发展需求相适应。统筹中等职业教育与高等职业教育发展。健全多渠道投入机制，加大职业教育投入。

从一系列颁布的有关校企合作的政策文件中，我们不难发现政府在促进校企合作中肩负重大责任。唯有政府切实发挥了主导作用，校企合作才有可能向纵深方向发展。

因此，各级政府一方面应利用所掌握的舆论宣传工具加强针对高等职业技术教育的宣传工作，在全社会"形成一个理解、重视高等职业技术教育的浓厚氛围"。另一方面，政府要在"财政投资、层次与类型、提高质量与建立健全劳动准入制度"等方面制定相应政策以提升高职的社会地位。[1]

再者，政府应切实转变职能，将工作重点转移到对职业教育的宏观调控上，为产学研合作创造条件和环境。[2] 通过制定政策性的法律对产学研合作予以支持，政府要承担起"合作的推动者、利益的协调者、过程的监督者、成果的评估者"等角色。[3]

其四，政府应组建或鼓励建立联系校企合作的中介机构。政府应以支持和参与的方式，大力促进企业联盟、行业协会、商会、律师事务所、会计事务所、风险投资机构、技术中介机构、技术评估机构、技术产权交易所以及各种服务中心等中介机构成龙配套，为校企合作提供政策、法律、企业管理、评估、咨询、融资等方面的系统服务。[4]

有了政策的支持，以及各级政府主导作用的发挥，高职教育校企合作正常有序开展，取得的成效也是显著的。

企业、行业、学校、政府等的支持与配合有助于将校企合作推向前进，但仅仅在以上四方面的通力合作终究是不够的。因此，在目前的国际国内环境下，有必要大力提倡全社会对校企合作的支持与鼓励。出于这一点考虑，政府也出台了相关政策。

1993 年，中共中央、国务院印发《中国教育改革和发展纲要》。《纲要》提到，职业技术教育是现代教育的重要组成部分，是工业化和生产社会化、现代化的重要支柱。各级政府要高度重视，统筹规划，贯彻积极发展的方针，充分调动各部门、企事业单位和社会各界的积极性，形成全社会兴办多形式、多层次职业技术教育的局面，到本世纪末，中心城市的行业和每个县，都应当办好一两所示范性骨干学校或培训中心，同大量形式多样的短期培训相结合，形成职业技术教育的网络。

职业教育的发展需要社会各界的支持，唯有如此，职业教育的网络才能顺利搭建。有研究者就指出："职业教育的特征决定了办好职业教育是多元因素的关联和相互渗透，需要跨领域的思想融合，需要全社会的支持。"[5]

[1] 刘勤. 制约产学研结合教育的政策与体制因素研究[J]. 成人教育,2005,(7).

[2] 李滨虹,王成. 充分发挥政府在产学研合作中的作用[J]. 沈阳干部学刊,2007,(2).

[3] 杜世禄,黄宏伟. 高职校企合作中地方政府的角色与功能[J]. 教育发展研究,2006,(6).

[4] 辛爱芳. 我国产学研合作的政策设计研究[J]. 山西财经大学学报,2007,(11).

[5] 李海燕,刘铭. 基于高职院校视域的校企合作政策环境研究[J]. 重庆电子工程职业学院学报,2012,(1).

2.2 人才培养体制改革与校企合作

2.2.1 师资队伍建设

任何教育的良好有序开展需要阵容强大的师资做保障，具体到校企合作则更多强调“双师型”教师的培养。

“双师型”教师也称“双师素质”教师，通常是指从事职业教育的教师既有教师的学识水平和资历，又具有相应的专业技术资质，是能从事相应的专业技术工作的教师。从“双师”应具备的知识和能力要求来看，“双师”一方面必须具有工程师素质，熟悉生产、技术、工艺和管理；另一方面，作为教师，又要能按照教学规律，采取有效的方法和手段，融会贯通、挥洒自如地将知识和技能运用到职业教育课堂教学中去。同时，把解决生产中实际问题的办法传授给学生。[1]

“双师型”教师概念的提出，适应了以能力为主线的职教理念的发展，在实践中也表现出旺盛的生命力和广阔的发展前景。但也有研究者认为，“双师型”的提法本身不能体现职教教师的特色，比如前文提到的“特定说”的观点。有学者对职校教师提出了“三师型”要求，即不仅要当好教师，还要成为工程师、培训师。有学者提出的“三师型”教师为“人师”、“经师”与“技师”。目前，又有学者提出了“四师型”教师类型，即匠师、艺师、儒师和哲师。不论以上两种提法是否科学，都反映了职业教育实践对“双师型”教师变革的一种期待。[2]

不论“双师型”的概念如何，但注重教师的发展，或者说教师在发展职业教育校企合作中起到的重大作用却是理论界的共识。“双师型”教师队伍是职业教育的必然要求。加强“双师型”教师队伍建设是提高职业教育质量的重要保证。[1] 正因为如此，历年出台的相关政策也都大力提倡发展“双师型”教师，突出教师在促进校企合作中的巨大作用。

1985 年颁布的《中共中央关于教育体制改革的决定》指出，师资严重不足，是当前发展中等职业技术教育的突出矛盾。各单位和部门办的学校，要首先依靠自身力量解决专业技术师资问题，同时可以聘请外单位的教师、科学技术人员兼任教师，还可以请专业技师、能工巧匠来传授技艺。要建立若干职业技术师范院校，有关大专院校、研究机构都要担负培训职业技术教育师资的任务，使专业师资有一个稳定的来源。中等职业技术教育主要由地方负责。中央各部门创办的此类学校，地方也要予以协调和配合。

1991 年 10 月，《国务院关于大力发展职业技术教育的决定》也强调，要在充分利用现有相应机构的基础上，逐步建立健全职业技术教育的研究、教材出版、信息交流、师资和干部培训等服务体系。中央和各地的报刊、广播电台、电视台等应加强对职业技术教育的宣传报导工作。要充分发挥中国职业技术教育学会、中华职业教育社等有关社会团体的作用。要加强与世界各国和地区及有关国际组织的交流与合作。

以上政策都谈到了加强教师培训、提高教师职业素养对于更好的发展职业教育、开展校企合作的巨大意义。师资队伍建设是提高高职教师质量和形成高职教育特色的关键，加强高职

1 韩秋黎.“双师型”教师队伍培养机制实践探索[J].职教论坛，2008，(1).

2 唐林伟，周明星.职业院校“双师型”教师研究综述[J].河南职业技术师范学院学报(职业教育版)，2005，(4).

师资队伍建设研究是高职教育发展的需要,也是高职教师队伍建设的需要。高职教师利用自身优势参与企业真实项目开发能有效提高专业教师专业技能、专业素养和教育教学能力,有助于高职院校"双师"型师资队伍的形成与发展,促进高职院校创新能力和办学水平的提高。[1]

2000 年 1 月印发《教育部关于加强高职高专教育人才培养工作的意见》提到,高职高专教育人才培养模式的基本特征是:以培养高等技术应用性专门人才为根本任务;以适应社会需要为目标;以培养技术应用能力为主线设计学生的知识、能力、素质结构和培养方案,毕业生应具有基础理论知识适度、技术应用能力强、知识面较宽、素质高等特点;以"应用"为主旨和特征构建课程和教学内容体系;实践教学的主要目的是培养学生的技术应用能力,并在教学计划中占有较大比重;"双师型"(既是教师,又是工程师、会计师等)教师队伍建设是提高高职高专教育教学质量的关键;学校与社会用人部门结合、师生与实际劳动者结合、理论与实践结合是人才培养的基本途径。高职高专不同类型的院校都要按照培养高等技术应用性专门人才的共同宗旨和上述特征,相互学习、共同提高、协作攻关、各创特色。

2000 年 6 月,教育部以高教司[2000]35 号文下达《关于加强本科院校举办高等职业教育管理工作的通知》。其中第五条中提到,要加强师资队伍建设。本科院校职业技术学院应充分发挥本科院校师资力量强的优势,努力建立一支高质量的兼职教师队伍。同时,要配有一定数量的专任教师和管理人员,使他们在专业建设、教学改革、人才培养工作等方面起骨干作用。学院要加强与企事业单位的联系,可聘任企、事业单位专家、工程技术人员来校任教。学院对中、青年专任教师要有计划地进行培养,重点让他们到生产实际中去锻炼,获得一定的实际工作经验。学校要制定相应政策鼓励和支持本科院校教师从事高等职业教育。

另外,2000 年 1 月《教育部关于加强高职高专教育人才培养工作的意见》中也明确指出"'双师型'(既是教师,又是工程师、会计师等)教师队伍是提高高职高专教育教学质量的关键"。2005 年 5 月教育部《关于加强高职(高专)师资队伍建设的意见》进一步提出要"建设一支理论基础扎实、又有较强技术应用能力的'双师型'教师队伍"的目标,强调:"各高职(高专)院校一方面要通过支持教师参与产学研结合、专业实践能力培训等措施,提高现有教师队伍的'双师'素质;另一方面要重视从企事业单位引进既有工作实践经验又有较扎实理论基础的高级技术人员和管理人员充实教师队伍。学校在职务晋升和提高工资待遇方面,对具有'双师'素质的教师应予以倾斜。"[2]

2000 年 9 月,教育部发布《关于启动第一批示范性职业技术学院建设的通知》。《通知》中第四条提到,加强高等职业教育教师队伍建设,逐步建立一支学历层次较高、年龄结构合理、"双师型"素质突出、专任与兼任相结合的高水平的教师队伍。示范性高职院校作为我国当前高职院校领域的"211"工程,代表了我国高职教育的最高水平,教育主管部门出台具体政策明确提到"双师型"教师队伍的建设,足见师资队伍建设的紧迫性与重要性。

2003 年,教育部颁布《2003—2007 年教育振兴行动计划》。《计划》第四条指出,学校应探索针对岗位需要的、以能力为本位的教学模式;面向市场,不断开发新专业,改革课程设置,调整教学内容;加强职业道德教育;大力加强"双师型"教师队伍建设,鼓励企事业单位专业技术、

1 吴建新,隋明祥,郑根让. 参与企业真实项目提高教师综合素质[J]. 武汉职业技术学院学报[J],2008,(7).

2 胡永. 论我国高等职业教育政策的得与失[J]. 黑龙江教育(高教研究与评估),2006,(5).

管理和有特殊技能的人员担任专兼职教师。推动就业准入制度和职业资格证书制度的实施，继续建设和培育一批示范性职业技术学校，建设大批实用高效的实习训练基地，开发大批精品专业和课程。“双师型”教师队伍的建设对于高职院校的专业、课程设置与改革、教学内容等都会起到很好的推动作用。因而，高职院校的核心竞争力就在于它所拥有的“双师型”人才队伍的数量和质量。[1]

2007年，国务院批转教育部《国家教育事业发展“十一五”规划纲要》的通知。通知指出，实施职业院校教师素质提高计划，支持师资培训工作，建立教师社会实践制度，加强“双师型”教师队伍建设。

在教师培训方面，企业可以充分发挥行业人力资源优势，选派工程技术人员、管理人员和技师、高级技师担任兼职教师，把企业生产、经营、管理及技术改进等方面的最新情况与教学内容紧密结合，及时地传授给学生，做到理论联系实际。还可以选派专家到职业院校定期或不定期举办专题学术讲座，或接受职业院校的专业教师来企业实践锻炼，提高教师技术运用能力，丰富其实践经验，帮助其了解企业、掌握企业最新发展动态，确保专业教师的教学不脱离企业实际。[2]

另外，从事普通高等教育教学工作的教师强调学科知识结构的完整性、系统性和理论性，而高职院校的教师则强调的是职业岗位、技术的专项性、操作性和应用性。高职院校的教师除了要精熟本专业职业岗位的知识、技能、技术外，还要通晓相关专业、行业的知识、技能、技术，并能将各种知识、技能、技术相互渗透、融合和转化。因此，参与真实项目开发是优化高职教师知识结构的重要途径。[3]

2010年，《国家中长期教育改革和发展规划纲要(2010—2020年)》颁布。《纲要》提到，把提高质量作为重点。以服务为宗旨，以就业为导向，推进教育教学改革。实行工学结合、校企合作、顶岗实习的人才培养模式。坚持学校教育与职业培训并举，全日制与非全日制并重。制定职业学校基本办学标准。加强“双师型”教师队伍和实训基地建设，提升职业教育基础能力。建立健全技能型人才到职业学校从教的制度。完善符合职业教育特点的教师资格标准和专业技术职务(职称)评聘办法。建立健全职业教育质量保障体系，吸收企业参加教育质量评估。开展职业技能竞赛。

综合以上政策可以得出，建设一支具有教师资格和专业技术能力的“双师型”教师队伍，是我国职业教育事业发展的客观要求，也是教师自身业务提高的需要。为此，应通过产教合作等形式，尽快提高教师的业务水平；办好职教师资培训基地，发扬其师资培养的主渠道作用；以学历达标，促进职教师资基本素质的提高；建立健全考核、评价机制，使职教师资管理规范化、制度化。[4]

“双师型”教师队伍建设也需要相应的激励机制配套，激励机制的实施需要相关的政策作为基础。为此，有必要实施特殊津贴制。积极支持鼓励教师获取所从事专业的职业资格证书。切实重视继续教育。对提升学历的专业教师，由学校给予资金的资助，并在保证教学的前提

1 张春生. 高职院校构建校企合作双赢机制应对危机的思考[J]. 中国职业技术教育，2009，(6).

2 徐丽华. 校企合作中企业参与制约因素与保障措施[J]. 职业技术教育，2008，(1).

3 吴建新，隋明祥，郑根让. 参与企业真实项目提高教师综合素质[J]. 武汉职业技术学院学报，2008，(7).

4 段青河，卢月萍. 关于“双师型”职教师资队伍建设的思考[J]. 职业技术教育：教科版，2001，(1).

下,尽可能对参与学习的教师给予时间上的照顾。培养人才为主。创造条件,对校办企业给予政策扶持。奖励科研成果。制定相关的奖励政策,对“双师型”教师以及教师指导学生通过产学研结合取得的成果给予奖励,调动教师参与实践和继续学习的积极性。[1]

2.2.2 课程、专业、教材建设

校企合作的顺利开展同样离不开课程、专业与教材的建设。这项建设开展得好与差将直接关乎校企合作人才培养的质量与效益。

1993 年,中共中央、国务院印发《中国教育改革和发展纲要》,其中提到,发展职业技术教育要与当地经济发展的需要相适应。基本普及九年义务教育的地区,应以发展初中后职业技术教育为重点;尚未普及九年义务教育的地区,对不能升入初中的小学毕业生应实行职业技术培训。各地要积极发展多样化的高中后教育,对未升入高等学校的普通高中毕业生进行职业技术培训。普通中学也要分不同情况,适当开设职业技术教育课程。这项政策强调了高等职业教育与普通教育的衔接问题,这为高职教育的顺利开展铺平了道路。

高等职业教育培养高级实用型、技术型人才的培养目标,决定了它的专业设置必然具有很强的职业性。1998 年 12 月原国家教委颁发的《面向二十一世纪深化职业教育教学改革的原则意见》中指出:“专业设置,课程开发须以社会和经济需求为导向,从劳动力市场分析和职业岗位分析入手,科学合理地进行。”[2]

政策强调职业教育要增强专业的适用性,开发和编写体现新知识、新技术、新工艺和新方法的具有职业教育特色的课程及教材。高等教育要加快课程改革和教学改革,继续调整专业结构和设置,从而使学生尽早地参与科技研究开发和创新活动,鼓励跨学科选修课程,培养基础扎实、知识面宽、具有创新能力的高素质专门人才。

高职院校专业设置必须具有适用性,专业设置既要着眼于现实性又要着眼于超前性,否则就会陷入“毕业即失业”的怪圈。另外,专业设置还要要有针对性与动态性。[3]

2000 年 1 月出台的《教育部关于加强高职高专教育人才培养工作的意见》指出要“以适应社会需要为目标、以培养技术应用能力为主张设计学生的知识、能力、素质结构和培养方案”,要“以‘应用’为主旨和特征构建课程和教学内容体系”。[4]

2000 年 5 月教育部在 1997 年原国家教委颁布的《关于高等职业学校设置问题的几点意见》的基础上又颁布了《高等职业学校设置标准》(暂行)。《标准》提到了普通高等职业学校设置的条件。在众多条件中,其中第四项即为,配备与专业设置相适应的必要的教学仪器设备,仪器设备总值不少于 1 000 万元;实践教学课时一般应占教学计划总课时的 50% 左右,教学计划中规定的实验、实训课的开出率应在 90% 以上;每个专业必须在校内拥有相应的技能训练、模拟操作场所和稳定的校外实习、实践活动基地。另外,《标准》还提到了设置高等职业学校,须有与学校的学科门类、规模相适应的土地和校舍,以保证教学、实践环节和师生生活、体育锻炼与学校长远发展的需要。建校初期,生均教学、实验、行政用房建筑面积不得低于 20

1 韩秋黎.“双师型”教师队伍培养机制实践探索[J].职教论坛,2008,(1).

2 胡永.论我国高等职业教育政策的得与失[J].黑龙江教育(高教研究与评估),2006,(5).

3 彭彧华.对高等职业教育政策的分析[J].北京教育(高教版),2006,(1).

4 胡永.论我国高等职业教育政策的得与失[J].黑龙江教育(高教研究与评估),2006,(5).

平方米;校园占地面积一般应在10万平方米左右(此为参考标准)。应配备与专业设置相适应的必要的实习实训场所、教学仪器设置和图书资料。适用的教学仪器设备的总值,在建校初期不能少于600万元;适用图书不能少于8万册。再者《标准》还指出,课程设置必须突出高等职业学校的特色。在高等职业学校的设置上,政策是清晰的,很大篇幅在于指出课程与专业的设置和实施问题。当然,在现实操作层面,各高职院校也可根据自身条件,适当性的采取行动。

当前,高职院校在课程、专业与教材建设方面很重要的一点突破是可以与企业中的企业大学合作,共同加强课程与专业建设。

因为,企业可以根据市场的需求,针对职业岗位(群)或技术领域来参与职业教育的专业设置,通过参与职业教育人才培养目标的制定,参与课程开发,形成以能力为本位、以职业实践为主线的职业教育课程体系,与职业教育专家共同确定学生的知识、能力和素质结构。通过企业参与,职业教育的专业设置和课程体系才能更符合企业的需要。[1]

另外,企业大学课程直接来源于企业的需求,针对的是具体的工作任务,在课程实用性上所具备的优势是其他职业教育所不能比拟的。但是由于国内的企业大学往往缺乏课程开发专业人才,因此在课程体系的建设上会有不足。高职院校在课程体系建设上的经验和能力正好能弥补企业大学的不足,因此当院校与企业大学形成合作关系后,共同开发课程和编写培训教材将顺理成章地成为双方合作的第二步。这一合作,可以有效地完善企业大学的课程体系建设,更可以使高职院校获得最贴近企业需求的课程和教材。[2]

再者,企业大学可以为高职院校老专业的改造和新专业的开发提供最及时的产业发展动态。企业大学根据母体公司的需求对其教育项目和培训内容所进行的持续更新也可为高职院校的专业建设提供最有效的借鉴。[3] 企业大学与高职院校的合作是顺应职教政策的要求,是在加强高职院校课程与专业建设方面的有益探索与尝试。

2.2.3 教学方式的改革与创新

如普通教育一样,校企合作的具体实施,同样需要教学的开展,并在具体教学过程中完成,因而,教学方式的改革与创新显得尤为必要。

产教结合的原则在《面向二十一世纪深化职业教育教学改革的原则意见》中有所涉及。《意见》指出,职业教育教学工作必须贯彻产教结合的原则。要在实施职业教育的过程中,坚持理论与实践相结合,教育与生产劳动相结合。要建设好符合教学要求的实习基地,切实加强实验、实习、职业技能训练等实践性课程和教学环节。积极吸引有丰富实践经验的生产技术、经营管理人员直接参与教育教学过程。另外,于2000年1月印发的《教育部关于加强高职高专教育人才培养工作的意见》指出,教学与生产、科技工作以及社会实践相结合是培养高等技术应用性专门人才的基本途径。要加强学校与社会、教学与生产、教学与科技工作的紧密结合,邀请企事业单位的专家、技术人员承担学校的教学任务和教学质量的评价工作。同时,要积极开展科技工作,以科技成果推广、生产技术服务、科技咨询和科技开发等为主要内容,积极

1 徐丽华.校企合作中企业参与制约因素与保障措施[J].职业技术教育,2008,(1).

2 徐胤莉,王红梅.企业大学:高职院校校企合作纵深化发展的桥梁[J].齐齐哈尔大学学报:哲学社会科学版,2010,(11).

3 同上。

参与社会服务活动。要注意用科技工作的成果丰富或更新教学内容，在科技工作实践中不断提高教师的学术水平和专业实践能力。重视校外实训基地建设。按照互惠互利原则，尽可能争取和专业有关的企事业单位合作，使学生在实际的职业环境中顶岗实习。可见，《意见》要求实践教学“在教学计划中占有较大比重”。[1]

1998 年 12 月，教育部出台《面向 21 世纪教育振兴行动计划》。《行动计划》指出，职业教育和成人教育要走产教结合的道路，调整学校布局，优化资源配置，加强创业教育和职业道德教育，实行更加灵活的教学模式，努力办出特色，更好地为地区经济和社会发展服务。

2000 年 6 月，教育部以高教司[2000]35 号文下达《关于加强本科院校举办高等职业教育管理工作的通知》。《通知》第四条提到，要加强实践教学基地的建设。本科院校职业技术学院除利用本校原有的实验设备外，应根据高等职业教育培养目标的要求建立固定的实践教学基地。学校要支持职业技术学院建立相对独立的专业实训中心。同时，要努力与企事业单位合作，在互惠互利的基础上，充分利用社会教育资源，开发校外实训基地，以保证学生得到基本实践能力和专业技能的综合训练。

加强实践教学基地和校外实训基地的建设涉及到人才培养模式改革，其重点是注重教学过程的实践性、开放性和职业性，其中实验、实训、实习是三个关键环节。[2] 产学研结合，是行业、企业主管部门与高等职业院校在平等互利的基础上优势互补、共同育人的基本要求。[3]

2002 年 8 月，出台《国务院关于大力推进职业教育改革与发展的决定》。《决定》第三条指出，深化教育教学改革，适应社会和企业需求。加强实践教学，提高受教育者的职业能力。职业学校要把教学活动与生产实践、社会服务、技术推广及技术开发紧密结合起来，把职业能力培养与职业道德培养紧密结合起来，保证实践教学时间，严格要求，培养学生的实践能力、专业技能、敬业精神和严谨求实作风。改善教学条件，加强校内外实验实习基地建设。职业学校要加强与相关企事业单位的共建和合作，利用其设施、设备等条件开展实践教学。职业学校相对集中的地区应建设一批可共享的实验和训练基地。加强职业教育信息化建设，推进现代信息技术在教育教学中的应用。积极发展现代远程职业教育，开发职业教育资源库和多媒体教育软件，为职业学校和学生提供优质教育资源。

2003 年，教育部出台《2003—2007 年教育振兴行动计划》。《计划》第四条指出，实施“职业教育与培训创新工程”。大力发展职业教育，大量培养高素质的技能型人才特别是高技能人才。技能型人才是推动技术创新和实现科技成果转化的重要力量。要加强高等职业技术学院和中等职业技术学校的建设，广泛开展岗位技能培训。要适应走新型工业化道路的要求，实施“制造业和现代服务业技能型紧缺人才培养培训计划”，根据区域经济发展和劳动力市场的实际需要，促进产学紧密结合，共同建立技能型紧缺人才培养培训基地，加快培养大批现代化建设急需的技能型人才及软件产业实用型人才，特别是各级各类高技能人才。以就业为导向，大力推动职业教育转变办学模式。以促进就业为目标，进一步转变高等职业技术学院和中等职业技术学校的办学指导思想，实行多样、灵活、开放的人才培养模式，把教育教学与生产实践、社会服务、技术推广结合起来，加强实践教学和就业能力的培养。加强与行业、企业、科研

1 胡永. 论我国高等职业教育政策的得与失[J]. 黑龙江教育(高教研究与评估)，2006，(5).

2 邱同保. 从高职教育文本政策的解析看高职教育的发展轨迹[J]. 教育与职业，2008，(6).

3 彭彧华. 对高等职业教育政策的分析[J]. 北京教育(高教版)，2006，(1).

和技术推广单位的合作，推广“订单式”、“模块式”培养模式。

根据政策的相关要求，现阶段，我国产学研合作的政策设计应以多层次的产学研运作模式为基础，多层面、多渠道开展产学研合作，形成全社会齐抓共管的产学研合作局面。产学研合作是一个复杂的系统工程，不仅涉及产、学、研三个领域，而且还与政府、中介机构、金融、信息乃至整个社会大环境有密切联系。因此，我们有必要把这些相关要素考虑进来，形成多层次的产学研运作模式，进行产学研合作。[1] 一方面，深化经济体制改革，使企业确立在技术创新中的自主地位，真正成为产学研合作的主体。另一方面，进一步改革科技体制，加强高校、科研院所的产学研合作意识。[1]

政府在产学研的开展中起着非常重要的作用，这已为世界各国所验证。为加强我国的产学研合作，政府应转变职能，将工作重点转移到宏观调控上，为产学研合作创造条件和环境，充分发挥对产学研合作的指导作用。我国产学研合作创新困难和科技成果转化率低的一个重要原因是资金缺口大。因此，要进一步加强产学研合作，须应解决资金问题，应为产学研合作建立起以企业为主、政府为辅、风险投资为特征的多元化投融资体系。[1]

2007 年，国务院批转教育部《国家教育事业发展“十一五”规划纲要》的通知。通知提出，加快培养高素质劳动者和高技能专门人才。深化职业教育的教育教学改革。坚持以就业为导向，积极开展订单式培养，大力推行校企合作、工学结合、半工半读的人才培养模式。更新教学内容，改进教学方法，提高学生的实践能力、职业技能和就业能力。加快建立弹性学习制度，逐步实施学分制和选修制。积极推动东西部之间、城乡之间职业院校实行联合招生、合作办学。加强对学生的职业道德教育和就业指导工作。优化职业教育专业结构，大力发展面向新兴产业和现代服务业的专业。加强职业教育基础能力建设。继续实施职业教育实训基地建设计划，在重点专业领域建设 2 000 个专业门类齐全、装备水平较高、优质资源共享的实训基地。继续实施县级职教中心建设计划，重点扶持建设 1 000 个县级职教中心。

2010 年，颁布《国家中长期教育改革和发展规划纲要(2010—2020 年)》。《纲要》提出，职业教育办学模式的改革试点。以推进政府统筹、校企合作、集团化办学为重点，探索部门、行业、企业参与办学的机制；开展委托培养、定向培养、订单式培养试点；开展工学结合、弹性学制、模块化教学等试点；推进职业教育为“三农”服务、培养新型农民的试点。

在职业教育办学模式改革中，企业大学对教学方式的改革也具有重要的意义。由于企业大学可以根据市场环境的变化为受训者提供具有前瞻性和实效性的课程，促使受训者及时更新和调整自己的知识结构，保持其职场竞争力。[2] 企业大学与高职均以培养适应劳动力市场需要的应用型人才为目标。企业大学的教学有着很强的灵活性、实践性和针对性，培养的人才岗位适应能力较强；高职院校的教学则具有全面性、稳定性的特点，培养的人才根基扎实，发展潜力大。因此，二者在人才培养方式上是可以互补的，高职院校有必要合理借鉴企业大学的经验，将企业要素有机融合到教育教学过程中，以提高人才培养的质量和效果。[3]

1 辛爱芳. 我国产学研合作的政策设计研究[J]. 山西财经大学学报，2007，(11).

2 罗建河，聂伟. 我国企业大学发展的背景、现状与前景[J]. 职业技术教育，2010，(7).

3 杜庆波. 企业大学—高职院校深化校企合作的新途径[J]. 教育探索，2008，(7).

2.2.4 校外实训基地建设

校企合作重在培养学生的实际动手操作能力，仅靠理论教学难以达成培养合格技术人才的目的。因而，有必要加强校外实训基地建设，让学生有更多的机会走出学校，锻炼自身实际操作能力。我国政府也大力提倡校外实训基地的建设。

2000 年 1 月印发《教育部关于加强高职高专教育人才培养工作的意见》，《意见》指出，应重视校外实训基地建设。学校应按照互惠互利原则，尽可能争取和专业有关的企事业单位合作，使学生在实际的职业环境中顶岗实习。

2000 年 6 月，教育部以高教司[2000]35 号文下达《关于加强本科院校举办高等职业教育管理工作的通知》。《通知》第四条中提到，要加强实践教学基地的建设。本科院校职业技术学院除利用本校原有的实验设备外，应根据高等职业教育培养目标的要求建立固定的实践教学基地。学校要支持职业技术学院建立相对独立的专业实训中心。同时，要努力与企事业单位合作，在互惠互利的基础上，充分利用社会教育资源，开发校外实训基地，以保证学生得到基本实践能力和专业技能的综合训练。

以上政策无不提到了加强校外实训基地建设的重要意义。培养应用型技术人才应有与之相关的实训基地。高职院校可以通过校企联姻，利用各行业的有效资产为学生提供实训基地，同时企业里大批“双师”型技术人员是高职院校难得的人才资源库。[1]

2002 年 8 月，出台《国务院关于大力推进职业教育改革与发展的决定》。《决定》第三条指出，深化教育教学改革，适应社会和企业需求。加强实践教学，提高受教育者的职业能力。职业学校要把教学活动与生产实践、社会服务、技术推广及技术开发紧密结合起来，把职业能力培养与职业道德培养紧密结合起来，保证实践教学时间，严格要求、培养学生的实践能力、专业技能、敬业精神和严谨求实作风。改善教学条件，加强校内外实验实习基地建设。职业学校要加强与相关企事业单位的共建和合作，利用其设施、设备等条件开展实践教学。职业学校相对集中的地区应建设一批可共享的实验和训练基地。加强职业教育信息化建设，推进现代信息技术在教育教学中的应用。积极发展现代远程职业教育，开发职业教育资源库和多媒体教育软件，为职业学校和学生提供优质教育资源。

2004 年 6 月，全国职业教育工作会议召开。9 月，七部委联合印发了《教育部等七部门关于进一步加强职业教育工作的若干意见》。《意见》第七条指出，加快职业教育实训基地建设，切实提高学生职业技能。加强职业教育实训基地建设是提高职业教育质量、解决技能人才培养“瓶颈”的关键措施。认真落实教育部、财政部关于加强职业教育实训基地建设的意见，切实改善职业院校的实训条件，力争到 2007 年，分期分批在重点专业领域建成一批条件较好、专业种类齐全、适应技能人才培养需要的实训基地。实训设备的配置要与企业生产技术水平相适应，以通用、实用为原则。基地应重点解决好数量不足、实习工位短缺等问题，为学生提供足够时间的高质量的实际动手训练机会。

加强校外实训基地建设需要统筹规划、合理布局，重视发挥现有职业教育资源的作用。基地建设与近年来中央财政支持的示范性职业院校建设相结合，使前期投入发挥更大效益。同

---

1 彭彧华. 对高等职业教育政策的分析[J]. 北京教育(高教版)，2006，(1).

时,要努力实现区域内中、高等职院校和培训机构对实训基地的共享。实训基地要建立自主发展的新机制,不仅要完成教学实训任务,还应主动面向市场开展培训和技术服务。在实训基地建设中要注意发挥市场机制的作用,调动社会各方面力量共同参与,多渠道筹集建设经费,实行政府、企业、院校和社会培训机构共建共管。

解读该政策,实训基地建设的类型和布局,要符合本地区相关经济领域对技能型和高技能型人才的需求。职业教育是培养学生就业技能的教育,因而必须坚持面向市场,实行灵活办学的方针。要以加快实训基地建设为突破口,立足于提高学生动手能力,深化教育改革,职业教育的专业、学制、课时等设置要紧扣市场需求,向市场求生存、求发展。[1]

2005 年国务院《关于大力发展职业教育的决定》提出要建立 2 000 个实训基地,在重点专业领域建成一批资源共享的职业教育实训基地。并且对学生校外实训时间进行了规定,如中等职业学校在校学生最后一年要到企业等用人单位定岗实习,高职学生实习实训时间不少于半年等。建立企业接收职业院校学生实习的制度,并为顶岗实习的学生支付合理报酬等。[2] 校企合作加强校外实训基地建设,也有助于整合企业过剩的场地设备资源,[3] 从而使有限资源发挥出最大效益。

2.2.5 经费投入与人才培养

职业教育具有"培养成本高,而学生家庭收入层次低"的特征。长期以来我国高职教育面临的却是国家投入经费标准低、学生收费标准高的问题。这严重制约了高职教育的发展。要解决这一问题,国家要增加投入,降低收费标准,加大对高职学生奖学金、助学金、助学贷款方面的投入力度;要鼓励学校通过社会赞助、校企联姻、提供科技服务等多渠道筹措资金。[4] 为此,国家在政策法规层面也有所体现。

1996 年 5 月,颁布《中华人民共和国职业教育法》,其中第四章职业教育的保障条件中第三十二条提到,职业学校、职业培训机构可以对接受中等、高等职业学校教育和职业培训的学生适当收取学费,对经济困难的学生和残疾学生应当酌情减免。收费办法由省、自治区、直辖市人民政府规定。国家支持企业、事业组织、社会团体、其他社会组织及公民个人按照国家有关规定设立职业教育奖学金、贷学金,奖励学习成绩优秀的学生或者资助经济困难的学生。另外,第三十五条提到,国家鼓励企业、事业组织、社会团体、其他社会组织及公民个人对职业教育捐资助学,鼓励境外的组织和个人对职业教育提供资助和捐赠。提供的资助和捐赠,必须用于职业教育。第三十七条也提到,国务院有关部门、县级以上地方各级人民政府以及举办职业学校、职业培训机构的组织、公民个人,应当加强职业教育生产实习基地的建设。企业、事业组织应当接纳职业学校和职业培训机构的实习和教师实习;对上岗实习的,应当给予适当的劳动报酬。

国家从法律的角度,对发展职业教育予以了资金的保障,从而有利于职业教育更好地发展。

---

1 邱同保.从高职教育文本政策的解析看高职教育的发展轨迹[J].教育与职业,2008,(6).

2 谢俊琍,杨琼.改革开放以来职业教育校企合作的政策解读及现状分析[J].职业教育研究,2009,(11).

3 张春生.高职院校构建校企合作双赢机制应对危机的思考[J].中国职业技术教育,2009,(6).

4 胡永.论我国高等职业教育政策的得与失[J].黑龙江教育(高教研究与评估),2006,(5).

2002 年 8 月,颁布《国务院关于大力推进职业教育改革与发展的决定》。《决定》中第六条指出,多渠道筹集资金,增加职业教育经费投入。利用金融、税收以及社会捐助等手段支持职业教育的发展。县级以上各级人民政府应支持企事业单位、社会团体、其他社会组织及公民个人按照国家有关规定设立职业教育奖学金,奖励学习成绩优秀的学生,资助经济困难的学生。金融机构要为家庭经济困难学生接受职业教育提供助学贷款,优先为符合贷款条件的农村职业学校毕业生开展生产经营提供小额贷款。认真执行国家对教育的税收优惠政策,支持职业学校办好实习基地、发展校办产业和开展社会服务。鼓励社会各界及公民个人对职业教育提供资助和捐赠,企业和个人通过政府部门或社会中介机构对职业教育的资助和捐赠,可在应纳税所得额中全额扣除。

通过对以上政策法规的分析,不难发现,《职业教育法》及有关政策都在职业教育经费保障方面做出了具体规定。我国职业教育法规明确规定:各类企业必须按照《中华人民共和国职业教育法》的规定承担实施职业教育的费用。一般企业要按照职工工资总额的 1.5% 足额提取职工教育培训经费。从业人员技术素质要求高、培训任务重、经济效益好的企业,可按 2.5% 提取,列入成本开支。职业教育与培训的专项经费有利于保证职业教育的投入。同时,参与职业学校的实训基地建设,减少政府和学校的投入,是企业参与职业教育投入的重要内容之一。企业可以采用独资、合资等方式为学校购置教学设备、建设实训基地,以备教学和实习使用,或直接利用企业车间、基地等为职业学校的实践课和实习提供便利条件。企业还可以以捐资捐款的方式参与职业教育,这也是世界上其他国家企业参与职业教育投入的重要方式。[1]

就投资而言,地方政府往往是高职院校投资的主体,而就融资而言,高职院校投资所需资金也主要来自地方政府财政收入,对外融资比较少。[2] 但通过对现实高职教育经费投入情况的了解,不难发现,国家和政府没有对高职教育持续投入大量资金。这一方面不利于贯彻政府倡导的教育公平、公正性原则和合理分担教育成本的原则,另一方面进一步加重了人们对职业教育的鄙薄和轻视态度,影响了职业教育的生源数量。[3]

另外,为了提高效率而进行的教育资源的优化配置尽管有利于国家财政拨款的高效使用,但却有可能产生教育机会分配的某种不公,其结果有时并不令人感到满意,甚至会使一部分人感到这种优化还不如当年的不优化。[4] 这些都是职业教育发展过程中在经费投入方面遇到的一些难题,下一步的政策制定应更多关注职业教育资源的优化配置,使有限的资源更好地为高职教育校企合作服务。

2.3 校企合作政策的总结与反思

美国政策学之父拉斯韦尔认为,政策是一种含有目标、价值与策略的大型计划。就教育政策而言,其本身就是一种非常重要和独特的教育资源。它具有一种“合法性”的功能,主要体现在两个方面:一是它能够赋予某些教育活动以合法地位,也可以否定某些教育活动的合法地

1 徐丽华. 校企合作中企业参与制约因素与保障措施[J]. 职业技术教育,2008,(1).

2 孙云志,何玉宏. 论基于回应理论视角下高职院校与企业合作政策保障机制[J]. 继续教育研究,2011,(5).

3 张红艳. 高职院校校企合作政策研究综述[J]. 现代企业教育,2008,(10).

4 劳凯声,刘复兴. 论教育政策的价值基础. 北京师范大学学报:人文社会科学版,2000,(6).

位;二是它能够在各种教育活动的价值序列中赋予某些教育活动以更高的地位,而给予某些教育活动更加次要的地位。它可以使不同的教育活动在获取其他类型的教育资源上形成不同的地位,进而成为一种教育资源的配置原则。[1]

校企合作政策是校企合作实施的纲领性文件,它的制定对校企合作办学,特别是对企业参与职业教育办学起着重要的影响。校企双方掌握和运用校企合作政策,将有助于提升校企合作办学的水平,促进职业教育办学模式的转变和内涵建设,进一步提高职业教育为社会经济建设服务的能力。

2.3.1　校企合作逐步制度化、规范化

从1985年到2005年,我国从提出要建立"职业技术教育体系"到"现代职业教育体系",再到"有中国特色的现代职业教育体系",各级各类职业学校逐步建立起来并趋向协调发展,校企合作互惠共赢的格局正逐步建立和完善。这主要体现在:其一,校企合作政策从宏观走向具体。其二,逐步厘清政府、行业、学校、企业之间的关系。

1985年《中共中央关于教育体制改革的决定》提出要大力发展职业教育,建构职业技术教育体系,突破口在办学体制上,就是鼓励政府部门、行业企业办职业教育,倡导政府与企业、行业、部门联办或合作办学。此后,1993年的《中国教育改革和发展纲要》以及后来颁布的《职业教育法》,2010年颁布的《国家中长期教育改革和发展规划纲要(2010—2020年)》等都在不断完善这一体制。办学体制多元化为职业教育校企合作奠定了制度上的基础。1991年《国务院关于大力发展职业技术教育的决定》提出"先培训,后就业"的制度,《职业教育法》把实行学历证书、培训证书和职业资格证书制度以法律的形式予以确立。2002年,《国务院关于大力推进职业教育改革与发展的决定》提出严格实施就业准入制度,加强职业教育与劳动就业的联系,为校企合作提供了法律和制度保障。1998年,《面向21世纪教育振兴行动计划》提出实施"高校高新技术产业化工程"促进高等学校、科研院所和企业在技术创新和发展高科技产业中结合的举措。国务院批转教育部《2003—2007年教育振兴行动计划的通知》实施"制造业和现代服务业技能型紧缺人才培养培训计划"加快培养大批现代化建设急需的技能型人才及软件产业实用型人才,特别是各级各类高技能人才。2004年,教育部等七部门关于进一步加强职业教育工作的若干意见中提到,要继续实行"国家高技能人才培训工程"和"三年五十万新技师培养计划"等一系列工程和计划,对校企合作提出了具体的要求。王世斌《中国职业教育校企合作机制调研报告》指出,校企合作已经成为职业院校办学的主要形式。在其调研的样本院校中,90%以上的专业采用了校企合作的办学模式,从合作密度上看,样本院校一般与上百家企业建立合作关系。从合作稳定性上看,职业院校倾向与企业建立长期的合作关系。[2]

政府、行业、企业和学校之间的关系在逐步厘清。政府的主要责任在于明确职业教育在国家经济社会和教育体系中的地位,建立职业教育体系,保障职业教育健康、有序发展。《职业教育法》中明确指出了职业教育是国家教育事业的重要组成部分,明确了政府在办学体制、管理体制、就业体制和经费投入体制等方面的基本职责。通过职业教育政策的一步步实施,我国职业

1 谢维和,陈超.中国教育改革发展的政策走向分析——20世纪80年代中期以来中国教育政策数量变化研究[J].清华大学教育研究,2006,(6):1-8.

2 王世斌.中国职业教育校企合作工作调研报告PPT[R],2011.

教育也有了长足的发展。时至今日,当我们在考察职业教育校企合作政策时,首先应该肯定的是它在促进职业教育发展、推动人才培养体制改革、培养高素质技工人才方面所发挥的巨大作用。

根据《职业教育法》,企业的责任和义务在于企业应根据本单位的实际,有计划地对本单位的职工和准备录用的人员实施职业教育。企业、事业组织应当接纳职业学校和职业培训机构的学生和教师实习,企业应当承担对本单位的职工和准备录用的人员进行职业教育的费用。关于企业支付的费用,2002 年《国务院关于大力推进职业教育改革与发展的决定》进行了进一步明确。企业要按《中华人民共和国职业教育法》的规定实施职业教育和职工培训,承担相应的费用。一般企业按照职工工资总额的 1.5% 足额提取教育培训经费,从业人员技术素质要求高、培训任务重、经济效益较好的企业可按 2.5% 提取。对于学校的责任和义务,1998 年国家教育委员会、国家经济贸易委员会、劳动部印发《实施〈职业教育法〉发展职业教育的若干意见》的通知指出,职业学校和职业培训机构要坚持为经济建设和社会发展服务的办学方向积极聘请相关经济、产业界人士参加校董会或其他形式的决策、咨询组织,共同研究专业设置、培养目标、教学内容、经费筹措等重要事项。在国务院批转教育部《2003—2007 年教育振兴行动计划》的通知中更加明确指出:"职业院校要加强与行业、企业、科研和技术推广单位的合作,推广'订单式'、'模块式'培养模式"。2010 年,《国家中长期教育改革和发展规划纲要》提出,建立健全政府主导、行业指导、企业参与的办学机制,制定促进校企合作办学法规,推进校企合作制度化。具体内容见表 2-1。

2.3.2 校企合作政策的问题与反思

在教育政策的实施过程中,由于缺乏相应的配套措施或具体的工作安排与指导,使得某些政策内容仅仅是一些文字,并没有获得很好的回应与实施。正如潘懋元所指出的:"现在某些政策措施与战略方针不配套,不是战略方针指导政策措施,而是政策措施阻碍战略方针的实现。"[1]

职业教育校企合作现状令人忧虑的问题在于企业参与的积极性不高。导致这一问题的主要原因在于,政府政策的缺位,对企业、学校和行业责任和义务的厘定还很模糊。

尽管我国的《职业教育法》对职业教育的地位、作用、管理体制等做出了法律规定,国务院《关于大力推进职业教育改革与发展的决定》、《关于大力发展职业教育的决定》等相关法规和政策针对校企合作做出了明确规定,但是这些规定都比较宏观和笼统,缺乏具体可操作的实施细则。

《职业教育法》作为我国唯一一部规范职业教育的法律,在确保校企合作深入开展方面存在的不足主要表现为三个方面:一是内容涵盖不全面。《职业教育法》对企业参与校企合作的内容只作了两点规定:一是教师队伍建设方面。《职业教育法》第四章第三十六条规定,"职业学校和职业培训机构可以聘请专业技术人员、有特殊技能的人员和其他教育机构的教师担任兼职教师。有关部门和单位应提供方便。"这一条规定了企业在职业教育师资队伍特别是"双师型"师资队伍建设方面有"提供方便"的义务。二是学生和教师实习方面。《职业教育法》第

1 潘懋元. 中国高职教育走向[J]. 高等技术教育研究,2004,(1).

国家有关校企合作政策的梳理(1985—2010 年)

表 2-1

政　策	政　府	行业/社团/部门	企　业	学　校
1985《中共中央关于教育体制改革的决定》	1. 大力发展 2. 建构职业技术教育体系	1. 鼓励部门、行业自办 2. 鼓励企业办学		1. 倡导与企业、行业、部门联办或合作办学
1991《国务院关于大力发展职业技术教育的决定》	3. 从财政上予以保障 4. 有步骤推行先培训,后就业制度			2. 发展校办产业,发展实习基地 3. 提倡产教结合,工学结合 4. 非义务教育阶段职教可以收取学费
1993《中国教育改革和发展纲要》	5. 职教是现代教育重要组成部分	3. 职业技术教育主要依靠行业、企业、事业单位办学和社会各方面联合办学		
1996《职业教育法》	6. 国家教育事业的重要组成部分 7. 建立、健全职业教育制度 8. 各级政府应当将发展职教纳入国民经济和社会发展规划 9. 实行学历证书、培训证书和职业资格证书制度 10. 对在职业教育中作出显著成绩的单位和个人给予奖励 11. 鼓励职业学校兴办校办产业,对校办产业实行税收优惠政策 12. 国家提倡和支持金融机构为职业教育提供贷款,并应安排一定数额的政策性贷款 13. 国外、境外友好组织和人士对职业教育进行资助和捐赠;鼓励企业事业组织、社会团体和公民个人捐资助学	4. 行业组织和企业、事业组织依法履行实施职业教育义务 5. 企业应当根据本单位的实际,有计划地对本单位的职工和准备录用的人员实施职业教育 6. 政府主管部门、行业组织、企业、事业组织委托学校、职业培训机构实施职业教育的,应当签订委托合同 7. 企业、事业组织应当接纳职业学校和职业培训机构的学生和教师实习 8. 企业应当承担对本单位的职工和准备录用的人员进行职业教育的费用		5. 职业学校、职业培训机构实施职业教育应当实行产教结合 6. 职业学校、职业培训机构可以举办与职业教育有关的企业或者实习场所 7. 职业学校、职业培训机构举办企业和从事社会服务的收入应当主要用于发展职业教育

续上表

政　策	政　府	行业/社团/部门	企　业	学　校
1998 国家教育委员会、国家经济贸易委员会、劳动部关于印发《实施〈职业教育法〉发展职业教育的若干意见》的通知	14. 对事业组织、社会团体、其他社会组织及公民个人举办、联合举办的职业学校和职业培训机构，各级政府和有关部门应在划拨土地、补助基建、调配教师等方面提供优惠条件，并在教师职务评聘、证书考核发放、招生和毕业生就业、发展校办产业等方面执行国家统一政策，与政府举办的学校一视同仁 15. 各部门和行业组织在继续办好所属职业学校和职业培训机构的同时，还应对本系统、本行业的职业教育加强组织、协调和业务指导	9. 有条件的企业应积极为职业教育提供教师、接纳职业教育学生和教师实习，按照国家有关规定和劳动人事制度改革的要求，录用职业学校和职业培训机构的毕、结业生		8. 职业学校和职业培训机构要坚持为经济建设和社会发展服务的办学方向积极聘请相关经济、产业界人士参加校董会或其他形式的决策、咨询组织，共同研究专业设置、培养目标、教学内容、经费筹措等重要事项
1998《面向 21 世纪教育振兴行动计划》	通过“三改一补”发展高等职业教育 16. 挑选 30 所现有学校建设示范性职业技术学院 17. 发展非学历高等职业教育，主要进行职业资格证书教育 18. 逐步研究建立普通高等教育与职业技术教育之间的立交桥，允许职业技术院校的毕业生经过考试接受高一级学历教育 19. 实施“高校高新技术产业化工程”促进高等学校、科研院所和企业在技术创新和发展高科技产业中的结合			9. 高等职业教育必须面向地区经济建设和社会发展，适应就业市场的实际需要，培养生产、服务、管理第一线需要的实用人才，真正办出特色；高等学校兴办高新技术企业
2002《国务院关于大力推进职业教育改革与发展的决定》	20. 建立并逐步完善在国务院领导下，分级管理、地方为主、政府统筹、社会参与的职业教育管理体制 21. 深化职业教育办学体制改革，形成政府主导、依靠企业、充分发挥行业作用、社会力量积极参与的多元办学格局；积极引进国(境)外优质职业教育资源 22. 严格实施就业准入制度，加强职业教育与劳动就业的联系 23. 企业要按《中华人民共和国职业教育法》的规定实施职业教育和职工培训，承担相应的费用。一般企业按照职工工资总额的 1.5% 足额提取教育培训经费，从业人员技术素质要求高、培训任务重、经济效益较好的企业可按 2.5% 提取，列入成本开支	10. 企业和职业学校加强合作，实行多种形式联合办学，开展“订单”培训，并积极为职业学校提供兼职教师、实习场所和设备，在职业学校建立研究开发机构和实验中心 11. 行业主管部门要对行业职业教育进行协调和业务指导，继续办好职业学校和培训机构 12. 行业组织受政府主管部门委托，开展行业人力资源预测、制定行业职业教育和培训规划、指导行业职业教育、职工培训和职业技能鉴定、参与相关专业的课程教材建设和教师培训等工作，也可以举办职业学校或职业培训机构		10. 职业学校和职业培训机构要适应经济结构调整、技术进步和劳动力市场变化，及时调整专业设置，积极发展面向新兴产业和现代服务业的专业，增强专业适应性，努力办出特色 11. 职业学校要加强与相关企事业单位的共建和合作，利用其设施、设备等条件开展实践教学。职业学校相对集中的地区应建设一批可共享的实验和训练基地

续上表

政　　策	政　　府	行业/社团/部门	企　　业	学　　校
2004 国务院批转教育部《2003—2007 年教育振兴行动计划》的通知	24. 实施“制造业和现代服务业技能型紧缺人才培养培训计划” 25. 加快培养大批现代化建设急需的技能型人才及软件产业实用型人才，特别是各级各类高技能人才			12. 加强与行业、企业、科研和技术推广单位的合作，推广“订单式”、“模块式”培养模式
2004 教育部等七部门关于进一步加强职业教育工作的若干意见	26. 认真实施劳动保障部等部门推进的“国家高技能人才培训工程”和“三年五十万新技师培养计划” 27. 完善就业准入制度和职业资格证书制度 28. 加快职业教育实训基地建设			13. 加强“双师型”教师队伍建设
2005 国务院关于大力发展职业教育的决定	29. 重点建设高水平的培养高素质技能型人才的 100 所示范性高等职业院校 30. 严格实行就业准入制度，完善职业资格证书制度	13. 行业主管部门和行业协会开展本行业人才需求预测，制订教育培训规划，组织和指导行业职业教育与培训工作；参与制定本行业特有工种职业资格标准、职业技能鉴定和证书颁发工作；参与制定培训机构资质标准和从业人员资格标准；参与国家对职业院校的教育教学评估和相关管理工作 14. 建立企业接收职业院校学生实习的制度 15. 企业要与学校共同组织好学生的相关专业理论教学和技能实训工作，实习中的劳动保护、安全等工作，为顶岗实习的学生支付合理报酬		14. 坚持“以服务为宗旨、以就业为导向”的职业教育办学方针 15. 职业教育教学与生产实践、技术推广、社会服务紧密结合，积极开展订单培养，加强职业指导和创业教育 16. 不断更新教学内容，改进教学方法。合理调整专业结构，大力发展面向新兴产业和现代服务业的专业，大力推进精品专业、精品课程和教材建设
2007 国务院批转教育部《国家教育事业发展“十一五”规划纲要》的通知	31. 100 所示范性高等职业院校建设 32. 建立、完善职业教育工作联席会议制度，协调处理好有关部门之间、学校与企业之间的关系			
2010《国家中长期教育改革和发展规划纲要》	33. 建立健全政府主导、行业指导、企业参与的办学机制，制定促进校企合作办学法规，推进校企合作制度化			

三十七条规定:"企业、事业组织应当接纳职业学校和职业培训机构的学生和教师实习;对上岗实习的,应当给予适当的劳动报酬。"事实上,高职教育校企合作所涉及的内容远远不止这两个方面,从培养目标的确定、专业结构的调整到教学计划的制定、学生就业指导等,无不需要企业的积极参与和支持。二是只强调义务不承担后果。应该说《职业教育法》对参与校企合作相关组织的义务是有明确规定的,但没有对未履行义务所应承担的法律后果做出明确规定,这显然是不够的。三是权利与义务不对等。权利与义务对等,是制定法律文献应遵循的基本原则之一。校企合作的目的是"互惠、双赢",当然应该规定对等的权利与义务。然而《职业教育法》只强调了企业参与校企合作的义务,却未同时明确企业应该享有的权利,这很难调动企业参与校企合作的积极性。《关于进一步加强高技能人才工作的意见》明确规定,"对积极开展校企合作承担实习见习任务、培训成效显著的企业,由当地政府给予适当奖励"。然而,"成效显著的评判标准是什么"、"如何奖励、奖励的标准是什么"、"奖励经费兑现后的使用监督"等一系列需要具体化的措施、方案并没有在地方性的法案中得以落实,使得现有政策没有"落地",缺乏可操作性。[1] 导致校企合作在实际运行过程中难以落实,尤其是在多元办学格局中承担主导作用的政府部门,在校企合作过程中的宏观调控与指导作用不明显,规范与推动校企合作的力度不够大。校企合作还停留在浅层次,如企业仅提供设备、实训基地。深层次的企业全面参与职业教育的课程设置、人才培养、实训考核等校企双方共赢的合作还有待开展。[2] 无论从政策制定的主体和范围还是从政策功能来看,我国现有的职业教育校企合作政策都较为零散,不具备系统性,在很大程度上制约了现有政策的有效落实。[1]

而放眼全球,世界主要国家均制定和颁布了一系列法律法规,美、日、法、德、澳等发达国家对于教育的立法具有完整性、系统性、规范性、指导性,为校企合作创造了良好的法治环境。另外如韩国和新加坡等亚洲新兴国家的政府都通过立法、财政或税收手段鼓励和要求企业参加教育。[3]借鉴他国有益经验,我们应尽快完善职业教育立法、进一步规范校企合作的发展。

完善的校企合作法律制度,应该满足四个基本要求:一是校企合作概念的界定要清晰,合作内容的涵盖要全面,不留死角或盲点;二是责任主体要明确,当校企合作开展不力时,参与者各应承担什么责任,都应该有明确的规定;三是权利与义务要对等,既要明确参与者的义务,也能保障参与者的权利,以利于调动参与者的积极性;四是规定不履行义务所应承担的后果,校企合作的相关法律毕竟不是刑法、行政处罚法、治安管理条例等强制性法律,只强调义务,不强调未履行义务所应承担的后果是很难发挥作用的。[4]

因而,职业教育法律体系的不健全、不完善以及《职业教育法》作为一般性法律的原则性、指导性与规定性特点,使其对中国职业教育校企合作的法律保障力不从心。[5] 缺乏强有力的法律保障是我国职业教育校企合作流于形式的一个重要原因。而要改变这种状况,谋求职业教

1 兰小云.我国职业教育校企合作政策效度刍议[J].现代教育管理,2012,(6).

2 谢俊琍,杨琼.改革开放以来职业教育校企合作的政策解读及现状分析[J].职业教育研究,2009,(11).

3 张红艳.高职院校校企合作政策研究综述[J].现代企业教育,2008,(10).

4 张海峰.高职教育校企合作制度化研究[J].教育与职业,2010,(6).

5 易峥英,段明.我国高职教育中校企合作的法律保障分析[J].文教资料,2006,(7).

育校企合作的新突破，首先便要从健全职业教育法律体系着手。[1]

因此，在《职业教育法》中应对高等职业教育的性质、任务、培养对象、管理职责、运行机制、办学模式、举办学校条件、课程设置标准，以及人才培养的具体措施和与普通高等教育的衔接等做出明确规定，只有这样才能确立高职教育的法律地位。[2] 只有这样才能更好地促使校企合作沿着正确的方向发展，发挥出它应有的效用。

总之，我国校企合作政策在制定和具体实施过程中都不同程度地暴露出一些问题，如企业参与度不高、政府主导作用没有凸显、校企合作系统性不强、相关法律法规没有跟上等，需要在后续的政策制定及实施中加以克服和完善。

2.3.3 完善校企合作政策的建议

我国当前的校企合作政策固然存在一些问题，但这些问题并不是不可克服的，只要我们切实意识到问题的存在，并采取相应的措施加以完善，校企合作政策将继续发挥它的巨大作用，推动我国职业教育校企合作深入发展。

首先，政府应结合我国国情，在梳理已有政策的基础上加快出台和完善相关法律法规，建立健全国家、省（市）两级职业教育校企合作法律法规体系。各省（市）出台支持校企合作的地方性配套政策法规，各级政府建立校企合作组织协调机构，搭建区域性职业教育管理平台。另外，各省、市、（区）县人民政府应当设立职业教育校企合作发展专项资金。[3]

其次，完善校企合作政策体系。职业教育具有强烈的社会属性，校企合作涉及的部门多、范围广，因此在“母体法”的基础上，还需要大量配套的、操作性强的法律法规做补充。[4] 只有高职教育定位准确，制定的政策符合现实发展，采取的相应策略明确，才能使高职院校的发展有方向，才能根据地方社会经济发展特点和优势及其实际需要开设相应专业和设置相应课程，为地方经济建设培养各级各类应用型人才，把高等职业教育真正办成面向地方经济、面向企业实际需要、培养应用型人才的基地，形成职业教育与区域经济发展的良性互动。[5]

第三，作为一般性法律文件的《职业教育法》是很难完全满足职业教育快速发展的要求。因此，有必要制定一部《校企合作教育法》，在进一步明确和规范政府、学校、企业、学生在校企合作教育中的权利、责任和义务的同时，对权利、责任和义务的履行以及不履行义务所应承担的后果做出明确规定。制定如“实习生行为规范”等操作性文件。制定严密、规范的校企合作协议文本，由学校、企业和学生及家长三方签署合作培养协议，合作协议须在主管部门备案。成立由实习生代表、家长代表、企业代表和校方代表组成的“实习管理委员会”，协调并仲裁校企合作中发生的问题和矛盾。[6]

在这一法律框架下，各级政府根据当地实际情况健全校企合作教育的管理机构、制度体系

---

1 易峥英，段明．我国高职教育中校企合作的法律保障分析［J］．文教资料，2006，(7)．

2 彭彧华．对高等职业教育政策的分析［J］．北京教育（高教版），2006，(1)．

3 李海燕，刘铭．基于高职院校视域的校企合作政策环境研究［J］．重庆电子工程职业学院学报．2012，(1)．

4 兰小云．我国职业教育校企合作政策效度刍议［J］．现代教育管理，2012，(6)．

5 彭彧华．对高等职业教育政策的分析［J］．北京教育（高教版），2006，(1)．

6 余祖光．职业教育校企合作的政策担当［J］．职业技术教育，2009，(18)：22．

和运行机制，并通过建立各级校企合作教育委员会加强对校企合作教育的指导和协调。[1]

第四，建立健全相应的体制、机制和制度。校企合作政策在发展中，由于没有体制、机制和制度的保证，普遍存在企业缺乏积极性、合作关系不对等、合作关系脆弱等问题，很难实现自我发展和自我完善。只有建立起政府主导的校企合作管理体系、科学的评价体系和有效的激励机制、有力的政府投入机制，在体制、机制和制度上加以保障，校企合作才能健康发展。[2]

1 张海峰. 高职教育校企合作制度化研究[J]. 教育与职业，2010，(6).

2 邢菊，赵静. 浅析校企合作政策推行存在的问题与对策[J]. 中国科教创新导刊，2011，(29).

3 国内校企合作的实践逻辑——案例研究

当前,职业院校的校企合作是职业教育研究的一个热点问题,校企合作对职业教育发展的意义已获得广泛认同。在校企合作中,具有不同利益的企业和院校始终存在着博弈。对学校和企业而言,校企合作可以实现双赢。校企合作,发挥学校和企业的各自优势,共同培养社会与市场需要的人才,不仅是职业教育办学的显著特征之一,而且有助于加强学校与企业的合作,教学与生产的结合。[1] 校企双方互相支持、互相渗透、双向介入、优势互补、资源互用、利益共享,是实现职业教育现代化的重要途径。2006 年以来,教育部、财政部联合启动"国家示范性高等职业院校建设计划",立项建设百所高职院校,探索校企合作办学体制机制,推进工学结合人才培养模式改革,开展单独招生考试改革试点,增强社会服务能力,跨区域共享优质教育资源等,通过一系列改革,示范建设取得了明显成效。校企合作的合作模式、合作内容、人才培养模式等问题需要我们认真研究。

3.1 校企合作模式

在校企合作的实践中,形成了灵活多样的合作模式。在国际上,有德国的"双元制"、美国的"合作教育"、英国的"三明治学制"、澳大利亚"TAFE"模式、新加坡的"教学工厂"模式、日本的"产学合作"模式、俄罗斯的"学校—基地企业制度"。这些模式按照企业和学校两个主体的地位划分为两种类型:一是以企业为主的校企合作教育模式,其代表是德国的"双元制培训"、英国的"三明治工读制度"和日本的"产学合作";二是以学校为主的校企合作教育模式,其代表是美国的"合作教育"和俄罗斯的"学校—基地企业制度"。两种类型各有利弊,前者人才培养的目的性、针对性更强,后者强调教育教学的规律与要求,所培养人才的基本素质有保证。对于国际上的校企合作形式,有学者认为,新加坡模式的教学工厂效果较好,它适合于人口众多、企业资源有限的国家。由政府、行业、学校集中投入,把能力本位的要求落实到"学练做一体化"课程中,达到人才培养的目标。另一种较好合作形式就是有较好企业基础的德国,加上政府的法制保障,成功运行的"双元制"。在"双元制"中起关键作用的是依托行业协会与学校的长久合作机制,从而带动校企之间的广泛合作。

在国内,也形成了诸多的校企合作模式。以合作程度分,如"企业配合模式、校企联合培养模式、校企实体合作型模式",又如"浅层次合作模式、中层次合作模式和深层次合作模式"。有学者指出,目前我国多数学校的人才培养以"企业配合"模式为主导,处于浅层次的初级阶段和刚刚开始的中层次的起步阶段,其合作深度与深层次的高级阶段还相距甚远。按照校企

1 邹虹波. 谈谈高等职业教育的几个显著特性[J]. 南方论刊,2006,(8).

合作的深度和广度,可以划分为三种类型:

(1)企业辅助型模式。这种模式比较普遍,即人才培养目标和计划主要由学校提出和制定,并由其承担大部分的培养任务。企业一般只是根据学校提出的要求,提供实践教学的条件,或提供实习岗位,或投入设备和资金帮助学校建立校内实训基地,或以自身现有的资源为学校提供校外实训基地。但这种校企合作的模式只能解决一部分学生的实践岗位。

(2)校企联合培养模式。企业参与研究和制定培养目标、教学计划、教学内容、培养方式,承担约定的培养任务。这是目前比较受推崇的模式,“订单”班、企业冠名班较多地采取这种培养模式。但是学校和企业各自目的不同,人才培养和企业逐利之间也会产生矛盾。

(3)校企合作办学模式。即企业和学校共同出资或者以设备、场地、技术等多种形式向高职学院注入股份。企业对高职学院承担决策、计划、组织、协调等管理职能。企业直接参与办学过程,分享办学效益,企业通过参与办学来参与学校人才培养。在这种模式下,企业为了降低风险和增加效益,更倾向于办短训班。很可能使学校成为企业单纯的培训机构,不利于人才的培养与发展。国内高等职业学校在实践中所采取的合作形式,尽管称谓不同,但都可以根据合作深度和广度划分到这三种类型中的某一种,如浙江机电职业技术学院“三重融合、四方联动”的办学模式、台州广播电视大学“融合式”的校企合作模式都可以归为校企联合培养的模式中。以人才培养和科研合作方式分,又有“订单式、2+1式、工学交替式、全方位合作式、实训·科研·就业式、双定生式、结合地方经济全面合作式和以企业为主的合作模式”等。各校在长期实践中又形成了许多子模式,如“五位一体”模式、“六位一体”合作模式、“整合一互动”模式、“蝴蝶”模式等,以及依托企业进行产教结合模式、强强合作优势互补模式、依托区域优势与企业群合作办学模式、以学校为主体的企业积极参与的劳动实习模式、以企业需求为基础的实施岗位就业见习合作模式等。在具体的实践中。如武汉职业技术学院实施的“订单式”人才培养模式、河南机电高等专科学校实施的“2+1”人才培养模式,宁波职业技术学院实施的“工学交替”产学合作模式,昆明冶金高等专业学校实施的“双向生”人才培养模式,上海商业职业技术学院实施的全方位合作教育模式,石家庄铁路职业技术学院的“校企融合,同兴共赢”办学模式等。也有研究者从科研角度探讨校企合作的方式,提出建立起一种“并行作业”的校企合作模式,努力在促进产学研一体化的实践中发挥更加积极的主导性作用。要将高校的科技开发过程融入企业,让企业直接参与高校的科技开发,从而充分发挥各方的优势,形成校企联合作战的局面。这种校企合作模式可以体现在如下方面:建立校企联合研发平台或中心,由高校的教授和企业的工程师组成团队,共同申报国家重大课题和攻关项目,共同开展科学研究,完成科技开发和成果转化的一切活动,充分利用科技创新成果,建设一批有重大影响力的、连接大学与企业的成果转化基地,有效缩短科技向生产力转化的周期;支持企业建立技术研发中心,选派教师进驻企业,为企业的技术研发中心在研究方向、组织结构、实验室建设等方面给予指导和扶植;构建技术创新的交流平台,积极引进国内外的先进理念和技术,在创断技术传播方面发挥纽带作用,激活企业的创新元素。

综上所述,校企合作模式形式多元,但是就目前的研究而言,无论是哪种分法,都没有十分清楚地阐明校企合作模式的合作机制和特点等问题。我们从校企合作的体制机制角度对其进行研究,概括出校企随机合作模式、校企一体化合作模式、校企行业联动模式和校企集团化合作模式,尝试对校企合作进行新的系统解读。

3.1.1 校企随机合作模式

校企随机合作模式的核心就是“随机”，是指高职院校和企业根据各自需求随时、随地的开展合作。这种模式是一种非常松散的合作模式。在这种合作模式下，人才培养目标和计划主要由学校提出和制定，并承担大部分培养任务；而企业往往只是根据学校提出的要求，主要采取提供教育资源方式，例如投入设备和资金帮助学校建立校内实训基地，在企业建立校外实训基地，企业专家兼任学校教师，设立奖学金、奖教金等，以换取优质的毕业生，或者直接通过订单培养来实现企业的人才补充。当然，除了上面的合作内容外，校企还可以就其他任何内容开展单项的项目合作，如设立冠名论坛以发挥广告的作用扩大企业的知名度等。校企随机合作模式应该是门槛最低，对学校和企业最为便利的一种合作模式。

(1)合作机制

校企随机合作模式的合作机制就是学校和企业根据各自所需，经双方同意，以项目的形式，在一定的时间段，就具体合作内容双方签订合作协议而进行的。它是一种单项的合作，并不是全面的合作。这种合作的随机性最强，大致有三个步骤。

第一，学校和企业根据自身的当前需要寻找合作伙伴。高职院校在面临市场竞争激烈，普通高等教育对高职教育的冲击，用人单位对高职教育质量的要求更高，高职院校的专业设置、人才培养等情况下都需要企业、行业的参与和帮助。而企业在激烈的市场竞争中也需要有优秀的技术人才给予及时补充，在业务拓展的过程中也需要借助高职院校的科研实力来帮助企业解决瓶颈问题获得提高。无论是在高职院校的发展过程中，还是在企业的发展过程中都需要借助对方来获得更大的收益。尤其是双方临时性的一些需求，都可以彼此寻找适合的合作伙伴开展短期的、单项的合作，已解燃眉之急。

第二，根据双方的需求签订项目合作协议。在这种合作模式下，高职院校和企业双方一旦明确了自身的合作需求，就可以依据需求寻找合适的合作伙伴了。比如学校需要为学生寻找实习实训的场所，或者需要专门的设备开展教学科研，或者需要送老师到企业实践以提高实践技能，成为双师型教师；而企业则需要顶岗的工人，需要学校为企业的在职员工进行培训提高，或者需要学校为企业新上的生产线培养订单工人，或者需要和学校一起合作研发企业发展中遇到的瓶颈问题等。企业和学校双方按照各自的需要，寻找到相应的合作伙伴后，就可以按照合作的意向签订具体的合作协议，然后进入具体的合作程序。

第三，按照协议规定，履行各自的任务与职责，开展合作。在签订合作协议后，学校和企业各自按照自己在协议中的承诺，为对方提供相应的服务。如学校为企业培养员工，企业为学校提供资金、设备等支持，在各自的需要得到满足后，双方的合作结束。

(2)模式特点

校企随机合作模式有其独特的特点，可以解决高职院校和企业共同面对的临时性问题，具体特点如下：

①便利性。这种模式对学校和企业的要求都比较低，所以对于学校和企业而言都比较便利，并不需要事先有长时间、周密地考虑。只要学校和企业都面临一致的问题，临时寻找合作伙伴就可以开展合作，解决双方各自面临的临时性问题。当双方的意愿得到满足，合作也就结束。

②灵活性。这种模式非常灵活，学校和企业选择的机会、合作的机会都比较多。因为双方的需求门槛比较低，达到相关要求的单位都比较多，几乎任何高职院校或者任何企业都能达到对方简单的要求。所以，对于学校和企业而言都可以非常灵活地选择合作伙伴，甚至是当其中的合作伙伴不能达到自身的要求时，就可以随时更换选择其他合作伙伴。

③针对性。此种合作完全按照校企各自的需求开展，而且这种需求都是单项的，并不是全面的。所以双方合作起来比较简单，彼此满足起来也比较容易，也更有针对性。

④风险性小。由于合作内容比较简单，时间也比较短，往往就是两三年、甚至是更短的时间，学校一般只提供教学培训等，而企业也不需要太多太大的资金设备投入，因此此种合作模式对于学校和企业而言都没有太大的风险。

(3)模式不足

校企随机合作模式的特点是鲜明的，但也存在明显的不足。

①合作不够深入。这种模式虽然具有灵活性、便利性、针对性和风险性小等特点，但是它也有明显的不足。这种模式下，校企的互动很少，彼此不能有深入的影响。由于更多的是单项合作，所以企业参与学校的管理事务就比较少，甚至是根本没有参与，那么企业就不能把企业文化、管理理念等东西带入到学校的教育教学中，学校从企业所获得的帮助和收益也是非常有限的。

②合作不够持久。这种合作模式，由于校企双方合作时间短，所以就谈不上合作的延续性。由于只是单项合作，学校和企业都可能不够用心投入，对于学校和企业的发展以及利益都没有长远的保障。对于高职院校而言和单个企业这种单项的合作，只能解决暂时的问题，并不能形成长期的思考和统筹规划，对学校专业的发展，学生的实习实训都只是临时的缓解，不能形成长效机制。对于企业而言，这种合作也不利于企业借助高职院校的优势来培养符合企业文化的专业人才，也不利于企业借助高职院校的科研优势来解决企业发展过程中遇到的技术瓶颈问题。

专栏 3-1

高职院校掠影——南通纺织职业技术学院

南通纺织职业技术学院 2007 年被确定为江苏省示范性高职院校建设单位，2008 年被教育部、财政部确定为“国家示范性高等职业院校建设计划”立项建设院校，2011 年 6 月顺利通过国家验收成为国家示范性高职学院。

学校设有各类实验、实训室 193 个，其中企业投资设立并以企业命名的实验(实训)室 11 个，与企业共建、共享的生产性实训基地 14 个。拥有中央财政支持的现代纺织技术实训基地、国家级家纺设计师职业资格培训中心、教育部、财政部“网络教育数字化学习资源中心建设”项目职业院校分中心、中国纺织服装高技能人才培训基地、江苏省家用纺织品与服装工程技术研发中心、江苏省风光互补发电研究技术研发中心、江苏省示范性实训基地、江苏省高等教育人才培养创新试验基地、南通市服装技术创新中心、南通市色织面料设计中心、南通市染整技术公共服务平台、南通风力与太阳能发电技术重点实验室、南通中小企业IT外包公共技术服务平台、江苏省基础课实验教学示范中心、国家职业技能鉴定所,并与海门市人民政府共建海门滨海生产性实训基地。

响应教育部对口支援行动计划和江苏省对口支援苏北教育的号召,与新疆、甘肃等省内外高职院校和职教中心开展广泛合作。学校秉持开放办学的理念,较早地成立了中澳合作的南通纺织职业技术学院堪培门学院,与新加坡南洋理工学院结成友好学校,常年邀请国外专家学者来校任教和讲学,定期选派教师出国培训,在开展国际合作交流中不断增强办学水平和影响力。

3.1.2 校企一体化合作模式

校企一体化合作模式顾名思义就是高职院校和企业融为一体,共同决断,共同发展。这种模式,企业以设备、场地、技术、师资、资金等多种形式与高职学院合作,企业不仅参与研究和确定培养目标、教学计划、教学内容和培养方式,而且参与实施培养任务,参与高职院校人才培养成为企业的一部分工作和企业分内之事。企业对学校的参与是全方位的整体参与、深层参与,管理上实行一体化管理。高职院校通过“校企一体化”合作,让学生在“做中学、学中做”,使教学和实际生产融为一体;同时做到了“专业与产业对接、课程内容与职业标准对接、教学过程与生产过程对接、学历证书与职业资格证书对接、职业教育与终身学习对接”。“校企一体化”使学生从一入学就可以把企业理念、企业文化、所需技术等纳入教材,搬上课堂,让学生提早介入,提前熟悉工作岗位,还增强了学生的主人翁精神、吃苦耐劳精神、团队精神,提高了工作效率和产品质量,增强了企业的核心竞争力。校企一体化合作真正把学校和企业的命运共同捆绑,共进共退。

(1)合作机制

校企“双主体”是校企一体化合作的核心机制。校企本着“互相支持、双向介入、优势互补、资源互用、互惠双赢、共同发展”的原则合作,共同决断,共同实施,共同发展。学校和企业共同组成学校管理机构,如学校主管校企合作的副院长和企业主管人力资源的副总经理共同出任管理机构的主要负责人,共同把脉市场发展方向,共同决断学校新设专业,实现校企合作培养学生、联合培养师资、合作开展科技研发等内容。“双主体”合作,双方职责义务明确,如企业做到与学校共同制定相关专业的教学计划和课程教学大纲;选派专业技术人员作为学校的校外指导老师,定期为学生授课、讲座并通过视频教室与学生交流;按照共同制定的教学计划,安排学生到工地实习,安排专人指导并负责教育和管理工作;负责学生实习期间的住宿并付给相应的报酬,对实习学生进行全面的评价和考核,为评定实习成绩提供依据;为学校专业教师现场锻炼提供岗位和研究项目等。学校做到组织文化课和专业课的理论教学,提供专门的学习教室,按照企业的理念在教学场所布置企业文化;在学校的网站、自办报刊、杂志等媒体上发布联合办学的相关信息,为企业提供媒体广告支持,扩大企业知名度;对学生采取半军事化管理,并在资金和政策上的给予重点支持;与企业共同制定人才培养方案,为企业有关业务提供必要的信息和咨询；聘请企业的专家担任学校专业教学和技能训练的兼职教师；承诺毕业生由合作企业优先挑选等。

(2)模式特点

校企一体化合作模式把学校利益和企业利益融为一体，学校里有企业（企业的小型工厂就是学校的实训基地），企业里有学校（学校在企业里为企业的员工进行继续教育培训，学校的教师在企业里挂职提高实训技能，企业的高级技师担任学校的兼职教师等），使学校和企业共进共退。其模式特点如下：

①共管共营。校企一体化合作把高职院校和企业都作为管理主体，所以双方对待学校和企业的事情都是一样的，共同管理，共同经营。即学院与企业共同确立人才培养目标和标准，实现人才规格与企业需求相融合；共同制定人才培养方案，实现素质教育与技能培养相融合；共同构筑一体化教学平台，实现教学内容与生产项目相融合；共同建设“双师结构”教师团队，实现专业教师与能工巧匠相融合；共同开展岗位技能教学，实现能力培养与技能鉴定相融合；共同营造企业职场氛围，实现校园文化与企业文化相融合。最终实现专业与产业对接、课程内容与职业标准对接、教学过程与生产过程对接、学历证书与职业资格证书对接、学生与员工对接的一体化合作要求。

②稳定性。从学校角度考虑，学生“入校即入厂，上课即上岗，就学即就业”，真正实现“政府满意、企业满意、学生及家长满意、学院满意”的办学目的；从企业角度考虑，校企一体化的好处是：有利于企业员工的本土化、文化相通、便于交流、生活便利、工作安心，职工队伍素质高、能力强、和谐稳定，能够有效地避免员工跳槽、人才流失、技术失窃、不安定等现象的发生；有利于提高产品质量和工作效率，节约企业管理成本，能够有效地发挥企业员工的积极性、主动性、创造性和工作热情；有利于学院学生的刻苦学习、创新创造和技能提高；有利于促进合作双方的健康、持续、稳定发展。

③利益共享，责任共担。校企一体化合作使学校和企业利益共享，责任共担。一系列冠名班级的组建，使校企双方利益共享、责任共担，实现了全方位、无缝隙对接融合，遇到问题能够迅速得到有效解决。比如，在顶岗实习过程中，学生的安全管理等问题一直是困扰校企深度合作的主要瓶颈。为确保实习学生的人身安全，合作企业主动将安全知识培训纳入学生的岗前培训计划，并为学生购买了意外伤害保险，实习期间还为学生支付实习工资、发放餐费补助等，实现了学生顶岗、实训、成长、就业的良性循环。

④共同发展。校企一体化合作最终使学校与企业走向共同发展。学校与合作企业采取共同招生、师资互聘、技术交流、企业员工培训、设立冠名奖助基金等行之有效的措施实现了全面合作，不仅拓宽了企业用人市场和员工培养基地，也为高端技能型人才的培养创造了有利条件，确保了人才培养质量与企业用人标准的高度一致性，极大地增强了学生的就业竞争力，逐步实现了从单纯的毕业生就业向人才共育发展，从单纯的员工招聘需求到关心关爱学生的成人成才发展，产生了积极的社会影响和良好的经济效益。通过“校企一体化”办学，形成了“专业围绕市场转、课程围绕企业转、老师围绕学生转、学生围绕机器转”的办学新模式，企业不再只是单纯的用工单位，而是必须具备生产经营与教育教学双重身份，实现了真正意义上的“双向培养、双向管理、终身教育”。在这种合作模式下，学校和企业的试验都将随着双方合作的不断深入和深化而向更高层级大步发展。

(3)模式效果

通过“校企一体化”合作,极大地调动了企业直接参与办学的积极性,他们从人才、技术、资金、场地、设备等方面全面支持高职院校,收到了事半功倍的良好效果,促进了高职院校整体办学能力和水平的提升,其效果十分突出。

①教学条件得到改善。“校企一体化”合作使企业愿意向高职院校投入,也敢于向高职院校投入。企业通过捐建、捐赠等形式,帮助高职院校建立大量的校内实验实训室和校外实习实训基地。只要学生达到了学业标准,就能保证100%学生实习就业,企业获得了连续的不间断的高端技能型专门人才的支撑,增强了发展后劲和核心竞争力。

②专业设置更加合理。校企一体化合作使学校在专业设置中能时刻跟上市场发展变化的需要,及时做出调整,并在课程设置和教学安排上也能体现企业的一线需求,培养出更符合企业建设需要的专业技能人才。

③教学质量得到提高。“校企一体化”合作使高职院校的办学定位更加准确,办学方向更加明晰,办学质量更有保障。高职院校开设的专业课程更加合理,设备设施更加先进。而且高职院校聘任行业企业兼职教授多人,大多数专任教师具备“既是教师,又是技师”的双师素质,因此教学质量得到明显提高。

④学生就业得到保障。“校企一体化”合作模式是高职院校发展的有效途径和必然选择,任重而道远。要不断建立和完善体制机制,制定相应的法规政策和规章制度,明确政府、行业、企业和学校的权利、责任、义务和利益,充分调动各方积极性。只有这样才能实现“校企一体化”合作的制度化、经常化和科学化。

专栏3-2

高职院校掠影——无锡城市职业技术学院

无锡城市职业技术学院践行为区域经济发展服务的办学理念,设置了物联网工程技术、软件与服务外包、创意设计、城市轨道交通与道路桥梁工程技术、休闲旅游等五大专业群。

根据无锡城市建设和经济发展需要,无锡城市职业技术学院适时增补专业、调整专业格局。早在2004年,无锡城市职业技术学院就在全省率先创设了与会展业相适应的会展策划与管理专业,该专业现已成为省级特色专业。2010年,又新增“物联网工程技术”、“给水排水工程技术”等3个专业,新增专业方向11个。目前,专业和专业方向已达45个,形成了具有鲜明城市建设和发展特色的专业和专业群规模。

为培育出“重量级”专业,学校创新了专业建设机制,遴选出院级重点和特色专业20个,经过三年的建设,将对达到国内同类高校先进水平的专业设立“特区”,在高层次人才引进、教学科研和设备投入等方面给予优惠政策。在大力加强专业建设的同时,学校依托优势专业进行产学研紧密合作,成为无锡城市发展的“智囊团”。从2008年开始,无锡城市职业技术学院在酒店管理专业推行“前店后校”人才培养模式,即学生入学后直接进入企业,由学校安排课程,派出师资与企业共同完成专业学习和实训课程。“这种模式有助于学生深入了解企业文化，更快地养成职业行为和职业素养，踏上工作岗位后真正实现‘无缝对接’。”国际金钥匙酒店管理人才培养基地也因此获江苏省首批高等教育人才培养模式创新实验基地。

3.1.3 学校行业联动合作模式

新中国成立以来，行业办学很长时间是我国办学的重要组成形式。1952 年高等院校调整后，行业办学特征更加明显。当时我国很多高校都隶属于不同行业管理部门，直接由行业管理部门来制定招生计划和专业设置等内容，并最终落实学生的就业。20 世纪 90 年代末期，由于各行业管理部门条块分割，给高等教育的发展带来了严重掣肘，政府开始把一些行业院校划归为地方管理，但是很多院校其行业特色依然明显。行业学校不能不办，行业企业举办的职业院校为社会培养了大批高技能人才，对社会做出了重大贡献，行业企业学校作为优质资源需要保留，同时需要政府主导、行业指导、企业参与共同办好职业教育。“依托行业”就是立足区域经济和支柱产业，以行业企业为依托，充分发挥行业协会（行业主管部门）的指导作用、协调功能和服务职能，通过“订单”培养、联办二级学院、共建专业和课程、共建实践基地和产学研中心、共享校企人才和智力资源等形式，拓展办学道路。不仅大量的行业院校需要依托行业发展，其他综合性的高职院校也都需要依托行业，和行业协会、行业企业、行业学校一起合作，发挥联动效应，促进学校的发展。

（1）合作机制

学校行业联动合作模式的合作机制主要体现在“联动”两个字上，一是行业对学校专业发展的联动影响，二是学校对行业人才的联动影响。具体又有三个方面的合作，分别为学校和行业协会的合作，学校和行业企业的合作，学校和行业院校的合作。高职院校里的专业涉及到各式各样的行业，而行业正是决定着专业发展的方向。打造优质专业是高职院校的重要任务，也是其发展的必经之路。因此，高职院校和行业协会、行业企业、行业院校的合作是其发展的必然选择。高职院校和行业的合作是双赢的，对高职院校而言，通过合作可以帮助学校明确专业的发展方向，对行业而言，合作可以确保高素质的职业人才进入行业，使行业整体的发展受益。

具体而言，高职院校首先要积极参加学校所设专业的各类行业协会，如纺织业、交通运输业、造船工业、建筑工业等行业协会，通过加入行业协会来获得行业协会成员资格，定期参加行业协会的会议。行业协会一般都要定期开会，来研讨行业发展的方向和解决行业发展中遇到的问题。院校应通过参会来了解行业发展的问题与动向。而且，高职院校成为会员后也可以发表自己的看法，以及发展遇到的问题，并寻求行业协会的帮助。其次，行业协会、行业企业和行业院校的代表要参与学校管理，成为高职院校设定专业，确定专业发展方向，设计专业课程等重要事项的决策者之一。通过这种我中有你，你中有我的方式使双方的合作有效开展。

（2）模式特点

学校行业联动合作模式的特点是可以实现三个方面的“联动”，即学校与行业协会之间的信息联动、学校与行业企业之间的资源联动和学校与行业院校之间的教育联动。具体如下：

①信息联动。信息联动是指学校与行业协会之间的合作。行业协会把握着行业发展的方

向,掌握着行业发展的核心信息,高职院校需要和行业协会开展合作,加强信息沟通,了解行业发展的方向,以使学校能够及时、准确的获取行业发展的最新信息,帮助其设定学校专业,以及对现有相关专业进行调整。

②资源联动。资源联动主要是指学校与行业企业之间进行的合作。行业企业有着丰富的财物资源,这正是高职院校所欠缺和需要的,通过和行业企业合作,高职院校可以获得行业企业的资金投入、先进技术、先进设备等资源,而企业也可以从学校获得人才资源、科研资源等,这样就实现了双方的资源联动。

③教育联动。教育联动是指学校与行业院校之间的合作,通过与行业院校合作,挖掘行业院校的专业优势以服务于综合高职院校普通专业的建设发展。综合高职院校涉及各个专业,而行业院校在相关专业上有相当优势。如纺织业的行业院校,它们在纺织专业方面的设计、发展、课程设置、人才培养等方面都有自己的独特优势,因为它们和行业协会联系密切,和行业企业也有很多合作,使它们长期以来形成了这种优势。所以,高职院校需要和行业院校合作,向行业院校学习它们在专业发展、专业人才培养等方面的经验,以实现二者之间的教育联动。

(3)模式效果

学校行业联动合作模式充分挖掘了行业方面的潜力来服务于高职院校的发展,其模式效果是显著的。

①行业资源得到充分尊重。行业协会这种非行政机构在对同行业的组织与管理方面具有独到作用,它依据共同制定的章程,维护企业共同的经济权益,规范市场行为,调配市场资源,为会员单位提供各类专业服务,较好地处理和协调各类关系。如院校协会是一个加强学校联系,密切校级合作的很好组织,这是学校自己的组织,可以互通有无,发挥各自优势,弥补互相不足,形成互动良性发展。江苏建院充分利用了院校协会组织的作用,在协会内部形成多方位的合作。通过这种合作在人才培养模式、管理方式、专业建设、课程建设、实践条件建设等方面得到进一步的提高,使教育质量得到明显的提高,这是弥足珍贵的。

②学校发展紧跟市场需求。通过这种合作,高职院校可以把握行业发展方向,借鉴行业院校的办学经验,确定专业建设,而且高职院校可以捕捉新的教育增长点,在办学类型与办学层次、办学功能与服务面向、学科门类与专业设置、人才规格与培养模式诸方面得到全面的科学定位,从而使学校发展紧跟市场需求。

③校企资源得到盘活。通过与行业合作,高职院校和行业企业的资源得到有效盘活。高职院校可以培养适应行业企业发展要求的技术人才,而行业企业也为高职院校提供了它们所需要的技术、设备和必要的资金支持。资源的盘活将使高职院校和行业企业零距离接轨,拓展各自的发展实力。

专栏 3-3

高职院校掠影——温州职业技术学院

温州职业技术学院在短短几年时间内,各项事业蒸蒸日上,其综合实力和办学水平跻身浙江省高职院校前列。2005 年 11 月,学院被授予“全国职业教育先进单位”荣誉称号。

其诀窍在于学院坚持"与温州经济互动,与行业企业共赢"的特色办学之路,探索出了具有温州特色的"依托行业、产业结合"的人才培养模式。

"学结合"就是通过与行业企业开展全方位、深层次的合作与交流,创新和构建"以社会需求为导向、以互惠共赢为基础、学校主动为行业企业服务、行业企业积极参与"的校企合作长效机制,实现人才培养的入口、过程、出口"三头"全部与行业企业零距离接轨,培养适用人才。

学院探索与行业协会联合办学先后与温州市鞋革工业协会联合创建"中国鞋都技术学院";与温州服装商会联合举办"温州服装学院";与温州轻工行业协会联合举办"温州轻工学院"。作为温职院的二级学院,这些学院实行理事会管理模式。各协会下属的"功勋企业"、"优秀企业"作为理事单位参与办学,协会的会员单位既是学院相应专业的实训基地,又是学生毕业后的主要就业单位。现在,学院的各教学系部都通过相关行业协会与企业建立了合作关系。作为对企业的回报,学院除了按照行业协会提出的要求培养和输送毕业生外,还主动为企业提供员工培训、技术咨询等服务。

3.1.4 校企集团化合作模式

近年来,各地区、各行业和一些企业积极开展职业教育集团化办学,形成了一批有特色、成规模、效果明显、影响广泛的职教集团。据不完全统计,全国已建职教集团约700个,覆盖100多个行业部门、近2万家企业、700多个科研机构和50%以上的中职校、90%以上的高职校。[1]从我国职教集团的组建来看,我国职教集团主要采取了两种形式:一是政府主导型职业教育集团。由政府牵头,整合行政区域内的职教资源,其目的是遏制无序竞争和保证重点投入,前期有大量的政府资源(资金)投入,如江苏(苏州)职教集团。二是学校主导型职业教育集团。以某高等职业教育主体为核心,以创建、兼并、合资、合作等方式,联合其他的教育主体、企业、用人单位等组成,如浙江大港职业教育集团等。将现代企业制度的集团化经营模式引入高等职业教育,依托行业、联合企业,加强院校与院校、院校与企业之间的联系,整合区域内教育资源,实现资源共享,面向市场需求,推进职业教育做大、做强、做优、做特,是改革和发展职业教育的重要途径。

我国当前已经发展了很多大的高职教育集团,在江苏和浙江都有发展的较好的教育集团。2003年以无锡商业职业技术学院为核心,由多所院校、行业组织、企业法人及国际成员,以契约为保证组建的跨地区、跨行业、多功能、多层次、综合性的非法人教育集团。实行指导委员会下的理事会负责制,指导委员会由江苏省教育厅、省经济贸易委员会、省发展改革委员会等教育和行业主管部门、省商业联合会等行业中介组织及集团中的成员代表组成,由省教育厅、省经济贸易委员会、省发展改革委员会担任主任委员单位。集团还设有理事会、常务理事会和秘书处,理事会是集团的最高权力机构。浙江省万里教育集团是中国第一家全民事业性质的教育集团,从1993年接管一所濒临倒闭的职工学校起步,发展成为拥有学前、初等、中等、高等教育,涵盖普通教育、职业教育和成人教育三大类型的教育集合体。集团实行董事会领导下的校

1 王河. 构建符合国情的职教集团治理结构[N]. 中国教育报,2013-1-2.

长负责制，集团董事会不是以持股形式，而是以管理职能形式出现。如万里学院理事会成员包括万里集团、宁波市政府、浙江省教育厅，校长人选由理事会决定。院长作为学校的法人代表，全权负责办学事务、搞好学校管理。董事会全力支持校长的行政事务，学校在人、财、物管理上具有独立决断权，还承担如基建、对外协调等工作。浙江(宁波)大港职业教育集团2003年成立，由宁波职业技术学院牵头、省内外二十多所中高职院校参与的综合性职教集团，集团总部设在宁波职业技术学院内。集团实行紧密型和松散型相结合的组织模式和理事会领导下的理事长执行制运行模式。理事长人选由宁波职业技术学院推荐，集团常设秘书处，秘书处在理事长领导下由正副秘书长主持日常工作。在新一轮的发展中，高职教育集团化办学已经是一种发展趋势。

(1)合作机制

在实践运行中，我国职教集团的合作主要有三种形式：一是理事会体制——理事会主导的多元主体共同决策制。职教集团以牵头单位(职业院校、行业组织或企业)为主，联合各个相关联的职业院校、企业、行业协会、科研机构等组成，以理事会、常务理事会、秘书处、专委会为基本组织架构。这一体制是我国目前集团化办学的主要体制，院校、行业或企业主导的职教集团多采用此类体制。二是管委会体制——管理委员会领导下的理事长(董事长)负责制。职教集团由地方政府牵头，整合行政区域内的职教资源，对接产业发展需要成立职业教育联合体，以管理委员会、理事会(董事会)、秘书处为基本组织架构，实行管理委员会领导下的理事长(董事长)负责制。这一体制在北京交通职教集团、湖南湘潭职教集团的实践中已取得显著实效，政府主导的职教集团多采用此类体制。三是董事会体制——董事会领导下的股东决策制。职教集团不利用国家财政性经费，而由各种社会力量运用股份制手段融合民间资本组建而成。各投资者按照投资额来享受股东权利和承担有限风险，以股东会、董事会、执行层为基本架构，实行董事会领导下的股东决策制。股东主导的职教集团多采用此类体制。

大多数教育集团基本上采用理事会制，即使是采取董事会制的，如浙江万里教育集团，董事会也只是作为一个管理职能形式出现，或是外加一个理事会机构。职教集团主要采用以契约为联结纽带的松散型组建模式，以某一主管部门或主体学校为核心，联合其他学校、企业及实体组建而成。学校、企业或其他实体以签订合作协议或集团章程的形式加入集团，其人、财、物及原法人资格均保持独立不变，其主管部门的隶属关系、拨款渠道、人事关系也不变。职教集团采取什么样的合作方式，直接决定了集团成员之间或紧或松的合作关系，也决定着集团化合作的广度和深度。

(2)模式特点

通过集团化办学，促进中高等职业教育协调发展，并以此带动教科产结合、就业渠道拓展及其他实体实业的发展。这对于在经济全球化和我国入世后的新形势下，探索一条职业教育持续健康发展的新路子，具有十分积极的意义。集团化办学模式体现出如下特点：

①撬动多方资源办学。高职教育的主要特点是实践环节比重大，教学设施设备投入大，实训实习消耗大。高职教育不仅要求有校内实训基地，而且要求有校外实习基地和“双师型”教师队伍。因此，制约我国高职教育发展的最大障碍就是职业教育资源不足。集团化办学有利于职业教育资源的重组与互补，解决资源结构性短缺和依赖障碍，实现最大效益的优化配置，获得范围经济，降低办学成本；有利于加强专业建设，提高办学效益和办学质量，增强办学活

力;有利于密切校企合作关系,使学校与企业各取所需、优势互补、资源共享,从而实现利益均分、互惠双赢的目标。打造集团化平台,可以在以下几个方面实现优质资源集聚:第一,集聚行业智力信息资源,促进专业建设和人才培养。学校聘请企业管理行家、业务骨干成立了专业顾问委员会,利用企业中高层领导和技术行家的智力资源和信息资源,促进专业建设、课程改革和专业人才培养。第二,引进行业实践资源,共建仿真实训基地。一方面通过专业顾问委员会成员,充实实验实训基地建设;另一方面积极创造条件,争取企业进校合作共建仿真实训基地(中心)。第三,利用行业教育资源,建设"双师型"教师队伍。

②延展了合作的广度。集团化使校企合作的广度得到延展,在集团内部既可以有性质相似的职业院校,也可以有行业企业,还可以有政府部门等。集团内部各职能主体都可以很好的发挥自身优势和长处来促进高职院校实力的全面提升。在这点上,集团化合作模式要远远优越于前面提到的随机合作、一体化合作等合作模式。集团化合作还可以在现有集团的基础上继续发展,在原有成员单位的基础上不断地扩大集团队伍,积极吸纳有关企业加入集团,尤其是理事长、副理事长院校,并且将与其有良好合作关系的企业推荐加入集团,不断加大校企合作的广度。由于广度的拓展,可以集更多、更大的群体力量来发展高职教育,做大做强。

③深化了合作的深度。集团化合作模式还深化了校企合作的深度,使高职院校、企业、甚至是政府部门都参与到合作中来,都参与到学校专业设置、实习实训基地建设、人才培养等学校发展核心问题的决策中来,发挥积极的建设作用,为学校从计划决策到执行全面的把握方向。集团内部通过信息、资源的共享,不断深入合作,使集团成员内部各自的事情成为集团共同的事情,集思广益,群策群力,使得职教集团的各项工作都能够有序的开展,使高职教育集团化发展走向新的阶段。

(3)模式效果

集团化合作模式是新型的,并不断发展壮大的一种高职教育校企合作模式,其效果得到很大程度的展现。

①有利于职业教育资源的重组和互补。加入职业教育集团的学校,可以实现校舍、设备、实验实训条件的共享和互补,如建立集团的中心图书馆、中心实验室等,能够避免重复建设,减少投入,从而降低办学成本,提高办学效益;教师实现相互流通、相互调剂、优化组合,教学科研上有更大的发展空间,融合教学科研资源优势,可以提高教学科研的整体水平;招生、就业实行统筹,可以充分发挥各自优势,形成合力,拓展生源和就业渠道等。可见这种做法,在不需要增加大量投入的情况下,通过资源的重组和互补,就可以上规模、出效益,形成享有声誉的职教品牌。

②有利于不同职教阶段的衔接。中高等职业教育的衔接沟通大都采取两种形式,一是采取专业面很窄的对口招生的衔接形式;二是采取中等职业学校挂靠某一高职学院举办五年制高职班的衔接形式。两者都没有做到实质意义上的衔接沟通。职业教育集团化办学,可以通过集团统筹,在继续办好中等职业教育的同时,采取五年制、"三二"分段、中高连读和专本连读等多种形式举办高等职业教育,实现中高等职业教育在专业设置、办学层次、教育内容、人才培养规格等多方面的衔接沟通,促进中高等职业教育的协调发展。

③有利于成员主体各自优势的发挥。高职院校、企业和政府有着各自的优势,在发展过程中,它们都需要其他主体的支持,但是往往又没有一种很好的合作方式,把它们联合起来发挥

集体优势。集团化合作正好解决了这样的问题,通过集团化这种合作方式,把三种性质本不相同,但是在发展中又彼此需要的主体顺理成章的结合在了一起,并通过有效的沟通机制,把各自的事情变成集体的事情,共同发挥作用,取得成功。对于高职院校而言,在集团化合作中,它既可以得到资源的投入,也可以把产品(高职人才)顺利的输出,使循环更加畅通,并不断发展壮大。

专栏 3-4

江苏建筑职教集团

江苏建筑职教集团到2010年会员单位已达111家,会员大多数是江苏省的特级和一级建筑企业和有建筑类专业的中高职院校。职教集团内部的校际之间、校企之间广泛进行了多项合作。利用江苏建筑职教集团平台,龙信集团与江苏建院合作共建“龙信集团—江苏建院”建筑技术联合实验室、龙信集团建筑技术培训中心、龙信集团执业人员继续教育培训基地和龙信集团建筑技术研发中心;选派青年骨干教师在龙信建设集团挂职企业研发中心和技术部主任职务,负责该企业技术攻关、研发、集成及试验研究、员工培训等工作,承担了该公司上海三甲港研发基地建设的技术指导和校企合作申请行业标准的立项、编写工作,在行业标准的修订与技术研讨、国家工法的申报和修订、项目研发和技术转化等工作中;与龙信建设集团联合申报省级项目6项,合作项目3项,专利转让1项;与中南控股集团、南通市常青建筑安装工程公司等集团联盟企业联合申报省级项目和合作项目共6项。与南通五建建设工程有限公司、江苏扬建集团有限公司签订合作协议,选派了66名骨干教师到集团内35家企业做“访问工程师”,接受企业一线的实践锻炼,为企业提供优质的技术支持与服务。学院还依托校内国家技能鉴定站,与徐州矿务集团、邳州建管局等企事业单位联合进行了预算员、钢筋工等岗位技能培训,完成培训任务约12 460人次。

专栏 3-5

沈阳组建以不同专业学校为龙头、同行业企业合作伙伴参加的职教集团

沈阳市装备制造业职业教育集团
沈阳金融商贸职业教育集团
沈阳市IT产业职业教育集团
沈阳市酒店服务与管理职业教育集团
沈阳市化工职业教育集团
沈阳市汽车职业教育集团
沈阳市橡胶行业职业教育集团
沈阳旅游职业教育集团
沈阳市近海职业教育集团

3.2 校企合作内容

校企合作的内容是广泛的，也是丰富的，有共同开发的专业、课程；共同建设实训基地；共同开发师资力量；共同打造科研技术合作平台等。

3.2.1 校企共同开发课程

学校在确定了培养目标后，首先考虑的是设置什么课程、如何开发课程、以怎样的课程类型和课程结构来保证人才的培养。课程开发是指通过需求分析确定课程目标，再根据这一目标选择某一个学科或多个学科的教学内容和相关教学活动并进行计划、组织、实施、评价、修订，以最终达到课程目标的整个工作过程。课程开发时，要充分考虑受教育者需求、兴趣、学习风格等方面的种种因素，同时也要考虑企业和学校的优势，以及市场需要等。

校企合作开发的专业课程，是校企双方在明确专业人才培养定位的基础上，开发出的针对性强、适用性强的专业课程，彰显着专业建设的特色。校企合作开发的专业课程以创新型高技能人才培养为目标，以学生为中心，以生产项目为主线，构建并实践"做中学"课程体系。并根据生产项目的需要，围绕企业生产任务，开发专业课程，将专业知识、能力、素质等培养融入到项目教学之中，从而强化学生的职业技能培养。校企合作开发的专业课程，以满足企业需求为前提，课程内容与企业生产相对接，课程教学设计有预设或临设的生产或模拟生产的项目任务。这是实现学生专业职业能力与企业岗位能力零距离对接的关键环节。

(1)校企合作共同开发课程的原则

①市场导向原则

职业学校培养人才必须以市场为导向，校企合作的优势也是要把企业的市场灵敏机制导入，因而校企合作开发课程时一定要遵循市场导向原则，开发那些市场急需人才的课程。

②优势体现原则

校企合作的目的就是要发挥学校和企业各自的优势，实现优势互补、资源共享。基于此，校企合作在课程开发中一定要遵循优势体现原则，要从学校和企业各自的优势出发来开发新的课程和专业。

③实践性原则

无论是企业还是高职院校都应该重视专业和课程的实践性，这是这两个组织的共性。实现能力教育的重要支撑点是实践教学，因此，设置课程既要充分体现岗位资格所需要实践的环节、内容，又要体现交叉复合岗位和职业的实践内容、形式，还要体现各种实践的可操作性。

④灵活性原则

企业是以适应市场然后获得收益为目的，而高职院校是以培养出社会需求的实用型人才为目的。这就要求二者要随着社会发展的不断变化而随时调整课程和专业设置。课程设置在注重基础知识、实际操作、理论研究结构组合的同时，更要突出客观实际需要。在纵向上，要能组合出不同层次职业人才培养的方案，如市场营销专业课程可组合出企业营销策划人员、营销管理人员和柜台营销人员。在横向上，要能够兼顾专业之间的配合，如财经类专业都需要财税金融知识和统计调查分析知识等。

(2)校企课程开发的策略

校企课程开发需密切学生与自然、社会、生活以及企业的联系,它是企业性课程。它强调以学生的经验、企业实际和企业需要的问题为核心,以有效地培养和发展学生解决问题的能力为重点。因而,它又是一种经验型课程,它注重学生多样化的实践性学习形式,如:探究、调查、访问、操作、服务、劳动实践等(不同的专业不同的要求),注重活动过程的亲历和体验,使学生既能融入学校,又能融入企业;既能获得学校教育的优势,又能获得企业培训的优势。

①要充分利用学校资源

多年的教育实践告诉我们校内资源,如:图书馆、网络、校园文化、文艺演出、师生员工等,以方便易得的特点成为综合实践活动的首选。走近图书馆,可以对学校图书馆做一全面了解、介绍;对学校校长及教师采访,了解学校的过去、现在、未来;对学校发展提出合理化建议,参与学校发展设计;对学校的办学理念进行研究等。学校的每一个字,每一面墙壁,每一个人,每一处景都可能成为学生丰富的课程资源。这些是企业所没有的,因而支持学校发掘校园内部资源来辅助课程开发不失为好方法。

②要充分利用企业资源

每个企业都有自身独特的企业文化,也有一定的行业、产业特性,同时也有学校无法比拟的硬件优势,校企合作开发课程一定要充分利用企业资源,发挥企业的优势,弥补学校资源的不足。如企业的实验设备、企业的科学管理、企业的市场敏感性等都可以成为课程开发可以利用的资源。

③要关注课程开发的有效性

校企共同开发课程不是为了开发而开发,而是要注重开发的有效性,也就是共同开发的课程是否适应市场需求,是否培养了合格的专业人才,是否使企业和学校在这一过程中获得双赢。现在在校企课程开发的具体过程中还存在很多问题,如课程开发不符合市场需求,开发的课程没有优秀的教师来胜任,开发的课程在硬件设备上跟不上市场发展的需要等。还有的是课程实施方案设计粗糙,对学生没有吸引力,甚至某些学校、教师对课程认识不到位,再加上无教材可依,开发的课程根本进行不下去等问题。所以校企课程开发一定要注重其有效性,使其真正发挥突出的作用。

(3)校企课程开发流程

校企共同开发课程不是一件随意的事情,是需要经过认真调研、分析,仔细筹划、设计的系统工程,这就需要企业和学校认真对待,把每个环节和步骤都要做好,才能保证课程开发的有效性和高质量。

①成立课程开发小组

课程开发小组应由专业教师、实训指导教师、教务主管、企业专业技术人员和企业培训主管组成。首先应明确专业培养目标,确立实训课程开发的理念和思路,取得领导和资金的支持,写出课程开发报告,并由学校领导和企业的技术专家组成一个专业委员会,负责对职业岗位进行工作项目和工作任务的分析。

②分析工作项目和工作任务

课程开发最关键的一步是组织行业、企业的技术专家对职业岗位要求技术应用人才应完成的工作项目和工作任务进行分析,并通过对工作体系的系统分析,全面甄别出适应这些职业岗位需要完成的基本工作项目和工作任务。在分析的过程中学校要先确定一位工作任务分析主持人,一般由学校本专业经验丰富的专业教师或有专业背景的课程专家来担任,主持人要给行业、企业技术专家明确人才培养目标、工作项目的界定及叙述要求。在确定每个项目和任务时要明确其内涵。工作项目是指一组具有相对独立性的工作任务,可以理解为一件产品的设计与制作、一个设备故障的排除、一项服务的提供等。工作任务是指职业岗位工作过程中需要完成的单件任务。有的职业岗位的工作任务是以其产品为逻辑线索而开展的,如机械加工;有的职业工作任务是以其工作对象为逻辑线索展开的,如电气自动化;有的职业工作任务是以机械结构、电子系统构成的结构部件为逻辑线索展开的,如汽车设备的维修和安装;有的职业工作任务是以岗位服务内容为逻辑线索展开的,如酒店服务、烹饪等。要针对不同的职业岗位以不同的逻辑起点来分析工作任务,最后制定出不同职业岗位的能力标准。

③研究课程结构、制定课程计划

在行业、企业专家分析出职业岗位工作项目和工作任务的基础上。专业教师、实训指导教师和教务科长,根据行业专家分析的项目、任务的数量和种类对其进行必要的归类、合并和融合,确定出哪些项目和任务需要在实训教学中完成,然后依据确定的项目和任务进行选择,组织和整合出相应的知识、技能和态度,完成理论和实践的统一,并将其转化为实训课程的内容和课程结构,提出保证课程实施的条件和场景要求,并制定出课程标准。

④选择和组织课程内容

要由教师和课程专家根据课程标准按照职业岗位工作过程设计学习过程,以典型产品(服务)为载体设计实训学习活动,建立工作任务与技术理论知识、技术实践知识和技能的联系,并在此基础上写出讲议或编写教材,完成课程的前期开发。

⑤阶段性评价与修订

在完成课程的设计后,需要对需求分析、课程目标、整体设计和单元设计进行阶段性评价和修订,以便为课程的实施奠定基础。

⑥实施开发课程

实施阶段缺乏适当的准备工作,也是难以达成培训目标的。实施的准备工作主要包括培训方法的选择、培训场所的选定、培训技巧的利用以及适当地进行课程控制等方面。只有通过实施,才能检验课程的效果,也为后期课程的总体评价奠定基础。

⑦进行课程总体评价

开发课程评估是在课程实施完毕后对课程全过程进行的总结和判断,重点在于确定课程效果是否达到了预期的目标,以及学员对课程效果的满意程度。只有达到要求才能表明课程开发是有效的,是成功的。

3.2.2 校企共建实训基地

校企共建实训基地是服务于人才培养的,是校企合作育人的有效载体,是解决学校经费不足、人才培养模式创新等问题的有效途径,这对技能型人才培育具有重要的意义。校企共建实训基地应尽可能做到实训基地与生产车间对接。学校的实训基地参与企业的生产流程。实训基地即是企业的生产车间,承担企业的生产任务,同时承担师生的实习实训任务;企业生产车间参与学校的实践教学环节,师生实质参与企业生产过程,发挥职业院校实训基地与企业车间的各自优势。产业化实训基地直接参与企业生产和经营全过程,不仅增强了学校自我造血功能,使实训基地具备了自我更新的能力,同时也解决了实习实训原材料消耗问题,创造了经济效益。

(1)共建实训基地的形式

①在企业内部共建实训基地

这种方式是直接利用企业原有厂房、基础设施、市场渠道等共同建立实训基地,确保实训基地技能培训、技术人才的交流、产品生产与市场有效接轨。该基地模式能满足完成顶岗实习、教学实习、课程实训等实践教学任务的要求,就地就近、相对稳定,能体现"工学"结合。这种实训基地不仅让学生能够亲临企业现场开展实训锻炼,也能让学生体会到企业文化,还能在企业中锻炼吃苦耐劳的精神品质等。

②在学校内共建实训基地

这种方式往往由企业投资或投入设备、企业派驻技术人员和管理人员,学校提供场地的形式,与学校共建校内实训基地。一方面,企业通过无偿赞助或半赞助的形式向学校提供资金或设备,帮助学校解决实训基地建设资金困难的问题,达到校企合作共同培养人才的目的;另一方面,企业获得学校订单培养的一批熟悉该企业和该企业产品及操作性能的专门技术人才,企业可从学校所培养的毕业生中优先择用人才,这些人才可以达到学校教学与企业上岗零距离接轨。这种实训基地的优势在于学生生活在学校内部,在浓重的学习氛围影响下。而且能够把理论学习和实训锻炼有机的结合起来,教师可以随时给予学习和生活等各方面的帮助。同时,学校还有学生可以直接利用如图书馆、实验室等其他丰富的教育资源。

(2)共建实训基地的管理

校企共建实训基地的管理是一个很重要的问题,直接影响到实训基地作用的发挥,甚至会影响到校企的后续合作。在企业内部共建的实训基地和在学校内部共建的实训基地其所有权和使用权往往属于各自企业和学校。怎样使两者在资产管理方面不发生矛盾,使实训基地能够被很好的利用,发挥它的价值,关键就是抓好管理。

①对学生实训的管理

实训基地发挥效用的高低主要体现在对学生实训的培养上,看他们是否通过实训锻炼获得了更高的职业技术水平。因此,对学生实训的管理尤为重要。一般而言,由学校和合作企业共同成立实训基地管理办公室,统一协调学生到基地参与实训。在实训过程中要做好以下管理工作:其一要保证学生的人生安全和健康;其二要使实训井然有序,尽可能实现高效;其三要把技能训练和理论学习相结合,把融入企业文化和加强精神道德修养结合起来。

②对设备的管理及使用

实训基地的关键是配有先进的实训设备,没有这些设备就相当于做饭没有米一样,因此对设备的管理也非常重要。为了使实训效率高,就必须提高设备的使用效率,但与此同时还要保证设备的折旧维修与更新。所以设备的管理要做到专人负责,定期检查。当然对设备的管理和使用还要有非常明晰的记录,既能保障资产安全,又能保障其合理的使用。

(3)共建实训基地要处理好以下事项

共建实训基地往往涉及大量的资金,也涉及到双方的有效合作,因此以下事项需要慎重处理。

①对共建的实训基地要明确校企双方职责

学校和企业要针对不同形式的共建实训基地制定不同的方案,使双方在共建实训基地的管理上职责明确。如学校提供学生和场地、水电等后勤保障。企业则选派技术专家做专业建设指导委员会成员，选派实践能力强，理论水平高的技术人员做学校的兼职教师，负责对学生实训指导和机械维修等。总之，双方在共建初期就应该对校企双方的责任达成基本的协议，在实训过程中再不断根据实际的情况做出调整和修改，以免为日后的合作埋下隐忧。

②采取切实有效的管理方式

由于实训基地是校企共建的，所以最为有效和成功的管理形式是基地由学校和企业共同管理，学校按照学校的常规对学生的出勤和安全教育进行管理，企业按照企业模式管理学生，对学生的车间工作纪律、安全预防、实训成绩进行企业化的考核。遇有冲突时，学校与企业协调解决。切实有效的管理形式是实训基地发挥作用的根本，也是共同建设实现合作目标的基础。

③注重校企的相互沟通与融合

校企合作毕竟是两个完全独立的个体之间的合作，一定要注意双方的沟通和融合。学校应常年派驻实习指导教师进企业，加强对实习就业学生的管理和指导，协调学校、企业、学生家庭的关系；企业也需派驻技术骨干和管理人员到校，企业管理人员甚至老总到校与学生和学校交流，增进校企之间的了解，加深校企之间的友谊与信任。校企还可以通过一些有意识的互访或者互动等形式来实现这种沟通和融合。如请企业管理人员来校讲解企业文化，让实训学生谈实习感想以及对企业的认识等等，都可以实现相互了解，共同融合的目的。

④建立健全合作协议和规章制度

没有规矩，不成方圆。没有协议和规章制度的框架束缚，校企合作就存在着巨大风险。因此，校企合作共建实训基地一定要有健全的合作协议和规章制度，为实训基地的顺利建设和使用保驾护航。如校企双方可以共同协商签署《校企联合办学协议》《校企合作实施方案》《学生实训管理制度》《指导教师管理细则》《学生技能培训实施方案》《学生实训考核方案》《学生实习管理制度》等规章制度。总之，通过健全合作协议和规章制度来使合作顺利进行，并不断深入。

3.2.3 校企合作共建师资力量

师资力量是学校建设与发展的基石。高职院校非常需要高技术水平的人员来承担教师工作，而这一点恰恰是企业的优势。与此同时，企业也缺乏有理论素养的高素质人才为其员工培训和技术开发提供支持。所以，校企合作还可以在共建师资力量上大有作为。企业工程技术人员承担合作职业院校的实践教学任务，与教师共同开发实践教学课程内容，负责学生技能训练指导。职业院校教师参与企业的技术革新、设备改造与新产品的研发，承担企业员工继续教育的培训工作。专业课教师到合作企业顶岗实践，从内涵上真正建立职业院校教师与企业工程技术人员双向交流与流动的机制，提高职业院校学生实践动手能力，也提高企业员工的综合素质。因此，通过校企合作实现专业教师与企业技术人员对接，解决“双师型”教师队伍建设问题，提高学校教育教学水平和企业生产效率，使学校和企业获得双赢。

(1)校企合作共建师资力量的优势

校企合作在共建师资力量上实现优势互补。学校可以为企业提供更多的理论型人才，可以为企业培训更多的人员；企业为学校教师技能的进一步提高提供了平台，也可以使企业内部的一部分高技术人员成为学校的“双师型”教师。

①学校为企业提供智力和人力支持。企业需要高职院校提供帮助,教师可以利用专业理论优势,向企业提供智力和人力支持,参与企业新产品、新技术的研发,让企业从合作中受益。同时,学校还可以为企业培训更多的员工,提高员工的素质,这样教师也成为企业的教师,从而成为企业的一分子。

②企业为教师提供了提高实践技能的平台。教师可利用挂职锻炼、带学生生产实习等机会,及时了解企业对员工知识结构、专业水平等方面的具体要求,使得教师在专业建设、课程建设和教学改革等方面具有明确的方向和目标;同时,教师能及时掌握企业最新技术,能够将实践经验紧密融入专业理论课程教学过程中,也可以把企业的真实案例作为教学案例,使教学内容更贴近于实际。企业是高职教师提高发展的一个重要平台。

③企业为学校提供新的师资资源。企业内部也有很多水平很高的技师,他们不仅是企业发展的骨干,通过校企合作他们也可以成为学校的教师,成为学校发展的骨干。企业让企业内优秀专业技术人才和高技能人才担任实践课程兼职教师,将企业生产第一线的新技术、新知识、新工艺、新材料和新方法直接引入教学课程中,为社会培养出高质量、高素质的生产、服务、管理第一线的复合型应用人才。这也就是企业让优秀技师到合作学校做兼职教师,真正地走上课堂,教书育人的原因。

(2)校企合作共建师资力量的路径

当前,校企合作共建师资力量的路径是多种多样的。

①学校选派青年教师到企业挂职顶岗。选派青年教师以脱产或半脱产形式到企业挂职定岗,这样可以延长体验时间(1 年以上)。企业按员工制度管理青年教师,学校承担青年教师的工资,企业按考核情况等同企业员工的方式向青年教师发放岗位津贴和奖金。学校支持青年教师在合作企业中任职,通过校企合作与基地建设,构建完善的管理体系,如教师在合作企业中可以被聘任为技术员、部门经理、技术顾问等,还要鼓励教师在企业时获得行业资格证书,全面提高教师的“双师”素质,学成后回校服务。

②教师深入企业一线进行实习进修锻炼。这是一种阶段性、随时性的提高锻炼方式。学校教师根据课程建设需要,到合作企业一线进行短期(一个星期或者一个月等)实习、进修,或者学校教师可以根据需要隔一段时间就去实习进修一次,这样既灵活又更有针对性。通过这种手段,能让教师及时把企业中的最新技术信息带到教学中去,让学生能在最短的时间内接触到最新的信息,从而有效促进课程内容改革,提高教育教学质量。

③企业选派高级工程师、技师走进高职院校课堂,任专、兼职教师。企业中也有很多优秀的人才。企业可以选派高级工程师、技师走进高职院校课堂,任专、兼职教师。高级工程师、技师把本企业所需的专业岗位技术及技能和企业文化传授给学生,使学生毕业后能更快、更好的融入企业。这是企业对高职院校师资新鲜血液的最好注入。

④企业学校共建师资培训平台。过去,高职院校主要在教育内部开展职教师资培训,无法解决教师融入产业现场的问题,职业教育教学与生产岗位脱节,教师专业技能老化、弱化问题日渐突出。在校企合作的前提下,学校和企业可以联合开展职教师资培训,给专业教师找到了深入生产实践的机会,走出一条提高职业学校专业教师教学能力、专业能力的新路子。企业拿出技术水平和生产现场的优势资源,开发出具有特色的研修培训模块,安排学员深入企业第一

线的各工作岗位进行生产实践，选派教学经验丰富的工程师或高级技师职称以上的人员作为培训师，采取专家专题讲座、学员互动、工学结合等形式对职业学校骨干教师开展技能培训，使学员系统的掌握产品的研发、设计、生产、营销、售后服务等整个生产和经营过程。经过这样培训的教师无疑成为具有先进教学理念和过硬技术的“双师型”教师。

3.2.4 校企合作培养人才

校企合作中的人才培养模式在很大程度上决定着学生的培养质量。从另一个角度来讲，这就决定了学校是否培养了企业所需要的人才，也就是学校是否实现了对企业的高效回报。校企合作进行人才培养的方式主要有：

1)顶岗实习模式

顶岗实习是推进职业教育“职业化”，实现高职实习实训场所与职业工作环境的零距离对接的高职教学基本模式，是高等职业院校培养面向生产、建设、服务和管理第一线需要的高技能人才的关键教学环节。

(1)顶岗实习模式的内涵

顶岗实习模式就是企业有空余岗位，学校通过和企业合作，让学生进行顶岗实习，在企业的一线岗位上得到技能锻炼和提高的一种人才培养模式。顶岗实习的主要目的是使学生既能运用所学到的理论知识，分析解决实际问题，使学生学到书本上、课堂里学不到的专业知识和技能，又能培养学生吃苦耐劳和团队合作的精神。同时，顶岗实习也为学生走向社会，找到就业岗位做了准备。学生通过一段时间的顶岗实习，亲身体验了在企业当职工、在顶岗岗位上工作的滋味，既知道了工作的辛苦，又体会到了工作的快乐，从思想上、身体和心理上为就业做了准备，提高了就业能力。顶岗实习模式既解决了企业缺岗位工人，影响企业生产进度的问题，也解决了学校通过企业实践锻炼学生，提高技能的问题，对企业、学校和学生都是有益的。

(2)顶岗实习模式面临的挑战

顶岗实习，学生要离开学校进入工场，进入一个新的环境。这无论是对学生、学校还是企业都会产生一些挑战，需要各方合力应对。

①对学生适应能力的挑战

学校和企业有着很大的差异，企业有自己的管理规章制度。企业以盈利为目的，每个人都有自己的岗位，负责不同的工作。企业不会多养一个闲人，所以对员工的要求肯定会很严格。而学生在学校和家庭待的时间太久，没有经过这样严格的管理和要求，所以，很多学生缺乏足够的适应能力。在顶岗实习过程中经常会出现上班迟到、办事拖拉，缺乏组织纪律性等问题，有的学生甚至不打招呼擅自离开用人单位。所以，顶岗实习对学生的心理和生理都是一个严峻的挑战。

②对学校管理的挑战

顶岗实习为学校管理也带来了挑战。学校要面临多个顶岗实习的单位，面对众多顶岗实习的学生，既要对学生负责，又要对企业负责，既要保障学生在顶岗实习的过程中身心健康，又要保障学生在顶岗实习中学到东西，有进步。这些对学校的管理来说是一个严峻的挑战。学校需要安排教师指导，需要和企业建立好管理职责的分配等。顶岗实习模式对学校的管理提出了更高的要求。

③对企业管理的挑战

学校的管理和企业的管理是截然不同的，企业面对顶岗实习的学生必须要有新的管理方式。企业必须要照顾到学生身心发展的阶段性特征，必须把学校和企业的管理方式兼顾起来对学生进行管理。同时，企业在学生实习顶岗期间还负责对学生的饮食起居进行管理，还要注意实习顶岗期间学生的人生安全问题等，这些都对企业提出了新的要求。

(3)践行顶岗实习模式的策略

对于高职院校而言，好的践行顶岗实习模式，需要在如下一些方面做好工作。

①认真遴选合作企业

为了对学校负责，对学生负责，顶岗实习模式一定要选择优秀的合作企业。顶岗实习合作企业一般要求技术先进、管理科学、环境良好、交通方便，有较强的技术和管理力量，有健全的管理制度。一个好的实习平台对学生学习、生活和成长是至关重要的。在环境上，企业同学校相比有一定的差异，这个差异从某种程度上来讲，对我们的学生是一种磨炼，特别是在心理素质上是一种磨炼。因而，为了让学生们在生产一线学到宝贵的社会经验，在选择实习合作企业时，要尽可能地选择企业管理、企业效益、生产、生活环境较好的企业，特别是在企业管理方面要选择明星企业，同时还要同企业签订好劳动合同，保证学生们的实习待遇。学生们通过顶岗实习既能从几个月的顶岗劳动中学到企管技能，在员工身上学到职业技能，又能有一份通过自身劳动带来的收入。顶岗实习为他们今后融入社会，进入生产企业，适应工厂要求，尽快胜任工作提供铺垫。

②做好学生的动员工作

对于学生而言，适应新的环境有一定的困难，所以，学校做好学生的动员工作就显得非常重要。顶岗实习是高职教育新的理念，不同于传统本科教育，高职教育就是要改变传统的人才培养模式，把教育教学与生产实践、社会服务、技术推广、创新创业结合起来，努力把学生培养成“下得去、留得住、用得上”实践能力强、职业素质高的高技能人才。但有少数同学及其家长不够理解，特别是家庭条件好的学生，对这种模式有抵触情绪。因此，做好组织与动员工作十分重要。要针对学生的思想认识情况切实做好动员工作，结合学生的培养目标分析顶岗实习的重要意义和必要性，提高学生的思想认识，树立正确的顶岗实习理念。

③做好周密的安排

制定周密的切合实际的顶岗实习计划是做好顶岗实习的保证。顶岗实习是专业教学工作中综合性最强的实践性教学环节。顶岗实习计划要在学校教务处指导下由专业教研室和院系制定，其内容主要包括各专业顶岗实习的目的、意义、方法、路线、时间、教学方案的实践与实施、指导教师的配备、学分、对指导教师和学生的要求和考核评价方式等。要根据每个专业的顶岗实习方式、实习地点的分布情况，把每个班的实习学生分成若干个实习小组，确定各个实习小组的组长和每个实习点或片区的负责人，做到滴水不漏。对于安排而言，再周密也不过分。

④配备一支优秀的指导教师队伍

学校安排学生顶岗实习，必须要配备一支优秀的指导教师队伍。选拔和培养一支品德高尚、工作能力强的实习指导老师队伍，做好学生思想教育、管理和服务工作，发挥联络沟通桥梁作用。由于专业人数和实习单位要求不一样，有的分散，有的集中。学生集中的单位则安排老师长住(中间也可以轮换老师),学生分散的则一个地方或区域安排一个老师,经常下到各点去看望学生。指导老师要了解实习学生和实习单位基本情况,在实习期间要依据实习方案和实习大纲内容,制定实习工作计划,按实习工作计划组织学生进行生产实践、参观和现场教学,并做好教师实习日志记载。老师要经常检查学生的实习日记和完成作业情况,指导学生写好实习报告。没有优秀指导教师的支撑,顶岗实习任务是根本无法开展的。

⑤做好考核与成绩评定工作

对于学生而言,在顶岗实习期间既要接受学校的管理,也要接受企业的管理。所以,学生在顶岗实习期间要接受学校和企业的双重指导和考核。校企双方要加强对学生的顶岗实习过程控制和考核,实行由校企双方共同考核制度。一般而言,学生的顶岗实习考核可分两部分:一是由合作企业指导教师或管理人员对学生的实习表现进行考核。二是学校指导教师对学生的实习情况和实习工作报告进行考核和评价。考核评价方式可以为等级制,如分优秀、良好、及格和不及格四个等级,也可以是百分制。当然,考核的目的就是检验学生顶岗实习的效果,一方面是使学生有一个评判,另一方面是对以后的顶岗实习提供一些参考。

2)订单培养模式

当前,订单培养模式是高职院校中非常流行的一种人才培养模式。一方面,企业通过"订单培养",最直接地表达了企业对人才培养规格的要求,最直接地参与培养方案的制定,最直接地参与教学全过程,因而可以实现企业对人才"即插即用"的要求。另一方面,学院通过"订单培养",提高了毕业生就业率,从而降低了学校的办学风险和成本,实现了教育资源的高效配置和利用。此外,"订单培养"也增强了学校的市场意识,提高了人才培养的质量,提升了学校的社会声誉。

(1)订单培养模式的内涵

"订单培养"是当前教育部门借鉴企业"订单生产"概念而提出的一种人才培养模式。所谓"订单培养",就是指企业根据岗位需求与学校签订用人协议后,由校企双方共同选拔学生,共同确立培养目标,共同制定培养方案,共同组织教学等一系列教育教学活动的培养模式。"订单培养"的核心就是供需双方签订用人及人才培养协议,形成一种法定的委托培养关系,明确双方的职责:学校保证按需培养人才,学以致用;用人单位保证录用合格人才,用其所学。"订单培养"是一种"双赢"的结局。

(2)订单培养模式的程序

对于高职院校而言,订单培养模式是一种比较成熟的人才培养模式,具备较为全面合理的培养程序。

①签订人才培养协议,确定委托培养关系

订单培养模式最为关键的就是校企签订人才培养协议,确定委托培养关系,这也是最为初始的程序。"订单培养"建立在校企合作双方相互信任的基础之上。企业信赖学校的教育质量,而学校也积极主动为企业提供教育服务。校企双方在此基础上,通过签订用人及人才培养协议,形成一种法定的委托培养关系。通过签订用人和人才培养的"订单",明确校企双方职责,学校保证按照企业需求培养人才,企业保证录用合格人才。这样在合作伊始就已经保证了学校和企业共同的利益。

②校企双方共同选拔学生

由于是企业委托培养，为了保证“订单培养”的质量，企业可以对自愿报名参加“订单培养”活动的学生进行选拔。选拔方式包括笔试和面试，学校将为整个选拔工作提供全面的支持与协助。入选的学生将单独组建“订单培养班”。

③校企双方共同制定人才培养方案

“订单培养”的人才培养方案与课程开发是校企双方共同关注的核心问题。首先要根据企业岗位的实际需要，进行职业岗位分析，明确培养对象所应具备的道德、知识、技能、综合能力等各种职业素质与能力。在课程开发中，还可以将企业文化和企业管理融合到课程方案之中。这种人才培养方案具有很强的岗位针对性，能够大大缩短学生就业后的岗位适应时间。

④利用校企双方教育资源共同培养人才

“订单培养”的实施过程，实际上是校企双方共同参与、优势互补、相互协作的过程。在具体教学过程中，学校选派出骨干教师，重点对学生进行社会基础知识、专业基础理论、政治思想道德等的教育与培养；企业则选派出有丰富管理经验和熟练操作技能的业务能手，充分利用企业现有的工作场地和机械设备，对学生进行实践技能的操作训练，培养毕业生的岗位工作技能。

⑤校企共同进行人才质量评估

培养的学生最后是输送给合作企业的，所以人才培养质量的评判必须要校企双方共同进行。“订单培养”的出发点是“以就业为导向”，毕业生质量的高低是校企双方共同关注的焦点。为了让企业获得“用得上、上手快、留得住”的人才，保证人才培养的优质高效，必须由企业和学校共同对人才培养质量进行评估。

⑥企业按照协议录用毕业生

企业录用毕业生是企业的法定责任，这也就意味着解决了学生的就业忧虑。“订单培养”教育完成后，企业必须严格按照“订单”约定，录用合格的毕业生，安排学生到企业就业。

(3)订单培养模式的优势

订单培养模式最受企业和学校欢迎，因为对企业而言，它得到了紧缺的、急需的人才。对学校而言，它解决了学生的就业出路问题。这种模式的优势体现在如下方面：

①从企业实际出发，满足企业需求

企业之所以委托学校进行人才培养是因为它急需这方面的人才，同时它也相信学校的培养实力。因此，企业给学校下的“订单”，最直接地表达了企业对人才培养规格的要求。通过“订单培养”搭建的校企合作平台，企业直接参与培养方案的制定，直接参与教学全过程，可以实现人才供需双方零距离的对接，所以最大限度地满足了企业的实际需求。

②校企全面参与培养，发挥合力优势

在订单培养过程中，企业全面参与课程、考核等管理环节，使企业的优势和学校的优势得到全面的融合。因此，“订单培养”可以实现校企双方的优势互补。通过“订单培养”这个合作平台，一方面，充分发挥学校在教育教学活动中的师资与设施的优势，另一方面，也可以充分发挥企业在技能培养和岗位实习培训中的技术与设施的优势。最后，保证了学生培养的质量，使学校和企业共同受益。

③提升学校的社会声誉

学校的生命就是生源,而生源的命脉在于就业。"订单培养"可以说是从一入校就解决了学生的就业问题,所以非常受学生的欢迎。"订单培养"提高了毕业生就业率,从而降低了学校的办学风险和成本,实现了教育资源的高效配置和利用。通过"订单培养",增强了学校的市场意识,提高了人才培养的质量,提升了学校的社会声誉,可以给学校带来源源不断的生源,解决学校的生存与发展问题。

3)工学结合模式

在工学结合模式下,学生既能学到知识,又能通过自己的劳动为企业创造一定的产值,还能得到企业的一定报酬。这种培养模式,能将学生的实践技能培养与企业的工作岗位直接结合,使学生的职业技能得到真正的锻炼和提升。

(1)工学结合模式的内涵

顾名思义,工学结合也叫半工半读,是将学习与工作结合在一起,并利用学校和企业不同的教育资源和环境,发挥学校和企业在人才培养方面各自的优势,把以课堂传授知识为主的学校教育与直接获取实际经验和能力为主的企业教育有机结合起来,实现学生职业能力与企业岗位要求之间无缝对接的人才培养模式。采用工学结合人才培养模式,一是能通过开发、利用学校内部的各种资源,发挥学校的自身优势,依据校内不同的专业开办不同的公司,将专业与公司捆绑在一起,并利用校内的实验室模拟实习场所,建立工学结合基地。二是由学校与社会上的优质企业签订校企合作协议,学校定期安排学生到企业进行实习,使学校的理论学习与企业的岗位实践交替进行。

(2)面临的挑战

工学结合模式要求半工半读,既在校学习一段时间,工作一段时间,工作中运用学习所获得的理论知识,在学习中体会工作实践。由于是半工半读,所以给学校的管理和教学安排等带来挑战。

①难以找到理想的半工半读的合作企业

目前,大多数企业为劳动密集型企业,对员工的技术要求不高,多从社会上招聘能胜任工作的员工。某些企业为社会培养人才的意愿不大,由于多方面原因不愿意接纳学生实习。另外,国家政策对企业接纳学生实习的支持力度不大。这些原因造成企业配合学校实施工学结合人才培养模式的积极性和主动性不高。

②对学校的课程安排和管理带来挑战

半工半读给学校课程安排和管理带来明显的挑战。很多情况下,学校需要就合作企业的需要和便利来安排学生实习,因而没有完整和稳定的教学周期,给学校在管理和教学安排上带来困难。学校要做好灵活的教学安排,而且要有针对性的把教学内容和学生到企业的实习内容有机的结合起来,既使学生在实习过程中运用到所学知识,也要使学生很快的适应实习岗位,为企业创造一定的利润。

③学生德育教育难度大

学校实行工学结合后,学生一半时间在学校上课,一半时间到企业实习,学生由学校及企业共同教育及管理。这使得学生在思想品德教育、实习管理等方面的问题增多,难度加大。如何改革和创新学生的思想品德教育及管理办法,适应工学结合开展,是学校面临的一大难题。

④传统的学生评价体系阻碍工学结合模式的发展

在学校的教育教学过程中，传统的评价体系一般是将学生的平时成绩及期考成绩各按一定的比例计算相加，最后得到总评成绩，且更多考虑理论成绩。然而，学校实施工学结合模式后，这样的评价体系却滞后了，不利于调动学生学习的积极性。学校必须和企业合作共同调整学生的评价考核体系，既体现学生在实习中的收获，也能反映学生对学校所学知识的掌握。

(3)践行工学结合模式的策略

虽然工学结合模式有一些困难，但是其为高职院校带来的好处还是有目共睹的，所以高职院校要寻找践行工学结合模式的策略。

①重视工学结合模式中的德育教育

在推行工学结合人才培养模式中，学校要与企业形成合力，多渠道把学生的德育教育工作搞好。通过德育课教学、其他课程教学、实训实习与社会实践活动、心理健康教育与职业指导、班主任工作和学校与企业的管理服务工作、党团组织和学生会工作、校园文化建设、家庭与社会教育等多种形式，对学生开展全方位的德育工作。结合职业教育的特点，把德育课程和实践教学、职业能力与职业道德培养紧密结合，开展形式多样的德育教育活动。选派企业优秀员工到学校担任班主任工作，培养学生树立“爱岗敬业、诚实守信、办事公道、服务群众、奉献社会”的理念和正确的劳动意识、就业观念，增强学生自我教育、自我管理的意识和实际能力。

②细化课程设置和安排

在专业课程设置时，要对社会及行业的发展需求进行分析，从社会的实际需要出发，以能力为本位，多安排技能性和实用性的课程，加强实践教学，保证学生学有所长，从而保证学生具有较强的动手能力。制定工学结合教学计划时，要体现“以服务为宗旨、以就业为导向、以能力为本位”的主导思想；充分发挥和利用企业的资源优势，寻求企业对专业教学在资金、设备、场地、师资以及社会影响等方面的支持，坚持校企双方共同参与实施；各个实践环节结合不同教学阶段的专业内容，安排相应的实践活动；每个教学阶段都要紧跟企业生产实际的发展和变化。

③完善工学结合的管理制度

为确保工学结合人才培养模式的健康开展，学校要选择资质较高的实习单位，安排学生到生产技术先进、管理严格、经营规范、遵纪守法和社会声誉好的企事业单位开展工学结合活动。校企双方要就工学结合事宜，签订协议，明确双方的权利、义务以及学生工学结合期间双方的管理责任。学校与企业双方要安排稳定的管理人员对学生进行管理，共同研究制订工学结合计划和管理办法。另外，要遵守国家有关教育培训、劳动就业、生产安全和未成年人权益保护等方面的法律、法规和有关规定，妥善安排学生工学结合的内容、场合、方式，避免学生在生产、服务中受到身心伤害；加强学生的劳动纪律、生产安全、自救自护和心理健康等方面的教育，提高学生的自我保护能力；做好学生工学结合中的劳动保护、安全等工作，为学生支付合理报酬，保障学生的各项合法权益。

④建立适应工学结合的评价体系

传统评价方式看重学生的理论考试成绩，以学校及教师的评价为主。评价体系以理论学习成绩作为衡量学生成绩的标准，对理论学习不好但动手能力强的学生造成打击，挫伤学生的学习积极性，使学生失去学习的兴趣，而单纯由学校及教师的评价也难以体现学生的社会适应性。因此,在课程改革的同时,评价体系也要进行相应改革。建立双重的评价体系,即将传统的评价体系与工学结合的过程性评价体系相结合,学校评价及企业评价相结合,对每一位学生在工学结合过程中的表现、想法、工作过程以及期中和期末“两考”的情况等方面做出综合的评价。

4)产学研一体化培养模式

产学研一体化培养模式是高职院校一直追求的校企合作模式,从企业的生产,到学校的学习,再到科研,使企业和学校得到全方位的合作。

(1)产学研一体化培养模式的内涵

产学研一体化培养模式就是通过高职教育中的“学”与企业或科研院所的“产”或“研”的过程结合,培养学生的技术应用能力、创新能力、就业竞争能力等综合素质,以实现校企合作的一种人才培养模式。高职产学研合作的内容主要有:共建实习基地、共建实验室、接收学生实习、共同开展科研项目、提供教师实习岗位等。在企业为高职院校的人才培养提供各种便利的同时,高职院校也为企业提供如下的服务:为企业解决技术难题、为企业进行员工培训、优先录用毕业生、获得良好的社会声誉等。

(2)产学研一体化培养模式面临的挑战

①真正落实和理想存在较大差距。几乎所有高职高专院校都开展了形式不同的产学研合作,但以协议形式进行合作比较少,合作的企业数目明显偏少,合作尚处于松散状态。由于对产学研合作的认识不够深入和到位,高职院校对产学研合作教育重视不够,企业对产学研合作教育缺乏合作热情,致使产学研一体化培养模式并不像设想的那么理想。

②高职院校在科研合作中,服务企业的能力不强。企业对合作开发科研解决技术问题和为企业进行人员培训表现出了浓厚的兴趣,对高职院校的产学研合作教育项目具有很高期望,希望借助高校科研能力解决技术难题,而高职院校的科研能力相对薄弱,不能为企业提供有效服务。

③企业和学校的合作信息不对称,致使产学研一体化培养模式发展受阻。信息的不对称性是指高职院校与企业在合作过程中的信息缺失,双方的沟通渠道不通畅。就企业而言,企业大量的人才需求信息,包括数量和人才规格的信息不能及时传递到高职院校中。与此同时,高职院校的人才调查工作难以顺利开展,不易得到企业方面有效的配合,也就是说有需求但无法传递。另一方面,高职院校对于企业中实际采用的新技术、新装备不了解,无法在教学中将新技术、新方法、新设备的信息传达给学生,影响学生实践能力的培养。虽然高职院校拥有丰富的人才培养经验,可以为企业量身定做一线员工等,但这方面的信息企业也不是很了解。所以,无论是生产、学习,还是科研方面,校企双方都因信息的不对称而影响相互的合作。

④组织机构的缺失,影响产学研的合作。组织机构的缺失不仅体现在高职院校、企业,也体现在政府层面。目前高职产学研合作教育更多的是停留在倡导、研讨和自由实践阶段,不排除个别高职院校、企业或地方政府在这方面做了一些工作,但从总体来讲,产学研合作教育组织机构的缺失严重影响了产学研合作教育的开展。政府机构中对高职产学研合作教育的管理尚处于真空状态。仅有教育主管部门无法促成产学研合作教育的顺利进行,也无法建立产学研合作教育的平台,为高职和企业之间的信息沟通、项目合作提供便利。同时,高职院校在管理体制上还未来得及真正转变,一是在管理机构的设置上,许多学校没有设立产学研合作的对

口协调性机构，相关工作还处于混乱状态；二是没有相应的激励政策，鼓励进行产学研合作教育。企业方面的产学研合作也主要是由人事部门兼职承担，没有专人负责产学研合作教育，并且无意设置专门机构进行类似的合作。三方组织机构的缺失使目前的高职产学研合作教育未进入良性发展的轨道。

(3)践行产学研一体化培养模式的策略

①转变思想观念，确定正确的角色定位。推动高职产学研合作教育的发展，需要高职院校与企业、政府三方转变观念，对各自承担的角色进行明确定位，明确三者之间的利益关系。教育是公益性的事业，从产品属性上看，教育既不是纯粹的私人产品，也不是纯粹的公共产品，而是同时具有私人产品和公共产品特征的准公共产品。因此单凭市场机制无法达到教育领域中资源配置的最优化，十分需要政府的协调和支持。高职院校在合作中也应树立正确的思想观念，将注意力放在人才培养的过程中：要主动调整人才培养方案和更新课程内容，围绕社会用人单位的需要培养人才，加强与用人单位的沟通，利用好企业提供的便利条件培养学生的实践能力。高职院校应主动创新产学研合作教育模式，开展灵活多样的产学研合作教育。企业是高等职业教育的直接用人单位。高职院校所培养的毕业生就是明天企业的员工，企业有义务支持学校的发展，不能将与高职院校的合作简单地与利益挂钩。

②在法律和政策上给予支持。对于支持职业院校学生实习的企业应实行税收优惠或专项补助政策，对于能够为职业院校学生提供实习机会而不提供的应实行税收调节手段。对企业在接收学生实习过程中产生的成本应进行扣除，对企业用于产学研合作教育的费用也应纳入企业经营成本进行税收减免或抵冲税收，也就是说国家应为产学研合作教育增加经费投入，支付一定的机会成本。

③通过相关组织机构来协调和推行。产学研合作教育的推动需要建立一套完整且高效的机制，机制的核心需要依托一定的机构来实现。对于地方政府而言，除教育主管部门外，劳动、工商和产业部门应建立联席会议制度，扶持行业协会做大做强，共同构建产学研合作教育平台，促进高职院校和企业的信息共享，使高职高专院校可以了解到企业的需求信息，包括技术需求和人才培训需求信息，企业也可以了解到高职高专院校所提供信息，包括相关专业的实验设备、师资和毕业生等信息。双方可以通过这个平台相互寻找合作伙伴。

3.2.5 校企科研合作

在我国，约有80%的专利产生于高校和科研院所，而科研成果转化率却不到10%，这不得不引人深思。长期以来，科研与产业化的问题一直困扰和制约着产业的发展，一方面是科研的最新研究成果停留在实验室，没有渠道转化到产业链中；另一方面是作为产业链条上的企业，需要最新的技术和工艺来改进工程建设和技术革新的愿望难以实现。这不仅造成了教学科研与产业化的脱节，同时也造成了大量的资源浪费。校企科研合作是解决技术转化的一个良好平台，它将促进学院与企业的共同发展，互惠共赢。

1)高职院校有一定的科研优势

高职院校是科学研究的一支重要力量，和企业相比它有自身的优势。

(1)高职院校拥有学术自由的大环境。学术自由本身就是高等教育发展的一种传统。学术自由在高等教育的发展里有着深远的历史积淀，最早可以追溯到古希腊时期。在高职院校随着社会变迁不断发展的历史中,学术自由也逐渐地被强化。在高职院校里,无论是学生还是老师,无论是教授还是专家,他们在这一信念的引领和支撑下不受固有和陈腐的条框所束缚,积极主动的发挥个人和团体的能动性去挑战,去追求,去创新,自由的向真理迈进。

(2)学术权力让科研在学校内部获得大力发展。高职院校不像企业或者其他组织和机构,大学有着其特殊的一面就是其学术权力的强大。有人坦言,"学术权力的性质是高等教育系统最吸引人的一个方面。"在高职院校里,学术权力占有相当的比重,"大学教授对学术的忠诚往往高于对大学本身的忠诚"。学术权力和行政权力分庭抗礼,这使很多学者和学生凭借自己的兴趣和爱好去追求和探索。他们也因自己追求和探索的丰硕成果而自豪并且赢得他人的尊重。

(3)学科多,基础扎实,为科研提供宽广的领域。科研不是盲目的,它必须建立在一定的基点之上。这个基点就是综合的学科和扎实的基础。科研攻关也必须培养在多学科、基础知识扎实的高职院校里,否则其将缺乏必要的土壤和根基。现在的很多创新都来自于学科之间的交叉或者边缘学科研究。还有就是一些基础学科和基础理论上的突破,不仅本身就是创新而且还引发出更多科学技术方面的创新和创造。在这些方面,高职院校的优势非常明显。高职院校学科林立,建立起了以基础学科为主,其他分支学科和边缘学科为辅的课程结构体系。总之,无论是门类繁多的学科还是扎实的基础知识,这些都是科研攻关所不可缺少的条件。

(4)高素质的师资为科研提供了智力资源。高职院校的教师本身就是创新型人才,他们具备创新型人才的基本素质——创新思维、创新能力。他们一方面从事教学,一方面从事科研,其工作本身就是创新工作。他们都是高级知识分子,都是国家的精英,是社会的中坚。尤其是一些教授,他们更是某一领域的专家,直接承担着该领域创新发展的任务。高职院校高素质的师资为科研提供了智力资源。

2)企业拥有开展科研工作的物质条件

在科研方面,学校有的更多的是软件,是人的因素。而企业恰恰相反,企业所拥有的更多的是物的因素,这对科研也同样重要。

(1)企业有科研所面临的现实问题。科研不是无源之水,无本之木。科研问题不是空想出来的,而是直接来源于现实的生产实践。因此,企业所具有的优势就是它们在生产实践中所面临的最为棘手的现实问题,就是我们科研攻关所要突破的问题。

(2)企业有科研所依赖的先进设备。任何科研,尤其是高水平的科研都要依托于先进的实验设备,否则会寸步难行。企业在这方面要远远的优越于学校,因为它们要想抢占市场,要想在竞争中占有一席之地,必须要有最为先进的设备。正因如此,校企科研合作可以让科研团队利用企业的先进设备来实现科研攻关。

(3)企业有科研所需要的雄厚的资金实力。科研需要有强大的资金支持,否则很可能前功尽弃。如一些破坏性试验:为了考验某一设备的耐受力,我们必须用高强度的力量来破坏它,只有它经受住考验,才能在实际工作中推广和应用。但是在整过试验的过程中,需要消耗大量的资金。和学校相比,企业有更充足的资金支持。只要企业认准了,科研攻关所需要的资金是能够给予很好保证的。

(4)企业有科研攻关所需要的急切的心情。面对现实中存在的问题,企业对科研攻关的心情是急切的,这对于科研项目的开展是非常有好处的。因为企业将尽一切力量给予配合,无论是上面我们谈到的资金支持还是先进设备的提供等。甚至包括合作机制上的创新,以及特事特办等。这都会加快科研攻关的速度,缩短科研创新的时间周期。

3)校企科研合作的方式

上文我们论述了学校和企业在科研攻关方面各自拥有的优势和特点,充分说明二者在科研攻关上有着很大互补性,有着很大的合作空间。具体来说,可以有如下一些合作方式:

(1)共建科研实验室。科学技术是不断进步和创新的,所以科研是一个长期的事情。企业为了能够领跑行业发展,为了在竞争中生存并获得最大利益,就必须重视科研。有很多知名企业都有自己的科研团队,每年都投入巨额的科研资金,其目的就是要时刻处于行业科技发展的前沿,做行业发展的"领头羊"。所以,企业可以选择和高职院校共建实验室,这是一种全面的合作。有了共建的实验室,就意味着共同组建科研团队,共同申请科研课题,共同进行课题攻关。这样的合作一般更为深入和持久。

(2)共同开展科研项目研究。这种合作较之上面的合作可能就要松散一些,因为这是以科研项目为中心。科研项目结束,这种合作也就结束了。但是这种合作往往针对性强,目标明确,效率高。校企的合作就是直接针对某项科研课题,而不涉及其他方面,所以精力能够集中到一起,迅速快捷的完成任务,达到合作的目的。

(3)共同组建科研团队。这种合作是人员的合作,企业更多的是看重高职院校的智力支持,而学校更多的看重的是企业的硬件条件。通过双方合作,组建一个科研团队,就具体问题进行及时的沟通和研究,以实现效率的提高。在科研团队组建的合作过程中,高职院校的老师可以为企业带出一批年轻的科研力量,为日后企业的科研发展打下基础。而高职院校的教师在企业科研一线得到历练后也会有非常大的提高。

(4)共同产出成果,由企业推向市场,实现成果转化。企业对市场的敏感是学校任何时候都比拟不了的,正因如此,学校才有很多专利得不到转化。而通过校企合作科研攻关,可以把共同开发的科研成果及时的由企业推向市场,从而实现科研成果的转化,实现科研成果的经济价值。这对现在很多有科研专利,而无成果转化的学校来说是一个很好的解决方法。

表3-1所示为苏州工业园职业技术学院校企合作模式。

苏州工业园职业技术学院校企合作模式 表3-1

模式名称	模式介绍
BOSCH模式	订单式培养,即学院为企业提供定向班学员和企业订单培训
SAMSUNG模式	培训换设备,即企业向学院赠送设备,学院用培训回报企业
PHILIPS模式	共建实训室,即企业与学院共建实训室,共同培养企业所需员工的校企合作模式,实训室既是学院学生的教学实训场所,又是企业员工培训的基地
依维特模式	引企业进校园,即学院根据核心专业的训练体系设置引进相关企业,完善"教学工厂"
安博模式	产学研实体化,即企业与学院共组教学系部,使产学研实体化
CHARMILLES模式	使用权共享,即公司在学院展示设备,并给予学院设备使用权的合作模式

3.3 校企合作存在的问题

当前,高职教育已成为中国高等教育的半壁江山,如何在现有的校企合作基础上,探索和寻求有效途径推进校企合作进入全方位、多层次、宽领域的深度合作,进而实现高职教育内涵式发展的跨越性转变,成为高职教育界关注的焦点问题。

校企合作中,企业和学校归属不同的部门,具有不同的价值取向和行为方式,存在着天然的冲突。导致校企冲突产生主要来自校企双方利益上的天然对立,如双方都遵循自身发展的内在逻辑,或按照市场经济规律运作,或遵循教育规律运行。对企业而言,企业按照价值规律的要求运行,追求的是利益最大化,在资本背景下就是利润最大化。凡是与利润无关的活动常常被排斥或忽视。教育往往因为不能带来现实利益或与企业的目标相背离,因而,企业或常忽视理论知识的传授,或常有破坏培训的事情发生,或不能即时调整培训的专业等行为,都与此价值取向相关。对学校而言,教学具有周期性和滞后性,本质上并不能迅速、完全地适应经济和科技发展飞速发展的需要,教学计划容易变得陈旧,师资容易变得脱离市场,为了满足市场的需求而容易忽视对学生的审美和个性教育等。当然,政府在校企合作过程中也发挥着不可替代的作用。当前,我国校企合作不够深入,三者都存在着各种各样的问题。

3.3.1 企业校企合作积极性亟待提高

当前,校企合作中企业的积极性不足,配合不够,这是不争的事实。造成这种结果有多方面的原因。其中最根本的原因就是企业文化和职业院校文化是两种截然不同的文化。"两者的差异在于:首先,两者赖以产生的方式不同,企业文化主要以产品为核心通过执行生产计划、实施生产、严格监督和考核等来完成,而院校文化则以知识为核心,通过知识传授、技能示范、对话、引导、质疑、提问和解答等来完成;其次,价值取向不同,企业文化强调现实的经济效益,强调控制和权威,而院校文化则关注学生的自主发展,主张民主和平等;再者,保障方式不同,企业文化需要借助严格的规章制度,通过明确的奖惩加以保障,而院校文化尽管也要求遵循一定的制度,但是它主要是通过教师和职业院校学生互动形成的,其保障更多来自于教与学活动本身的内在激励。总的来说,职业院校以教和学为主,以做为辅;而企业则以做为主,以教和学为辅。"基于文化本质的不同,在合作方面,企业更重视"与学校加强联系"、"物色满意员工"、"与工作表现好的学生预先签订协议"、"促进企业内部专业人员的知识更新和整合"以及"让企业更多地与科研人员和专家接触"等方面。可以看出,企业参与校企合作的最大目的还是在于借助学校的科技和人才优势服务于自身发展。校企合作中企业存在的具体问题有:

(1)企业对校企合作的认识不到位

不少企业没有从人才战略的高度去认识校企合作的重要性,总是狭隘地认为企业的主要任务是搞好生产与经营,培养人才是学校的事,企业不必为此过多地分散精力。既是与学校合作也是抱着拿来主义的态度,希望把直接有利于企业发展的人才拿来即可,至于合作投入、合作培养则根本不关心。企业没有把培养人才纳入企业价值链中,把校企合作当成是选择人才的途径,而对职业教育人才培养过程不予关注。这样就造成当前企业对校企合作并不十分热心的局面。

(2)重视短期利益,忽视长远发展

企业的本性就是看重利益,而为了追逐利益,企业往往容易产生短视行为,而忽视其长远发展。我国不少中小型企业仍然是劳动密集型企业,生产技术含量低,对技能型人才要求较低,这些企业之所以选择院校直接合作,大部分追求的是短期利益。市场需要什么,企业就马上上相关项目,就希望从合作的高职院校中马上招聘相关人员。市场的热度过去了,企业合作的热度也就过去了,这种短视给高职院校的发展带来很大影响。

(3)给企业增加管理成本

校企合作中,企业要安排专人管理实习学生;企业要安排学生吃住,需要费用,有些企业甚至无法解决吃住问题;学生生产效率低,而且在操作中易出废品,增加原材料费用。这些都是在合作中不可避免发生的问题,而这些问题却由企业承担。企业是一个严密的组织结构,为了获得最大利润,企业往往采用的是最节省成本的方式进行生产,也就是我们常说的追求绝对的“效率”。因此,校企合作中,学生到企业实习,可能会对企业的正常生产造成影响,一些企业在接待学生实习方面热情不是很高。如图3-1所示。

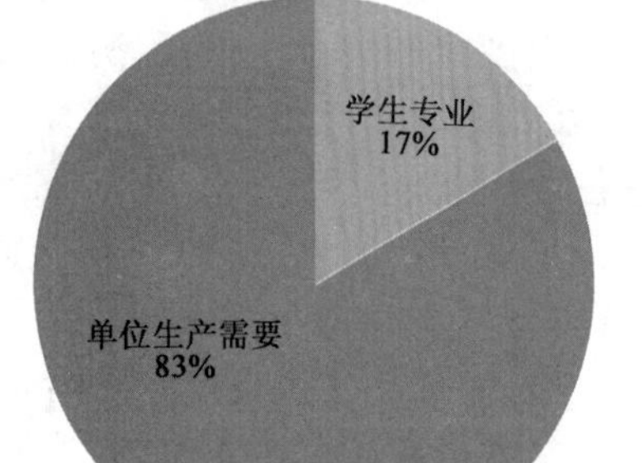

图3-1　企业安排学生实习的需求分析

资料来源:王世斌.中国职业教育校企合作工作调研报告PPT,2011.11.09.

(4)给企业带来风险

高职学生到企业中实习或实训可能会在某种程度上涉及企业生产的机密与知识产权问题,因而企业不愿意牺牲经济利益与高校进行合作。再者,学生在生产的实际操作中一旦发生事故,企业要承担医疗费或抚恤金等费用。在他们看来,接待学生实习和实训是给他们增添了很多负担与风险。

(5)企业对学校的资助比较片面

多数企业给予学校的资助,亦都停留在教学设备捐助、实习基地提供、员工培训等方面。这种合作,离真正意义上的校企合作目标——实现教育资源的优化组合,实现办学的整体效益,相去甚远。

(6)企业参与学校的管理不够

企业对校企合作缺乏整体推进,没有用系统的观点对合作进行通盘考虑、统筹运作,使企业运行与办学诸要素之间有机结合、相互作用,构成一个具有特定功能的整体。没有真正融合学校运作机制和企业运作机制、校园文化与企业文化。

3.3.2　行业组织的作用亟待加强

2002年,《国务院关于大力推进职业教育改革与发展的决定》指出,行业主管部门要对行业职业教育进行协调和业务指导,继续办好职业学校和培训机构。行业组织受政府主管部门委托,开展行业人力资源预测、制定行业职业教育和培训规划、指导行业职业教育、职工培训和职业技能鉴定、参与相关专业的课程教材建设和教师培训等工作,也可以举办职业学校或职业培训机构。但在现实中,我国还没有专门的校企合作协调机构。由于缺乏指导校企合作的地方性法规,政府各职能部门在职业教育中职责不明、条块分割,没有充分发挥其在高职院校和企业之间的协调作用。在政府部门改革和教育体制改革的影响下,许多行业组织尚未从原有计划经济运行的模式中转变出来，还在不断寻求自身的定位，探索自身的发展模式。而一些新的产业行业，其行业组织尚处于发展培育阶段，在职业教育校企合作作用相对有限。[1] 校企合作普遍缺乏各级政府部门、产业管理部门的指导与支持，因而无法有效地从政策层面保护校企双方的利益，促进校企双方形成良好的合作关系。[2] 导致学校与企业双方缺少合作基础，校企合作的形式、层次和效果与人才培养的要求之间还存在较大的差距。[3] 如表3-2、表3-3 所示。

校企合作制度与机制现状分析 表3-2

问　题	企　业			职业院校		
	是	否	不清楚	是	否	不清楚
您所在的行业有行业组织吗？	83.33%	12.50%	4.17%	75.00%	7.14%	17.86%
您所在的行业在校企合作中是否发挥了重要作用	9.10%	52.17%	38.73%	7.43%	59.29%	34.29%
您所在的行业是否有相应的人才培养行业标准？	5.83%	67.83%	27.33%	6.43%	54.29%	39.29%

组织在职业教育校企合作中的情况分析 表3-3

问　题	企　业			职业院校		
	是	否	不清楚	是	否	不清楚
您所在省市是否有专门负责管理校企合作的机构？	25.00%	20.83%	54.17%	7.14%	57.14%	35.71%
您所在省市是否有校企合作联席会议制度？	12.50%	20.83%	66.67%	7.14%	42.86%	50.00%

资料来源：王世斌. 中国职业教育校企合作工作调研报告 PPT,2011.11.09.

3.3.3 学校自身能力建设亟待加强

虽然，高职院校面临着前所未有的大好发展机遇，但是摆在面前的现实困难也不少，尤其是在校企合作中，高职院校可谓是困难重重。

(1)学校的办学理念问题

由于多种原因，很多高职院校在办学上仍存在一些不良倾向。比较严重的是“职教普教化”现象。一些学校仍实行传统的研究性质的学科教育模式，过多强调学科性，盲目加大基础课比重，削弱职业技能的训练；或仍然沿用、照搬本科的教学模式，教学计划和课程体系只是根据相关专业进行缩减，实际成了本科压缩型。有的学校尚存在多一事不如少一事的心态，缺乏开展校企合作应有的热情和动力。

1 王世斌. 中国职业教育校企合作工作调研报告 PPT[R],2011.

2 严楠. 产业界怠于参与校企合作的原因与对策[J]. 职业教育研究,2008,(8).

3 李海燕，刘铭. 基于高职院校视域的校企合作政策环境研究[J]. 重庆电子工程职业学院学报,2012,(1).

(2)很难找到合适的企业合作

现在校企合作普遍存在的现象是高职院校一头热,因此摆在学校面前最大的问题就是很难找到合适的合作企业。在目前已形成的校企合作中,大多是学校主动向企业界寻求合作伙伴,而主动来寻求与学校合作办学的企业少之又少。这主要因为企业不看好校企合作带来的利益,他们往往认为和学校合作可能会给他们增加管理成本,同时他们认为学校为他们的服务也是非常有限的。从学校角度来看,这样的问题确实也存在。所以找到一个合适的合作企业,尤其是找到一个能够长期合作的企业对学校而言是至关重要的。

(3)学校存在急功近利的现象

职业院校在开发校企合作领域初期,为了和企业建立联系,取得企业的长期支持,一般会尽量满足企业生产的需要,有的甚至是中断教学计划,将学生送往企业进行简单技能的生产,为繁忙的企业创造利润。在此期间,学校和企业一般不配备教师进行指导,学生进行的是简单重复的工作,系统学习得不到保证。简单的合作使得学生变成了低层次的"打工仔",学校将办学成本转嫁给企业。对于职业教育来说,这种以校企合作为借口,追求短期利益最大化,违背了教育的根本宗旨,对学生、教育和社会都是有害的。

(4)师资队伍实践能力的欠缺

高职院校"双师型"队伍建设情况虽有所改观,但教师从学校到学校的情况仍很严重,专任教师中至少一半的教师没有真正出过校门。由于生活的圈子狭窄,环境相对封闭,教职工对市场经济陌生,对色彩缤纷的市场缺乏应有的和足够的全面、客观的了解、认识和把握,更谈不上切身体会和实践经验。加之一些学校并没有把提高教师的实践技能放在第一位,对教师走出去的行为没有提供相应政策支持和保障。学校对教师的考核与收入分配仍主要以授课量为杠杆,甚至还有许多行政性、事务性要求,使教师出门实践很困难。因此,"双师型"教师队伍的欠缺仍然是学校的一个困境。

(5)适应市场能力不足

职业院校的专业设置、培养方式、课程设置、教学过程等方面与企业需求不符,校企联合培养人才的体制机制没有形成。职业院校自身合作能力不强,产品研发能力和技术服务能力较弱,缺乏对合作企业的吸引力。有些职业院校还按照传统的教学模式追求理论的系统性和完整性,缺乏针对性、实践性和职业特色,还没有形成与企业岗位职业能力相对应的独立实践教学体系,学生在校所学知识和技能与现代企业要求相差甚远,从而导致职业院校毕业生不能达到顶岗实习的要求。目前,大多职业院校校企合作仅仅停留在企业接收学生实习的浅层次上,没有从培养目标、专业设置标准、实训基地建设、课程开发、实践教学体系、人才培养与评价等方面进行深层次合作。

(6)学校的自我挖掘乏力

高等学校被公认为有三大功能:培养学生、科学研究、社会服务。自然,作为高等教育重要组成部分的高职院校也不例外。因此,高职院校培养符合社会发展要求、具有高素质的专业人才是其使命和天职。通过校企合作来培养专门性人才是世界高等职业教育的成功经验。学校积极主动寻求校企合作是实现培养人才、服务社会使命的根本。当前高职院校在校企合作中虽然积极性较高,但是主动性却不足,创造性则更差。在面对企业配合不足,政府支持有限的现状下,学校自我挖掘不够,缺乏应对策略。

3.3.4 亟待明确政府在校企合作中的定位

校企合作如果没有政府的强力推动和协调,完全听凭市场作用,任其自然地去发展,恐怕难有理想的结局。因此政府应当积极地从中牵线搭桥,整合教育资源,出台鼓励校企结合措施,促成校企联姻,为其发展创造良好的环境。当前校企合作中,政府支持的力度有限,还不能有力助推校企合作常态化、深入化。具体问题如下:

(1)对校企合作缺乏相关的法律法规支持

立法具有强制性和权威性,是政府干预职业教育最直接、最有效的方式。发达国家的职业教育法律法规普遍比较完备和深入,校企合作有法可依、有章可循。政府通过立法对校企合作实施了有效的干预,取得了很好的效果。我国迄今已在国家和省级层面建立了一系列关于职业教育的立法。如《国务院关于大力发展职业教育的决定》(国发[2005]35 号)和教育部《关于全面提高高等职业教育教学质量的若干意见》(教高[2006]116 号),以及《中国共产党广东省委、广东省人民政府关于大力发展职业技术教育的决定》(粤发[2006]21 号)和《广东省大力发展职业技术教育实施纲要(2006—2020 年)》(粤府[2007]11 号)。这些法令提升了职业教育的地位,但立法均着眼于宏观、中观层面,较少涉及微观。比如,普遍缺乏对企业的奖励性措施和企业的强制性义务的规定,缺乏对企业利益的保护和对企业的监督,这直接导致企业缺乏校企合作的内在动力。此外,还缺乏对教育标准的严格认定。教育标准具有通用性和权威性,不可能由各个院校自行确定。在行业和市场弱势的情况下,理应由政府来确定。在立法层面,浙江宁波的举措可供参考。《宁波市职业教育校企合作促进条例》是我国第一部由地方政府颁布的关于校企合作的专门法案,具有重大启示意义。该方案对校企合作中的诸多问题进行了细致的规定。比如,该条例确定了建立校企合作长效机制,强调在加强政府统筹引导的基础上,充分发挥行业组织在职业教育校企合作中的独特作用;明确了职业院校的权利与义务,鼓励和强化企业社会责任,明确了政府各部门的职责;界定职业教育校企合作概念,如确定了校企合作的目标、内容、形式的多样性。这些规定从地方需要出发,明确了职业院校、企业和政府部门职责,使校企合作进一步细化,具有很强的操作性。该条例的颁布实施,为预防学生在实习期间发生意外伤害事故、保护企业商业秘密、进一步开展校企联手培养高素质应用型人才、促进校企合作持续健康发展提供了法律保障。

(2)政府对校企合作的资金投入不足

职业教育是一种成本较高的教育,一般认为其成本比普通教育高一倍以上。要确保职业教育的质量和成效,必须投入大量的经费,以确保校企合作的运行。解决高职教育资金投入问题,可以利用市场机制多渠道筹措方式,但政府公共财政的投入应该发挥主导作用。地方政府要改变教育投入的理念,真正把职业教育和基础教育、普通高等教育放在同等重要的地位。地方政府要建立发展职业教育的资金投入机制,如建立职业教育发展基金;从教育附加或企业的职教经费中提出适当比例,专门用于职业教育产学研合作实训基地的建设;对中央投入的专项资金给予配套;对积极参与校企合作的企业给予税收与政策优惠;建立校企合作专项基金扶持产学合作等。

(3)政府对校企合作的组织协调工作不足

由于企业在所有制、运作模式、技术与经济实力、竞争能力方面呈现多元状况,因此要求所有企业在校企合作过程中注重经济和社会效益、长远和眼前利益、短期和持续发展相协调是很难的，必须通过政府的政策引导、组织协调和强有力的工作才能实现。地方政府在校企合作教育的组织协调方面可做以下事情：第一是建立合作教育协调机构，如职业教育工作委员会，领导、统筹、协调职业教育工作。第二是建立健全各级行业协会，充分利用政府中的高级技术人才、管理人才、教育人才。第三是制定职业教育的框架结构和职业教育特别是高职教育的专业与课程标准。第四是与本地的高职院校实行政校互动，在行业、企业和院校的合作教育中起沟通作用。

(4)政府对校企合作信息化平台的搭建不够

校企合作需要大量的信息，这些信息的获得和加工，仅靠高职院校的努力是很不够的。在高度信息化的今天，信息的来源十分广泛，由政府机构综合整理、科学分析而发布的信息具有不可替代的权威性和全面性。政府要及时发布人才需求信息和趋势、地方产业的发展状况与趋势、产学研合作项目等信息，用以指导高职院校的改革和发展以及校企合作工作。创新是企业、高职院校的重要工作，而创新平台的建立需要政府的统筹管理。政府可以根据地方经济的需要引导建立政、校、企共建研发中心、测试中心、创新中心、实验室等。实现资源共享、共同研究、成果分享，促进地方产业升级与调整。

(5)政府对校企合作的评估监督不够

校企合作的好坏应该是高职院校人才培养工作水平评估的重要指标。国家教育部曾在永州、武汉、无锡分别召开了三次全国高职高专产学研结合经验交流会，逐步提炼出“以服务为宗旨，以就业为导向，走产学研结合之路，培养社会紧缺的高技能人才”的办学指导思想。对高职院校而言，明确了产学研结合的办学思路，专业教学改革和人才培养就有了方向，学校办学就会充满活力。只有通过政府的评估、监督，才能促进高职院校主动和企业、行业合作，不断探索校企合作教育的新路。

(6)政府对校企合作的其他辅助手段、配套政策支持不够

金融和税收政策也是促进校企结合的重要手段。学校和企业作为经营实体，其运行需要资金的不断推动。落实税收优惠政策，可以调动学校、企业、社会力量、个人积极性。政府在校企合作中可以充分扮演行政干预角色，制定相关利好政策鼓励企业参与教育。行政部门可以依据企业参与教育的贡献大小，对其进行相应的税收倾斜和政策照顾，这是刺激企业参与校企合作的一个有效手段，也是帮助学校打通校企合作瓶颈的得力措施。这种相关政策在德国“双元制”培养模式中应用非常普遍，在我国的东南沿海地区也有试点。如可以对职业院校服务于各行业的技术转让、技术培训、技术咨询、技术服务、技术承包取得的技术性服务收入免征营业税和企业所得税。职业院校举办进修班、培训班取得的收入全部归学校所有，免征营业税和企业所得税；对学生勤工俭学提供劳务取得的收入，免征营业税。这些配套政策都是必要的，而且对校企合作会有积极的促进作用。

总体而言，目前我国高职院校开展的校企合作大都处于初级阶段，存在合作目标导向单一、分散，合作层面停留在以松散型的短期合作层面，合作模式基本上以学校为主，合作形式比较简单，合作的主体行为缺失，校企双方在合作意愿、主动性和积极性上存在较大的差距等问题。

4 国外校企合作实践逻辑——国际比较视角

4.1 德国职业教育校企合作的实践与经验

作为高度发达的工业化国家,德国的职业教育体系一直被认为是促进德国经济发展的一颗璀璨的明珠,也被认为是德国多元化生产模式成功的关键因素。而著名的德国"双元制"(Dual System)职业教育体制,对德国的经济发展起到了巨大的推动作用,一度被人们称为德国职业教育的秘密武器,并深受世人的推崇。

在德国的历史上,手工业非常发达,德国一直有着重视手工艺和技艺、重视技术和实践的优良传统。早在13、14世纪,德国师傅带徒弟的培训形式就在手工业中推广开来,师傅享有特权,具有威望,其地位远远高于欧洲其他民族的师傅。按照当地的习俗,年轻人需要寻访手工业或商业界的师傅,拜师学艺。这种"重商崇技"的观念和不鄙视"技能"的文化传统深深地影响着后来的职业教育。所以,在德国大众的心目中,接受职业教育并非是无可奈何的选择,而是主动的要求。直到今天,虽然知识分子学历很高,但个人发展较难,所以家长仍然希望子女能够接受职业培训,获得一个独立的工作岗位。可以说,"双元制"的职业教育作为一种教育思想、教育制度,已经深深扎根于德国社会的土壤之中,并促进了德国社会的发展。[1]

4.1.1 校企"双元制"的人才培养模式

德国的"双元制"是世界上最早实践的校企合作人才培养模式。它起源于19世纪末德国的职业进修学校,是传统的学徒培训方式与现代职业教育理念结合的产物。"双元制"的职业教育体制依靠联邦和州两级法律制度保障、国家与企业两种渠道经费来源、学校与企业两个学习与培训场所、专业知识教学与职能培训两类教学内容、理论与实训两种教材、理论与实训两类教师、资格与技能两类考试、学历与职业资质两类证书。[2] 它将校企之间的理论知识与实践技能相结合,以培养既具有操作技能又具有专业理论知识的技术工人为目标。

按照德国政府1869年颁布的《工业法》中确定的原则,在"双元制"形式中,企业作为"双元制"职业教育中的一元,主要负责提供以职业环境为基础的实践性教育并根据企业文化和技术特点,提供个性化教育。其主要任务是招生,与学生签订《职业教育合同》,制定企业学习

1 冯旭芳,李海宗. 德国企业参与职业教育的动因及其对我国的启示[J]. 教育探索,2009,(1).

2 钱建平. 德国高职高专教育发展的特点及其启示[J]. 江苏高教,2001,(2).

计划、学习场地计划、实训教师、安排计划和针对学生个人的教学计划，填写学生学习报告以及组织学生参加中期考试和结业考试。“学徒/实习生”（学生）期满合格者可获得职业资格证书并就业。而作为“双元制”职业教育另一元的职业学校是州一级的国家设施，是德国职业教育的主体，是“双元制”职业教育中与企业职业教育相配合的“义务”教育学校（德国自1938年起实行普通职业义务教育）。其主要任务是实施普通教育和传授与职业有关的基础知识和专业知识，并特别注重从事未来职业的实践技能的训练。学生毕业后可获得毕业证书。[1] 企业和职业学校，“两元”互为依存、相辅相成、缺一不可。企业的主要职能是让学生在企业里接受职业技能方面的专业培训，职业学校的主要任务是传授普通文化知识和与职业有关的专业知识。[2] 此外，作为“双元制”职业教育补充学习地点的跨企业职业教育中心，是在联邦政府的政策支持和给予部分资助的情况下，由行业协会建立。目的在于满足没有条件单独举办职业教育的中小企业的需求，是对企业职业教育资源不足的有效补充。[1]

在“双元制”职业教育中，受培训者以学徒身份在企业里接受职业技能方面的培训，以更好地掌握“怎样做”的问题。同时又以学生身份在职业学校接受专业理论和普通文化知识教育，以解决“为什么”的问题。学生在企业与学校的时间比例一般为3∶2或4∶1。这就将企业与学校、实践技能与理论知识有机结合了起来，培养出既有较强操作技能又有一定专业理论知识与普通文化知识的技术工人。[3] 因此，“双元制”职业教育体制的核心是企业与职业学校密切配合、实践与理论并举，企业在职业教育过程中发挥了巨大的作用，使受培训者在接受文化基础和专业理论教育的同时积极参与到企业的实践教学和培训中。[4]

4.1.2 健全规范的政策法律体系

在德国，存在一个从上到下完整、系统的职业教育责任体系，用以规范和指导职业教育的发展。德国职业技术教育（TVET）体系，尤其是“双元制”（Dual System）职业教育体系均由联邦政府和各州共同负责，他们所制定的目标、制度、规则等对职业教育的发展至关重要。1969年联邦德国《职业教育法》（Vocational Training Act，1969）以及2005年修订的新的职业教育法用以指导和规范全国范围内职业教育的发展。除此之外，各州因地制宜的各类相关法律用以规范本州的职业学校。职业学校的教育对象、各项教学内容、校企合作内容和方式等有16种不同的法律和规则制约（见图4-1）。

德国职业教育的法规对制约职教质量的要素都作了规定，提出了统一性要求，包括职教目的、受职教者（义务和权利）、师资（品德、技术、知识和年龄资格）、培训企业主（义务和资格）、教学场所、教学设备、师生比例、教学计划和培训章程的协调与审批、考试、职教的实施与监督等，从而为提高职教质量提供了法律保证。汤姆斯·迪塞格（Thomas Deissinger）指出，德国的职业教育立法对于推进“双元制”的建立与发展，规范校企合作开展职业教育人才培养，保障

1 吴全全. 德国、瑞士职业教育校企合作的特色及启示[J]. 中国职业技术教育，2011，(27).

2 洪贞银. 浅析德国“双元制”对我国校企合作职业教育模式的启示[J]. 全球视野理论月刊，2010，(5).

3 魏晓锋，张敏珠，顾月琴. 德国“双元制”职业教育模式的特点及启示[J]. 国家教育行政学院学报，2010，(1).

4 冯琳娜，德国职业教育质量保障机制研究[D]. 西安：陕西师范大学，2010.

职业教育质量发挥了重要作用。[1]

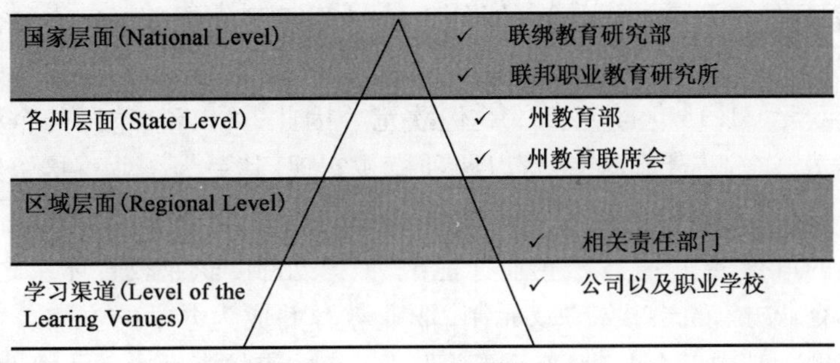

图4-1 德国职业教育责任体系[2]

2005年,德国新《职业教育法》生效。该法案有几项新规定,如对各种形式的职业培训或职业预备教育予以认可;对全日制形式的职业学校职业教育予以认可;在多家企业与职业学校联合开展职业教育的校企合作的培训联合体中,职业学校可以成为主要举办者;允许不同培训要求、不同培训年限(2~3年)的职业教育形式存在;认可在德国以外的国家或地区接受的职业培训,其受训时间可经过折算成为"双元制"职业教育的一部分,但不能超过相应职业培训时间的四分之一等规定。[3] 职业教育法的修订为德国职业教育的广阔发展提供了新的机遇。

4.1.3 全面有效的制度保障机制

(1)充足的财政支持

德国职业教育高质量的运行,得益于来自政府、企业以及行业协会的鼎力相助,其政府拨款与企业资助相辅相成的投资方式保障了办学经费的可靠来源,这将保证职业教育的发展免受财政资金的压力困扰。

德国职业教育发展的经费来源主要有两个渠道:其一,政府对"双元制"职业教育的直接拨款。由于"双元制"职业教育隶属于德国联邦的每个州政府,政府对"双元制"职业教育的拨款主要依靠各州政府而非联邦政府。而且,这来自官方的直接拨款,主要针对的是"双元制"职业教育体系中的"一元",即职业学校。州政府对于"双元制"职业教育体系的另"一元",即企业的经费支持,则体现在州政府对于主管企业培训的"行业协会"的拨款。[4] 也就是说,州政府对于"双元制"模式中企业这"一元"的经济支持,主要是通过资助培训企业的业务主管即行业协作来实现的。另外,企业积极参与职业教育,每接受一名学生顶岗实习,就会获得来自州政府一定的经济补贴,这也成为政府资助职业教育的一种间接形式。[5]

---

1 Thomas Deissinger. Germany's Vocational Training Act: Its Function as an Instrument of Quality Control within a Tradition-Based Vocational Training System[J]. Oxford Review of Education,1996,22(3):317-336.

2 Alexander Schnarr,Sun Yang Kai Gleibner. Vocational Education and Training and the Labor Market-A Comparative Analysis of China and Germany[EB/OL]. http://www.unevoc.unesco.org/fileadmin/user_upload/pubs/VETandLabourMarket.pdf2012-12-16.

3 Vocational Training Act of 23 March 2005 (Federal Law Gazette [BGBl.],Part I,p. 931);
姜大源. 德国职业教育改革重大举措—德国新《职业教育法》解读[J]. 中国职业技术教育,2005,(14):59-61.

4 黄日强. 德国职业教育经费的主要来源[J]. 职业与成人教育,2006,(10):37-39.

5 冯琳娜. 德国职业教育质量保障机制研究[D]. 西安:陕西师范大学,2010.

而承担职业教育经费的另一个来源则是德国的企业，这些企业承担了如学生的生活补贴、社会保险，实训教师的工资、保险，培训的设备、教材等经费。[1] 据德国官方统计，自 2003 年至 2005 年，企业在“双元制”职业教育中的年投入均为 276.8 亿欧元，而联邦和州在上述三年则分别为 31.57 亿欧元、31.15 亿欧元、28.15 亿欧元。[2] 因此，可以说，德国的企业承担了职业教育主要的培训经费。企业资助职业教育以两种模式实现：其一为企业直接资助。为了考核一个企业是否具备参与和投资“双元制”职业教育体系并成为其中的一元，相关行业协会会对企业进行办学资质的审查，经审查合格企业才能成为“双元制”职业教育体系之一元，即培训企业。这样的培训企业方有机会投资“双元制”职业教育并成为办学的主体。[3] 其二为以基金形式设立的集资资助。其中以企业对“双元制”职业教育的直接资助为企业资助的主要模式。[4]

而与此同时，政府为了鼓励企业积极参与“双元制”职业教育模式，并乐于为职业学校学生提供培训岗位，会在经济上给予培训企业一定的补贴。针对企业提供的每一个培训岗位，政府每年补贴企业 3 500 欧元。[5] 然而，不同的培训职业、不同年限的培训、经济发展水平不同的区域和不同的企业，其所获经费的多少是有很大区别的。一般情况下，企业可获得占其净培训费用 50% ~80% 的培训补助；如果所培训的职业符合发展趋势时，企业可获得 100% 的培训补助。此外，企业通过提供培训还可以得到国家在税务方面的特惠。[6]

（2）多元化的运行管理

德国《联邦职业教育法》以法律的形式规定了企业职业教育的管理体系。联邦政府、各联邦州和行业协会，都有清晰的职责，这些机构是企业职业教育管理体系的主要成员。

德国政府管理职业教育的行政职能主要由各州文教部承担，由各州的有关专门部门辅之，其中最重要的当属各州经济部。它负责对职业教育的政府拨款、监管行业协会等。另外各州设有一个专门的机构叫做州职业教育委员会，该机构负责提出职业教育改革的建议，确保职业教育地位等。[7] 州一级政府也注重通过法律法规来指导和保障“双元制”的顺利开展。如，针对“物流师”这一职业，职业学校的专业教学计划和课时进度表，必须在听取交通部、货运联合会及其他有关机构的意见后由州教育文化部颁布和实施。德国“双元制”的校企合作制度是由联邦统筹、各州具体安排。“求大同、存小异”，自上而下逐层细化和更切合实际需要的法律法规体系，保障了“双元制”的健康有序发展。[8]

由于职业教育的人才培养与经济发展的情况变化紧密相关，德国的政府还在“双元制”教育运作过程中发挥着有效的沟通协调作用。如：1999 年冬，联邦就业服务部的职业顾问就利用两周的时间拜访了 4.8 万家公司，获得了 1.6 万个实习岗位。这为“双元制”教育的实施提供了岗位的保障。又如：根据统计，1992 年德国企业共为学员提供了 721 825 个实习岗位，

1 洁安娜姆. 德国企业在职业教育中的主体性[J]. 中国职业技术教育，2007，(8).

2 魏晓锋，张敏珠，顾月琴. 德国“双元制”职业教育模式的特点及启示[J]. 国家教育行政学院学报，2010，(1).

3 张小雷. 中德企业参与职业教育的比较研究[D]. 大连：辽宁师范大学，2008.

4 冯琳娜. 德国职业教育质量保障机制研究[D]. 西安：陕西师范大学，2010.

5 朱桃福. 德国职业教育就业导向及借鉴[J]. 教育发展研究，2004，(2)：45-47.

6 冯旭芳，李海宗. 德国企业参与职业教育的动因及其对我国的启示[J]. 教育探索，2009，(1).

7 郑小琴，邹俊. 德国州级职业教育的行政管理机构[J]. 成人教育，2009，(10)：87-88.

8 尹金金，德、美、日职业教育校企合作制度比较研究——基于历史视角与特征的分析[J]. 职业技术教育，2011，(19).

到了2005年下降为562 816个岗位,2003年至2007年间,德国企业提供的实习岗位比实际所需的数量差额年均超过5%。尽管岗位少了,但是学员所需岗位的数量没有减少,经过政府与企业间不断地沟通协调,到2008年德国企业提供的培训岗位比实际所需的多出5 028个。[1]

此外,在德国职业教育,尤其是“双元制”职业教育的发展中,有一个特殊的机构在充当着不可或缺的管理角色——行业协会。行业协会以其自身独特的运作机制,有效地管理着“双元制”的职业教育,可以说,行业协会是职业教育的业务主管机构。国家会适当给予经费补偿支持其工作。在德国,各个行业一般都具有各自的行业协会,例如手工业协会、工商业联合会、农业协会、律师协会、医生协会等。对于某些没有设立行业协会的职业领域,它们的职业教育业务主管机构则会由当地州政府指定。作为德国职业教育的业务主管机构,行业协会负责监督与咨询工作。而对于职业教育内部具体事宜的管理,则是通过行业协会下设的职业教育委员会来实现。2005年《职业教育改革法》中对行业协会的职业教育委员会的运作做了具体规定(第77~79条):该委员会由六名雇主代表、六名雇员代表、六名职业学校教师构成。作为委员,半数出席即可表决某决议,多数通过则决议生效。该委员会商议表决的都是涉及职业教育的重要事宜,包括州教育委员会建议的职业教育措施也需听取行业协会的职业教育委员会的意见。[2] 根据《联邦职业教育法》的规定,行业协会主要具有8项职能:教育企业的资格认定;教育规章的制定颁布;教育过程的咨询监督;教育纠纷的调解仲裁;建立专业决策机构;教育期限的修订审批;教育考试的组织实施和教育合同的审查管理。[3]

如此一来,德国联邦政府、各联邦州与行业协会之间明确的分工、协调的配合、多元化的管理,有效的保障着德国职业教育稳定高质量的发展。

(3)协调互补的校企合作

德国“双元制”职业教育中,企业职业教育与学校职业教育的关系体现为既相互结合、相互补充又各有分工、各有侧重。

企业主导职业教育实践教学的整个过程。从某种意义上来看,德国职业教育实践教学的过程中,培训企业往往起着骨干和核心的作用。[4]

首先,德国企业主导着高等职业教育的校外实践性教学。从实践性教学的角度看,德国的高等职业教育类似于我国的企业办学或企业教育,教学行为完全由高职院校行为转变成企业行为。首先,德国的高等职业教育要求学生必须有至少3个月(有的专业要求6个月)的企业内预实习经历,积累实践经验与感性认识,以便为理论学习打下基础。其次,进入高等职业教育的主要学习阶段后,学校会专门安排一个与学生今后职业紧密相关的企业或管理部门的实习时段,大约3个月,实习企业由学生自己联系,实习过程及实习效果由企业负责组织实施与考核。再次,学生在学校学习的内容主要由企业根据岗位要求提出,学习的实践性和实用性很高。最后,学校规定学生要定期与不定期地去企业参观考察,了解企业工作情况以及实际的工作程序和方法。由此看来,德国高职院校、企业、学生在高等职业教育教与学的过程中各自承担着相应的义务。企业给学生提供了充足的自己动手操作、接触实际的机会,主导着高等职业

1 黎颖. 德国高职教育的特色与启示[J]. 教育导刊,2011,(3).

2 冯琳娜. 德国职业教育质量保障机制研究[D]. 西安:陕西师范大学,2010.

3 吴全全. 德国、瑞士职业教育校企合作的特色及启示[J]. 中国职业技术教育,2011,(27).

4 冯旭芳,李海宗. 德国企业参与职业教育实践教学和培训模式对我国的启示[J]. 教育探索,2009,(1).

教育的实践教学。

其次,德国企业引导着高等职业教育的校内实践性教学。德国高等职业教育的校内实验、实训课强调的是解决企业的实际问题,淡化对学科知识的理论探讨和分析。学生在高职院校里的主要精力是花费在为完成企业提出的问题或项目而设计的实验,探索解决方案;在专业课教学中,来自企业的兼职教师广泛采用"应用性项目教学法",即以实际应用为目的,围绕某一实际产品的生产方法和生产过程实施教学。有的教学活动甚至是针对在生产、管理、营销中的某一实际问题展开的。另外,德国高等职业教育要求学生的毕业论文需在企业里完成,一般需要大约半年时间。

与此同时,德国职业学校在教学时间、专业设置等方面又与企业保持着协调一致。首先,职业学校的教学时间与企业的实践教学相互衔接。一是采取分散式学习形式,即学生一般每周花1~2天的时间(8~12小时/周)去职业学校上课,其余3~4天在企业实训;二是采取集中式学习形式,即把课时集中在几段时间内进行教学。所谓集中式教学方式指的是,学生在几周内连续在职业学校学习专业知识,然后用更长的时间在企业里进行技能实训,使企业学习与学校教学相互配合,以提高学习效果。其次,职业学校的专业设置与企业保持一致。德国制定了全国统一的职业教育专业,构建了职业学校与教育企业合作实施职业教育的共同基础。这些职业教育的专业与学科性专业不同,是以职业为基础制定的,在德国被称为"教育职业",即源于社会职业并用于教育的职业。2010年,德国共有三百多个被国家承认的教育职业(专业)。[1]

因此,企业与职业学校相互协调、有效地配合,使得学生能够实现所学理论与实践技能的充分结合,从而符合社会对于职业技术性人才的需求标准。

(4)规范的教师准入制度

德国职业教育其独特和专门的职业学校师资与企业实训师资的不同培养轨道,保障了高质保量的师资队伍。其独树一帜的以行动为导向的教学组织模式和关注能力培养的职教理念保障了教学的针对性与有效性,其重实践的实习环节与严格的职业资格证书制度保障了学生职业能力的养成。[2]

德国政府规定,要获得高等职业技术学院教师任职资格,除了相应的学历学位、岗位职称资格以外,还要求有3~5年的社会工作经历,其中必须有3年在校外企业工作的经历。与此同时,在德国职业学校教师培养的过程中,无论是在师资培养的第一阶段(大学教师教育专业学习阶段),还是在第二阶段(实习预备阶段),到职业学校去实习的授课经历是必不可少的。科斯坦大学教授托马斯·黛森勒这样评价实习对于职教师资培养的重要意义,他说:"实习学期就如同蘑菇的根茎,支撑着土地和蘑菇帽的两端。"[3] 此外,在职师资的继续教育备受重视。以巴登符滕堡州为例,该州拥有一套完备的职业教育师资队伍的在职进修体系。从事职业教育的教师若有"充电"需求,可以经由以下途径实现:州所属的教师进修学院;州内各区所属的教师进修学校;各区下属的教育部门组织的短期培训;各职校校内举办的培训。需要说明的是,为保证师资质量,教师必须依法进修。巴登符滕堡州就规定了教师每五年到州进修学院培

---

1 吴全全.德国、瑞士职业教育校企合作的特色及启示[J].中国职业技术教育,2011,(27).

2 冯琳娜.德国职业教育质量保障机制研究[D].西安:陕西师范大学,2010.

3 徐纯.德国职业学校教师教育体系研究[D].天津:天津大学,2007.

训一次,每年要去各区所设进修学校培训 2 ~3 次[1]。德国“双元制”的教师队伍包括实训教师和理论教师两类教师。合作企业的实训教师是企业的雇员,其被要求不仅具有娴熟的职业技能,还必须具有教育学、心理学、社会学、劳动法等方面的知识,培训师傅资格的取得必须通过国家统一的师傅考试。通过对比可知,当前我国高等职业教育的师资力量还显得很薄弱,职业教育观念滞后、教师知识结构老化、相关工作经验不足、动手能力差等都是不争的事实。[2]

对于德国的企业实训师资来说,通过以下三种身份方能成为培训企业的实训教师。其一为具备培训师证书;其二为具备师傅资格证;其三为具备企业一线工作的丰富经验。[3] 在人员资格方面,《联邦职业教育法》规定实训教师必须同时具备相关的人品条件和专业资质。《职业教育法》规定,其一,下列人员不符合人品条件:允许雇佣儿童和青少年者;一再或严重违反本法或依据本法颁布的法令或规定者。其二,专业资质合格指的是应具备传授教育内容必需的职业及职业教育学和劳动教育学的技能、知识和能力。这里指称的所具备的必需的职业技能、知识和能力为通过与教育职业相应专业方向的结业考试者;在与教育职业相应的专业方向工作,并在一所教育机构或相关考试主管部门通过国家认可的考试,或在一所国立或国家认可的学校通过结业考试,或在与教育职业相应的专业方向通过一所德国高等学校的毕业考试,并有一段在该行业工作的经历。实训教师的资格还包括:专业知识和职业技能,以及职业和劳动教育学的有关知识。企业实训教师必须具备下列基本条件:年满 24 周岁;接受过相同教育职业(即专业)的教育并已通过结业考试;师傅学校或技术员学校毕业且有多年的职业经验。除上述规定以外,德国《实训教师资格条例》对实训教师的任职条件还规定:打算成为实训教师的人,必须经过教育学、教学法的学习,并通过考试方能任职。上述法律法规,不仅从国家层面确保了职业教育的地位,规范了职业教育的实施,而且也从法律层面为职业教育的校企合作奠定了坚实的基础,使其有法可依、有章可循。[4]

如此规范明确、要求严格、考察全面的教师准入制度,切实保障着德国职业教育的人才培养质量。

(5)严格的考试评价制度

《职业培训条例》规定了统一的考核机制,高效地保障了稳定的教育质量。德国“双元制”教育实行教考分离,入学的时候采用的是申请制度,不需进行统一的入学考试,学习过程中每一门课程结束的时候只需要完成相应的作业,在学习过程中学员只需要在学习记录本上记录所学过的内容,不需要进行独立的课程考试。但是“双元制”教育有两次统一的考试:中间考试(也称为阶段考试)和最后考试(也称为第二阶段考试)。《职业培训条例》规定了每一种职业考试的要求,具体的题目则由行业协会下属的考试委员会负责出题。行业协会通常让有代表性的企业出题,题目紧扣行业发展的重点,考试内容既有理论也有基于工作过程的。中间考试采用笔试形式,笔试有问答题和选择题两种。最后考试以实际操作的形式进行,考试采用面试形式,由企业代表、职业学院代表和手工业协会(HHK)或工商业协会(IHK)代表三方一起共同参与面试。中间考试和最后考试都是必须通过的考试。传统的做法是毕业成绩只计算最

1 吕景泉.谈德国高等职业教育教学改革[J].天津职业院校联合学报,2009,11(3):3-6.

2 洪贞银.浅析德国“双元制”对我国校企合作职业教育模式的启示[J].全球视野理论月刊,2010,(5).

3 刘晓萍.德国职教师资之重——“师傅”培养制度研究[D].天津:天津大学,2007.

4 吴全全.德国、瑞士职业教育校企合作的特色及启示[J].中国职业技术教育,2011,(27).

后考试的成绩。但近几年考试制度进行改革，这两次考试成绩分别占毕业成绩总分的40%和60%，会给予考试不及格者两次补考机会。学员必须全部通过这两次统一组织的考试才能完成学业。这种教考分离、统一考试的教学评价方式宽入严出。统一考试、统一标准评分，行业协会下属的考试委员会负责考试组织的做法都可以使考试更加客观公正。由企业主导的考试使考试的题目围绕行业发展热点和职业核心能力展开。这些都体现了工学结合的“双元制”教育特点。[1]

而在德国职业教育的考试评价过程中，企业是负责对实践学生进行考核的主体。为了检查实践学生在企业内的实践情况，一般在实践结束时，企业指导人员将为学生出具一份实训、实习工作鉴定。同时，学生要完成一份详尽的来自企业的实训、实习报告，并写一份实训、实习心得交给所在院校。在实践期间，企业教师是学生的第一指导教师，一般广泛运用“应用性项目教学法”对学生进行教学与指导。学校教师则为学生的第二指导教师，在学生实习期间大概只去企业指导学生一至两次。实践学生在实践期间所取得的成绩一般由企业和学校联合组织进行评定，但企业在这个过程中起着主体性的作用。[2] 企业教师作为学生的第一指导教师，学校教师作为学生的第二指导教师，毕业论文（设计）的答辩及成绩的评定由企业和学校联合组织。[3]

因此，严格规范的考试评价制度，确保着德国职业教育高质量的人才产出，从而有效激励并推动着企业和职业院校的良性合作。

德国的职业教育采取以企业为主导的“双元制”校企合作模式，通过行业协会的多方管理监督，在联邦政府和企业共同分担培训经费的物质财政保障和健全完善的法规政策的保障下，取得了举世瞩目的成就。

而纵观德国的职业教育全貌，其最显著的特点即是通过健全完善的法律制度和明确保障的经费分摊机制，有效促进着企业与职业院校的合作，激励着企业在职业教育过程中的积极参与和充分融入，充分发挥主导实践教学的作用，从而保障职业教育以企业为核心，以企业技术培训为主、学校教育为辅的联合运作机制。[4]

因此，我国政府也应该逐步出台并完善相应的政策法规和鼓励措施，以法律形式规范并明确职业教育校企合作过程中双方的权责分工、经费分摊、机制保障等各项重要环节，积极吸引企业参与职业教育事业，并制定激励机制对积极参与举办职业教育的企业适当减免税收或享受其他优惠政策等。从而，真正实现高等职业教育的校企协调、优势互补、人才高质的培养目标。

专栏 4-1

德国曼海姆双元制高等学院案例

曼海姆双元制职业学院建于1974年，现有在校生5 500人，学院与2 000多个企业有合作关系。学院设有2个二级学院，即经济学院、技术学院。二级学院设有专业校企合作委

1 黎颖. 德国高职教育的特色与启示[J]. 教育导刊，2011，(3).

2 洁安娜姆. 德国企业在职业教育中的主体性[J]. 中国职业技术教育，2007，(24).

3 游文明，中德高等职业教育与企业关系的比较研究[J]. 职业教育研究，2007，(11).

4 冯旭芳，李海宗. 德国企业参与职业教育实践教学和培训模式对我国的启示[J]. 教育探索，2009. (1).

员会。其校企合作基本特点有以下几点。

(1)人才培养方案:突出与经济社会发展、企业技术创新和职业能力要求的高度结合。

(2)招生与就业:学院主招收文理高中毕业生,招生人数由企业决定。进入学院的学生,既是学生,也是企业的后备职工。

(3)教师教学:以市场为导向,培训企业起主导作用。曼海姆双元制高等学院的专职教师与兼职教师的比例为2:3,兼职教师占大多数,且来自于企业一线,具有丰富的实践经验,保证了实训教学的质量。

(4)课程开发:由企业代表和大学教授共同完成,形成了良好的课程与工作相结合的机制,因而其课程与工作的匹配达到了很高的程度。

(5)学习模式——工学交替。学院实行"3+3"工学交替人才培养模式,即在学院理论学习3个月,在企业实践学习3个月,交替进行,3年共6学期,最后3个月在企业完成毕业设计或毕业论文。理论课教学计划由学院负责制定,实践课教学计划由企业负责制定,教学计划最后由校企合作委员会审定。

资料来源:肖争鸣.德国曼海姆职业学院工学交替人才培养模式的研究与借鉴[J].教育与职业,2010,(21):31-32;张玲.德国曼海姆双元制高等学院校企合作的特点及启示[J].中国高教研究,2010,(4):90-91.

4.2 美国职业教育校企合作的实践与经验

美国的职业教育历史悠久,形成了多种行之有效的校企合作人才培养模式。校企之间的成功对接使美国的职业学校为企业培养了大批既有足够的理论知识,又了解企业用人要求,具有实际操作能力的实用型人才,为美国经济可持续发展提供了强有力的支持。

4.2.1 "合作教育"的人才培养模式

美国的校企合作有多种培养模式,常见的合作形式有合同制教学、合作教育、注册学徒、职业实习、技术准备教育等。其中合作教育是美国校企之间合作影响最大、最为成功的合作模式。

美国合作教育始于1906年,合作教育的起源和发展是与郝尔曼·施奈德(Herman Schneider)教授的名字紧紧联系在一起的。施奈德提出合作教育的最初想法是基于他的观察和发现:①许多专业原理和理论不能有效地,甚至是完全不能在教室里教授给学生,而是需要拥有实践经验才能充分掌握或精通。②大多数学生或者是需要或者是希望在他们大学学习期间工作一段时间。而他们从事的工作常常是琐碎的服务工作并且与其职业目标毫不相干。而通过合作教育能满足学生们了解社会、体验生活、积累专业经验以及挣钱维持学习生活的需要。[1]之后,辛辛纳提大学在1905年接受了他的合作教育计划并授权他在工程学院推行其计划。1906年,美国的第一个合作教育项目在辛辛纳提大学开始。随着参加的学生和雇主逐年增加,规模也逐步扩大。许多高校随后也都开始了合作教育项目,合作教育在美国逐渐发展起来。

1 徐平,徐建中.美国合作教育运行机制分析及借鉴意义[J].黑龙江高等教育研究,2007,(1).

美国国家合作教育委员会曾对合作教育给出如下界定:"合作教育是把课堂学习与通过相关领域中生产性的工作经验学习结合起来的一种结构性教育策略。学生工作的领域是与其学业或职业目标相关的,合作教育通过把理论与实践结合起来提供渐进的经验。合作教育是学生、教育机构和雇主间的一种伙伴关系,参与的各方有自己特定的责任。"这里提到的所谓生产性的工作经验包含两项内容,一是学生的工作是那些有工作任务或项目需要完成的雇主们的真正工作;二是学校的合作教育或教师协调员批准的学生的工作岗位是他们认为能确保学生参与真正的工作并能提高学生学习的工作岗位。

在美国"合作教育"的培养目标,是由学校聘请行业中的一批专家组成的专业委员会按岗位需求确定,并以此培养目标为基础构建培养各项能力的教学模块,学校组织教师根据教学规律按相应知识模块进行教学,同时,根据学生的专业和兴趣寻找合作企业签订实践培训合同,组织学生实践。[1]

因此,在这种培养目标的指引下,美国合作教育主要采取交替模式,即学生的学习与工作时间交替进行,一般以周、月或学期为单位时间。学生平均每周的工作时间大约是40小时。在工作期间,学生与企业达成协议,并取得相应的报酬。到20世纪60年代末,出现了"半天交替制",即学生一般在学校接受半天的理论学习,下午或晚上进入企业进行实践性的兼职工作,而且可以获得应有的报酬,这样学生每周工作的时间大约为20小时。这种"半天交替制"除了适用于全日制学生外,对那些超过传统入学年龄或有着不同学习要求的学生有着特别的意义,其普适性与方便性大大增强。[2]

4.2.2 有效的法律制度保障

美国职业教育校企合作法律制度的出台具有针对性和时效性,它结合了社会经济的发展需求和教育发展的内在需求,是美国职业学校和企业合作能够有序、规范、高效进行的必要保障。

第二次世界大战后,美国国会相继通过了一系列法案,并采取相关措施来促进和规范学校职业教育与企业的联系。具体法案如表4-1所示。

第二次世界大战后美国合作教育相关法律法规 表4-1

颁布时间	法律法规	颁布时间	法律法规
1963年	《职业教育法》	1984年	《柏金斯职业教育法案》
1977年	《青年就业与示范教育计划法案》	1990年	《柏金斯职业应用技术教育法》
1982年	《职业训练协作法》	1994年	《从学校到工作机会法》
1983年	《就业培训合作法》	2006年	《卡尔·柏金斯生涯与技术改进法》

资料来源:尹金金.德、美、日职业教育校企合作制度比较研究——基于历史视角与特征的分析[J].职业技术教育,2011,(19).

这些法律法规大致可分为两类:一是纲领性政策。1984年《柏金斯职业教育法案》开启了全民职业教育之门。法案规定,联邦政府可以拨款推动政府和私人企业在职业教育领域开展

1 金长义,陈江波.德、美、澳、中校企合作人才培养模式的比较研究[J].教育与职业,2008,(17).

2 冯晓波.美国的校企合作教育[J].海外职业教育,2011,(4).

合作,鼓励工商企业和教育机构间建立密切合作关系,共同拟订培训项目和课程。1990 年,《柏金斯职业应用技术教育法》目的是"通过更充分地开发美国所有阶层的学术能力及职业能力,进一步提高美国的国际竞争力。"[1] 整合普通教育与职业教育,该法案以政府资助的形式,提出了综合人力资源培养的途径,融合普通教育与职业教育,联结以美国国会为主要支持的教育部与技术准备部,加强学校与工作单位间的联系。该法案结束了普通教育与职业教育相分离的状态,基本消除了德国双轨制的职业教育体系对美国职业教育的影响。此外,法案明确规定将社会事务及商业等活动引入课程内容,以缩短学生毕业后就业的适应过程。[2]1994 年《从学校到工作机会法》规定,学校和企业必须一同工作以创造合作关系,建立就业及学校之间的沟通。[3] 该法案意在通过教育与企业的合作为国家的经济发展提供高素质、高技术的人力资源。[4]

二是配套性政策。1963 年《职业教育法》规定为工读课程提供财政资助,并且要求各州的职业教育部门与企业相互合作。该法案是美国高等职业教育步入成熟的标志。以教育补偿的方式保证教育机会公平,主要目的就是维持扩展、改进职业教育。规定任何社区任何年龄的公民都有机会接受高质量的职业教育培训或再培训,并进一步规定这种培训要与劳动力市场的就业机会、学生兴趣及自身能力紧密结合。保障的具体措施主要是为贫困家庭的学生提供助学贷款。[4]《青年就业与示范教育计划法案》旨在促进协调职业教育与培训课程的实施。《职业训练协作法》是美国历史上首部由政府与民间团体共同推动的职业培训法案,该法规定政府资助职业培训,设立私立企业委员会。委员会由企业机构、教育单位、劳工组织、社区团体等共同参与,以扩大受训者的雇佣机会及收入,减少对公共福利的依赖。《就业培训合作法》将职业培训的权力下放给地方私人企业,联邦政府只起协调资助作用。《卡尔·柏金斯生涯与技术改进法》把职业教育延伸到了工作阶段,支持在学校、学位授予机构、劳动力市场和企业等之间建立伙伴关系,为个人提供接受再教育的机会,使其获得保持竞争力所必需的知识。[5]

因此,美国职业教育相关法案完善的设置、针对性的制定和实效性的出台,以法律规定的形式为职业教育的发展提供有力的外部保障,促进了校企合作教育的持续稳定运行。

4.2.3 完善的运行保障机制

(1)政府的大力支持

在美国校企合作的过程中,美国政府发挥了积极引导、协调的作用。1991 年美国劳工部为了帮助学校了解如何改革教学大纲和教学内容,以期让学生通过学习取得将来在职场成功所需的高效率技能,还专门成立了"获取必要技能部长委员会"(SCANS)。该委员会强调学校必须通过教育让学生"学会生存",为此发表了"职场要求学校做什么"的报告,要求学校、家

1 石伟平,徐国庆. 世界职业教育体系比较研究[J]. 职业技术教育,2004,(1):18-21.

2 吴岩. 论美国联邦政府在高等职业教育中的政策取向[J]. 比较教育研究,2005,(9):70-75.

3 School-to-Work Opportunities Act of 1994[EB/OL]. http://www.fessler.com/SBE/act.htm.

4 吴岩. 论美国联邦政府在高等职业教育中的政策取向[J]. 比较教育研究,2005,(9):70-75.

5 尹金金. 德、美、日职业教育校企合作制度比较研究——基于历史视角与特征的分析[J]. 职业技术教育,2011,(19).

长和企业帮助学生获取职场上所必需的三项基础和五种基本能力。[1] 三项基础即基本技能、思维能力以及个性品质。五种基本能力包括合理利用与支配各类资源的能力、处理人际关系的能力、获取并利用信息的能力、综合与系统分析能力以及运用各种技术的能力。这份报告反映了美国企业单位对学生学习的要求,报告建议上述能力应该在实际环境中获取,因而校企之间的合作成为最佳选择。这个报告极大地推动了美国校企之间的合作。[2]

此外,进入 20 世纪 90 年代,为了帮助学生迎接来自劳动力市场的挑战,顺利地从学校进入职场,美国总统克林顿于 1994 年 5 月 4 日签署了《从学校到工作机会法》(STWOA)。该法案要求各州建立"学校至职场机会"教育体系,应包括下列三项核心组成部分,即以企业为基地的学习活动(注重实际工作经历、现场辅导、掌握技能、工作培训等),以学校为基地的学习活动(注重学术性和实践性教学大纲及内容的融合)和连接性活动(把学生和雇主联系起来的各种活动,以及帮助学生获得附加训练的活动)。该项法案的签署及实施对规范、促进美国的校企合作起到了极大的指导作用。[2]

(2)充足的经费保障

此外,为了保证相关法案的有效实行,美国联邦政府对每一部职业教育法案都有相应的教育项目资助资金支持。如 1994 年《从学校到工作机会法》颁布之后,美国联邦政府分别在 1995 年、1996 年、1997 年投入到"技术准备计划"的资金为 1.08 亿美元、1 亿美元、1 亿美元。在"学校工作计划"中投入的资金分别是 2.45 亿美元、3.50 亿美元、4 亿美元。[3]

第二次世界大战结束后,美国联邦政府和州政府为了加快高等教育大众化的步伐,进一步加大了对投资少、见效快的社区学院的自主力度,运用立法和拨款相结合的方式干预各州社区学院的发展和改革。地方政府也把发展社区学院当作提高当地社区知名度、促进当地社区经济发展和社会进步的重要手段,不断地增加对当地社区学院的拨款力度。同时,当地社区的企业和知名人士也经常向社区学院捐助钱财。

(3)社区学院的主力地位

而社区学院作为美国职业教育的主力军,又有着十分显著的特点。促进校企合作美国职业教育可分为:以综合中学为主体的中等职业教育,主要培养熟练工人和初级从业人员;高中后以社区学院为主,主要培养技术员等人才。新职业主义强调,教育部门要与工商界和其他实体之间建立合作关系,这种合作关系是有效地预测教育培训的需求、发展适应性较强的技能准备、课程衔接、学术与职业教育的整合所需要的。社区学院在这些新兴的复杂的校企合作关系中起着中枢作用。社区学院十分注重与企业的合作,他们事先经过调查研究,寻找合作企业,并设置相关专业,再把这些合作专业项目列入教学和招生计划中,供学生选择。学校专门设立一个机构,负责合作教育的管理工作,成员一般被称为协调员。协调员代表学校与合作的企业联系、谈判和签约。在学院时,协调员会根据学生的兴趣和特长来指导学生选择专业,组织教学和实习;当学生完成学业时,他会根据学生平时的成绩表现给予学生评价,他对每个学生做

1 尹金金.德、美、日职业教育校企合作制度比较研究——基于历史视角与特征的分析[J].职业技术教育,2011,(19).

2 刘存刚.美国校企合作及对我国职业教育的借鉴意义[J].比较教育,2007,(32):67-68.

3 吴岩.论美国联邦政府在高等职业教育中的政策取向[J].比较教育研究,2005(9):70-75.

出全面的评价，来确定学生的成绩是否合格。社区学院合作教育的教师分兼职和专职。兼职教师大部分来自与学校合作的企业，他们具有丰富的专业经验，所授课程具有实践性和应用性，能让学生学到最前沿的专业技术。合作教育的特色在于课程的设置相当灵活，学校先考察最新的就业市场，掌握就业市场的最新动态，再经过细致地研究，设计符合社会现实需求的课程。这样设计的课程与就业市场紧密结合，有利于学生的就业。[1]

(4)完善的内部规范

对学校而言，每一所开展合作教育的学校需制定合作教育文件。合作教育文件必须包括：合作教育任务和目标的描述；合作教育作为一种学术计划的定义；在课程中为合作教育提供的关于学科的辨别信息。同时，学校必须确立文本形式的标准说明：学生参加合作教育计划的资格及有关政策；雇主参加合作教育的要求以及定义合作关系的有关政策。此外，还必须有一个正规的合作教育计划。此计划是基于学校课堂学习和多个工作学期交替进行这一特点的。用于工作课程的时间比例应该是整个学位计划的重要组成部分，最小要求是整个学习时间的20%，并且是课程学习的有效增加部分。[2] 对学生而言，学生在参与合作教育的过程中对应承担的责任与应享受的权利都要知晓，如学生参与实习工作的正式文件，来自学校及雇主的对学生的评价等均应加以保存。对雇主而言，雇主需要平等地满足自己的最大利益，学校需向雇主提供书面说明或有利于合作的共同信息材料，雇主还可以获得评价学生工作的权利等。可见，完善的制度在一定程度上促成了美国合作教育的顺利进行。[3]

合作教育项目要求学生在完成一段时间的实习任务后，写出工作实践的详细总结，各接受学生工作的单位也需写出对学生表现的鉴定意见，学生返校后，项目协调人要从学业和实践两方面对每位学生做出全面评价以确定该生这一段接受的合作教育是否合格、成功。[4] 美国的合作教育对学生的评价，并非只由学校一方或学校与学生双方做出，企业参与到对学生的评价中，更能显示出合作教育的成功之处。学校与企业对学生的评价不会因学生所在地点分散而受到影响，学生在工作期间，学校依然会进行监督、指导并做出评价，企业同样会对学生接受课堂教学的过程进行观察、评价。学校与企业共同从理论知识和实践两方面对学生进行评价，判断其在合作教育中的表现，以此来保证合作教育的突出质量。[3]

(5)行政人员的组织协调

在美国，每所实施合作教育的学校均设有自己的合作教育部，成员主要包括两类人员，一类是有职称和教学经验的教师，另一类是与社会有广泛联系、对合作教育有献身精神的工作人员，即项目协调人，他们发挥着至关重要的作用，所有开展合作教育的大学中都设有这种工作岗位。协调员们的主要任务是在学校、学生、雇主、教师、社会等几个方面发挥联络、协调、组织作用，他们就像是合作教育中的一个枢纽，比如他们要接受学生和雇主们的咨询并提供指导，他们要传达学校的要求和安排，他们要联系雇主、联系工作岗位、指导安排学生参加面试，他们要定期到工作岗位去了解、评估、帮助学生，他们还要协调雇主与学校、与学生间的关系等。因

1 郝志强.美国促进职业教育校企合作的管理机制探析.职教通讯[J].2011,(15):29-34.

2 徐平.美国合作教育的基本模式[J].外国教育研究,2003,(8).

3 冯晓波,美国的校企合作教育[J].海外职业教育,2011,(4).

4 苏俊玲.美国职业教育校企合作的实践研究[D].上海:华东师范大学,2008.

此，这些工作人员的出现，能够有效保证合作教育平稳、有效的组织实施。

(6)多层次的组织推动

美国的中介组织，尤其是行业协会、商会的参与，也在很大程度上刺激着职业教育校企合作的展开。美国行业协会、商会等中介组织主要可以划分为三类：一是国家层面的中介组织。此类中介组织一般是垂直设置，即在全国范围内促进某一行业的联系，通常在地方层面和州层面有分支机构，如世界上最大的商业基金会——美国商会；二是地方层面的中介组织，此类中介组织一般呈水平状态设置，即在一地区建立跨行业的教育工作场所联系；三是在这两种模式之间的州层面的中介组织。州层面的中介组织试图将地方层面的和国家层面的中介组织联系起来。与此同时，在学校组织管理合作教育的过程中，相关管理机构发挥着重要作用。1962年，美国成立了国家合作教育委员会(National Commission for Cooperation Education)，又在合作教育委员会的推动下成立了合作教育协会(Cooperative Education Association)。美国的合作教育委员会负责协调全美多所院校的合作教育工作，对校企合作的顺利开展起到了积极的推动作用。他们争取到广告协会的支持，利用各种媒体免费做广告，为合作教育做宣传，提高公众对合作教育的认识。[1]

依托完善的法律保障、强大的政府支持、多层次的组织推动以及社区学院、行政人员的管理实施，美国高等教育的校企合作教育模式在美国取得了显著成效。统计数字表明，97%的合作教育大学毕业生认为结合工作实际的教育是他们事业成功的源泉；80%的合作教育毕业生表示他们就业的单位就是他们上大学期间实习过的单位；63%的毕业生认为他们的就业机会确实比别的毕业生多，而且所从事的职业大多是在学习期间最后去实习的那些单位提供的；40%的毕业生承认不管工作有何变动，其职业总是与在校期间获得的工作经历密切相关；占合作教育项目毕业生总数一半以上的人从事着令人羡慕的专业性、技术性很强的工作；还有15%的毕业生考上了研究生，得以继续深造。[2]

因此，美国成功的职业教育校企合作，在培养大批与市场职业接轨、具有实际操作能力的技术性人才的同时，成为了美国经济发展的推动力量。我们应借鉴美国职业教育合作教育模式的成功经验，在充分发挥政府引导、支持作用的同时，做好法律制度等方面的有力保障，切实加强校企合作的针对性和实效性，以全面提高职业教育培养人才的能力和素质。

从美国职业教育校企合作不同类型和模式的发展历程看，美国职业教育校企合作的主要经验有：

一是重视立法，以法律规范职业教育校企合作的资金投入和管理机制。可以说，美国职业教育校企合作的发展过程实际上是美国联邦政府通过立法的手段干预各州职业教育开展校企合作的发展历史。缺少经费和政策支持，校企合作的实施则是无米之炊。美国联邦政府颁布的《莫雷尔法案》、《斯密斯—休斯法案》、《退伍士兵权利法案》、《国防教育法》、《职业教育法》、《帕金斯职业教育法案》、《从学校到工作机会法》等一系列教育法案不仅奠定了美国职业教育改革与发展的法律基础，而且通过立法强调联邦政府为美国职业教育校企合作提供经费支持和政策指导框架。

1 郝志强.美国促进职业教育校企合作的管理机制探析[J].职教通讯，2011，(15)：29-34.

2 冯晓波.美国的校企合作教育[J].海外职业教育，2011，(4).

二是建立了一套由联邦政府引导、州政府和地方政府分级负责、以地方为主、学校根据市场需求自主开展校企合作的职业教育管理机制。这种管理机制具有相当大的灵活性。在这种管理机制下,政府、企业和学校三方形成互补共赢的局面。联邦及州政府从法律、政策和资金层面进行全面的协调,大力支持职业教育校企合作。联邦政府及州政府提供的税收减免、财政补贴及专项资金支持等政策,激发了企业加入到职业教育校企合作的积极性。学校也看到了校企合作本身所具有的经济、社会和教育效应,从而也很愿意投入大量的人力、精力和财力发展与企业的合作关系。

三是重视教师和工作人员的专业发展。校企合作得以实现最终都必须依靠人员的积极性和专业性。教学人员、咨询人员、专家和协调人员等都是校企合作中的重要主体。他们必须拥有丰富的教育学、课程、行业及学生群体等方面的知识与素养。美国联邦政府和学校对教师的专业发展都是非常关注的。无论是对学术性还是经验性的教学人员,都非常强调和要求他们必须了解年轻人的发展和学习理论,包括各种学习风格以及未成年人发展的阶段。为此许多学校都开发了大量促进学校工作人员专业发展的项目,逐渐改变他们的专业实践,以支持校企合作改革目标和策略的实现。教育系统的行政人员也把专业发展列为学校、学区和行政区管理部门的优先项目。

四是重视课程改革,积极推动学生更多地参与到课程、校园学习和工作场所的实习环境中,提升学生自主学习能力。职业教育校企合作目标能否得以实现的关键在于学生是否真正有兴趣参与进来,并从中得到益处。美国许多学校在推动校企合作的前期所做的大量调查研究中,关注得最多的问题是如何在市场的变化和学生的需要之间找到平衡点,从而以此为基础推动课程与教学实践的改革。建立起“以能力本位”为基础的学习体系,根据企业不同岗位要求构建学生素质发展模型,将工作本位和学校本位的学习融合起来,这是美国校企合作中在课程改革方面比较成熟的做法。这些做法旨在使学习“情境化”,让学生在现实的生活和工作情境中或者是模拟情境中学习。与此同时,美国的职业教育机构还特别关注提升学生自主学习能力,鼓励他们为自己的学习负责,理解并指导他们的职业生涯选择,帮助学生发展与成人及同辈良好交往的社会能力和成熟度,从而为帮助学生做好终身学习、胜任工作和丰富生活的准备。

我国职业教育在几十年的发展历程中取得了有目共睹的成绩。但是,在我国处于经济转型的现阶段,我过职业教育存在着区域发展不平衡,职业教育还不能适应社会经济发展对高素质人力资源的需求。校企合作作为推动职业教育发展的重要力量,在我国职业教育实践中还存在诸多问题。从国家层面来看,有关职业教育校企合作的法律和政策环境还有待进一步改善。从职业院校层面看,职业院校的专业和课程设置对社会经济生活现实需求的反映比较迟缓,很难快速有效地建立具有实质意义和效益的校企合作形式,许多职业院校都还未形成一套行之有效、持续发展的校企合作机制。从企业层面看,企业尽管看到了校企合作的价值,但他们的主动性和积极性不高,甚至对职业院校有许多急功近利的想法和做法,因而也使得我国职业教育校企合作陷入各种问题之中。上述美国职业教育校企合作发展历程中在法律机制、资金投入机制、管理机制以及学校、企业之间的合作机制,尤其是学校在校企合作中的做法,可以作为他山之石,对解决我国当前职业教育校企合作中的问题具有重要的启发意义。

4.3 澳大利亚职业教育校企合作的实践与经验

大力发展教育是澳大利亚实现社会、经济和环境可持续性发展的重要战略之一。职业教育和培训(Vocational Education and Training,简称 VET)是澳大利亚教育的重要组成部分,是联邦政府和各个州政府共同投资兴建并进行管理的庞大教育系统。近 20 年来,澳大利亚 VET 体系快速发展,已成为世界上较为完善、成熟的职业教育与培训系统,形成了世界上先进的、具有代表性的职业教育模式。

澳大利亚的职业教育与培训实行全国统一的国家培训框架,形成独具特色的 TAFE(Technology and Future Education,技术与继续教育)体系,建立完善的评估体系(AQTF)保障教学质量,多元化的经费投入和市场化运作,师资采用专兼职相结合的模式来提供职业教育。

4.3.1 全国统一的国家培训框架

在澳大利亚,政府通过制定“澳大利亚学历资格框架”(Australian Qualification Framework)、“培训包”(Training Packages)、“培训质量框架”(Australian Quality Training Framework)等,在国家框架下形成了与中学和大学有效衔接的高质量的国家职业教育和培训体系(VET),为教育质量提供了重要保证。

如图 4-2 所示[1],澳大利亚国家培训框架体系,以 TPs 为载体,培养人们的各种能力;以 AQTF 为依据,只有经过 AQTF 认证的机构,才可以教授全国认可的培训课程和依据 AQF 颁发相应的全国认可的证书。TPs 详细阐明了取得某个全国认可的等级资格证书所必需的能力标准的组合并评估,等级资格证书与 AQF 严格对应,评估与 AQTF 标准确保一致,使得证书持有者易于在澳大利亚不同州的城市之间移动和就业。由此可见,三者相互协调,共同推进了澳大利亚职教改革的进程。

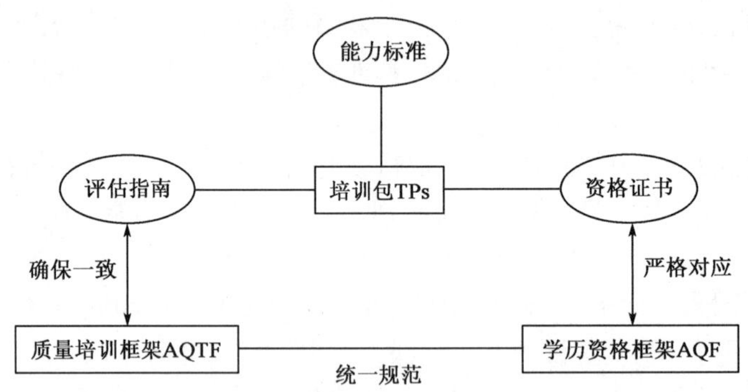

图 4-2 国家培训框架体系 NTF 组成结构

(1)“澳大利亚学历资格框架”(AQF)

澳大利亚学历资格框架,是资历、学分转换(不同院校、学科、证书、课程的衔接即学生在不同教育系统之间转学)体系,由国家权威机构确认。澳洲有三个教育系统:普通教育(1 ~ 12

1 管祺骐. 澳大利亚职业教育体系研究与借鉴[J]. 职业时空,2011,(9).

年级)、职业教育、高等教育。资格框架规定了各教育系统和其颁发的资格证书之间的关系。AQF2011 用 10 级资格 15 个资格名称构建起高中教育、职业教育培训、高等教育证书之间的平行与衔接关系,使不同形式的教育体系相互贯通,具体如表 4-2 所示)。[1] 该体系结构严谨,推广终身学习和形式多样的教育与培训。

澳大利亚学历资格框架-AQF　　表 4-2

证书等级	高中教育	职业教育培训	高等教育
Level 10			博士学位
Level 9			硕士学位
Level 8		职业教育研究生文凭 职业教育研究生证书	研究生文凭 研究生证书
Level 7			学士学位
Level 6		高级专科文凭	高级专科文凭/副学士学位
Level 5		专科文凭	专科文凭
Level 4		四级证书	
Level 3		三级证书	
Level 2	二级证书	二级证书	
Level 1	一级证书	一级证书	
	高中证书		

从该框架体系的构建可以看出,依据教育侧重点不同,澳大利亚教育可以分为学术型教育和技能型教育两种形态。高中教育阶段既提供普通高中证书学习,又提供职业教育资格证书的学习,这将有利于增强非学术型智力的学生接受职业教育的兴趣,为他们的职业生涯在高中阶段做好定位。职业教育阶段毕业后,学生可以选择直接工作就业,也可以进入高等教育阶段相关专业继续学习。其在职业教育阶段学习的相关专业的课程全部或部分得到承认,这为职业教育毕业生进一步深造取得学位创造了条件。另外,由于课程为模块式,学生可以进行全日制学习,也可以在就业后进行部分时间制学习,丰富并完善了继续教育体系,充分体现了终身教育的思想。[1]

AQF 统一的证书制度和课程内容的模块式结构为各教育系统之间的资历确认、学分转换、不同院校及学科证书课程的衔接以及学生在不同教育系统之间的转学或继续深造提供了权威性的保障条件。AQF 的实施不仅使澳大利亚不同体系的教育资源得以共享而且使教育资源得到合理的优化。[1]

(2)"培训包"(TP)

培训包(Training Packages)——是澳大利亚国家职业教育与培训制度中重要的官方文件

1 管祺骐.澳大利亚职业教育体系研究与借鉴[J].职业时空,2011,(9).

和教学法规,被称为“培训指南”(Training Roadmaps)或“一整套培训计划”,其基本特点是由行业制定、全国统一且通用的资格体系和能力标准。培训包是澳大利亚联邦政府自20世纪80年代以来在实施“以行业需求为导向”的职业教育改革中取得的具有重大历史意义的成果之一,也是注册培训机构(Registered Training Organizations,简称RTOs)用来为客户(教育服务对象)提供优质的培训和技能鉴定服务的标准和教学资源。澳大利亚联邦政府自1998年起,在全国范围内倡导、开发和推广各个行业的培训包,并将此作为澳大利亚职业教育课程开发的指导性材料。从此,培训包成为全澳大利亚一切公立和私立的注册培训机构,包括技术与继续教育(Technical and Further Education,简称TAFE)学院开展职业教育和培训的依据。[1]

培训包描述了人们在工作场所有效开展工作所需要的知识与技能,而没有描述人们接受培训的具体方式,各级证书和文凭之间的连续关系也不受培训机构或地域限制,全国通认。每个培训包主要包括两部分内容:

第一部分是国家认证,这是培训包的主体。国家认证部分,包括三方面的内容:

①能力标准。能力标准是对学生进行质量评价的尺度,它规定了本行业不同岗位中的从业人员所应具备的文化知识、实践技能和思想素质。

②国家资格。培训包描述了资格证书的等级以及各级证书包含的能力组合,当受训者达到培训包描述的能力要求后,可以颁发由国家承认的资格证书,这就是澳大利亚资格框架。在国家资格中,每一个培训包的不同专业或专业方向可以授予不同等级的共四种证书和两种文凭,依次为:一、二、三、四级证书,(大专)文凭、高级(大专)文凭。

③鉴定指南。鉴定指南是指对能力标准要求的鉴定考核方法及其考核条件如实习实验场所的指导性要求、对受培训者和鉴定师的资格要求等。鉴定指南的目的是帮助注册培训机构实施以能力为本位的,以公平、平等和一致的方式进行鉴定,使鉴定质量与澳大利亚质量培训框架所要求的标准一致,从而使鉴定有效、可信、灵活和平等。

第二部分非国家认证部分,这一部分是对培训包认证部分的补充,是注册培训机构办学的指导性材料。它由学习方法指导、鉴定材料、教学辅助材料三方面组成。

①学习策略,即学习方法指导,包括课程培训和在生产(工作)过程中开展培训的教学示范案例。学习策略是为接受培训包培训的人员及其相关人员,如雇主和注册培训机构的教师和教学辅助管理人员所提供的一套学习培训包的材料。

②鉴定材料,是以培训包的鉴定指南为基础编写的辅助材料,主要为鉴定师提供评价学生能力的指导性方案。

③教学辅助材料,实际上是为培训机构提供专业课程开发指导,如注册培训机构如何根据行业和企业所需开发培训项目,如何使用培训包的国家认证部分和非认证部分等。[1]

(3)“培训质量框架”(AQTF)

澳大利亚培训质量框架是于2001年6月颁布,2002年7月开始全面实施的一套全国标准。该框架统一了澳大利亚各州/领地各类注册培训机构(包括各类职业教育院校)的办学标准和资格认证体系,对注册培训机构的办学质量监控指标更加量化,并形成了全国统一的办学

1 周祥瑜,吕红.澳大利亚职业教育的培训包体系及其优势[J].中国职业技术教育,2006,(4).

质量保障体系,以确保各类注册培训机构及其颁发的证书在全国间相互认可。AQTF 最新修订版本于 2010 年 7 月在全国实施,主要由 6 个部分组成:教育培训机构注册标准、注册培训机构后续注册标准、优秀教育培训机构标准、课程认证标准、州/领地注册机构标准、州/领地课程认证机构标准。同时,AQTF 上述 6 个主要标准不是相互独立的,它们相互支撑共同规范了澳大利亚职业教育和培训,保证了各类职业教育培训机构的办学质量。[1]

在培训质量框架下,每年由政府、行业组成的代表政府的权威机构对 TAFE 学院评估、采样、调查,包括:质量的管理和评估标准;学生学业结果;最有效能力的原则、就业率和起薪率;教育环境、师资、学生对教育满足的程度等。TAFE 学院教育质量评估包括:人员(评估者、被评估对象和相关人员);过程(计划、事实、回顾等);产品(指培训过程所使用的材料,即评估材料);思维角度(如何保证能满足产业、雇主的需求);策略(体现评估过程、如何实施等)。对学生评估考核:突出能力考核,分为框架下的结构性考试和总结性考试。结构性考试考察不仅仅是对一个技能点,而是对其框架下的行为、应用性和达成的能力进行考核,包括:对问题的处理能力,如对突发事件的处理,考察其随机应变能力;做这件事情的能力,即基本技能;与技能相关的辅助能力;技能的转变性、传导性能力;统筹、协调能力,总结性考试可以将各个能力点综合起来对工作环境总能力进行考核。

4.3.2 出色的技术与继续教育(TAFE)体系

TAFE 是澳大利亚职业教育与培训系统的总称,它是指以行业为主导、以 TAFE 学院为主体实施的多层次、多形式的职业教育体系,相当于中国的职业学校、技校、中专和高等专科学校的综合体。澳大利亚有 2 000 多万人口,在接受 12 年普通义务教育后,有 20% 外出工作,40% 接受 TAFE 教育,40% 接受高等教育。每年还有 10% 的大学毕业生回到 TAFE 学院学习实践技能。澳大利亚 TAFE 学院的主要特色是:

(1)课程体系实用性强

学院课程以实用为主,以市场需求为导向。课程是根据地方经济、社会发展的实际开设的。具体实施内容可以由企业、专业团体和院校联合调整、选定,从而保证了 TAFE 的基本规格。TAFE 学院教学与行业密切合作,使学生在学习期间,提前与自己将来从事的事业相关。同时,TAFE 学院实行教学与技能训练场地一体化。实习现场与学生教室设在同一场地,学习环境就是模拟的工作环境。此外,企业还为学生提供实训场所。

(2)学制衔接灵活多样

TAFE 学院能把学历教育与岗位培训结合起来,建立学分银行。学院招生不分年龄大小,不分学历层次,不分职前职后。学分制允许学生间断地在校进行学习,如果学生中断学习,参加工作,当再回到培训学校的时候,其工作经验积累可以折合成学分,转到以后的学习中去。TAFE 毕业生可以直接就业,也可以直接升入大学,其在 TAFE 学院的成绩可以折算为大学的学分。国家级 TAFE 学院都是政府公立学院,全国所有的职业教育培训机构高达 200 多所,涵盖 40 个领域 1 000 多种不同的职业教育和培训体系。如此完备的体系,使得澳大利亚 2 000 多万人口,在接受 12 年普通义务教育后,有高达 40% 的人接受 TAFE 教育。在澳大利亚,25 ~ 64

1 管祺骐. 澳大利亚职业教育体系研究与借鉴[J]. 职业时空,2011,(9).

岁的公民中有31.4%的人具备相关的职业资格证书,其职业教育普及率居世界第一,独具特色的澳大利亚职业教育提高了国家劳动人口的素质,促进了澳大利亚经济和社会的发展。

(3)学业考核严格有效

突出能力考核,分为框架下的结构性考试和总结性考试。框架下的结构性考试考察不仅仅是对一个技能点,而是对其框架下的行为、应用性和达成的能力进行考核。

4.3.3 多元化的保障体系

(1)多样的经费投入

澳大利亚职业教育经费来源于政府拨款、企业投资和个人投入等多种渠道。

首先在政府拨款方面,澳大利亚的教育财政是由联邦政府和州政府合作负责的,各州主要负责为学前教育、普通公立中小学教育和TAFE学院提供经费,并拨款给非公立中小学和非官方的学前教育中心。联邦负责为大学和其他高等教育机构提供全部经费,并对学前教育和TAFE学院提供补充经费。澳大利亚联邦政府和州政府的教育财政拨款主要包括运作拨款、基建拨款和研究拨款三大经费来源。在联邦政府层面,国家培训署具有分配联邦政府用于发展职业教育与培训的经费的职能,至于对各州政府和领地政府核拨职业教育与培训经费,则是由国家培训署的执行机构具体负责。

在学费收缴方面,澳大利亚TAFE学院学生的学费因所学专业而异,学费的交纳大致采取三种方式:一是交纳全额学费;二是每年先交纳500澳元以上,余额待完成学业后分年交齐;三是采用贷款方式。前两种情况可享受全额学费25%的优惠。学生贷款利息不随物价因素上涨,还款期一般为15年以上,一次还清者也可以获得一定的优惠。

此外,澳大利亚各行业、各企业都将培训看作一种投资,认为职业教育与培训是保证行业企业竞争力的重要手段。一般说来,澳大利亚各行业每年用于各种形式的培训费约为25亿澳元。一些特殊行业要向TAFE学院注入资金,以培养专职人员,如国防部门、能源部门等。还有一些行业通过奖学金形式向学生提供经费,如新南威尔士州2000年在网上公布了21种奖学金项目。行业还投资帮助TAFE学院建设实训基地,或以接受学生实习等方式参与学院的实践教学。企业为培养出掌握先进技术的新员工,愿意将最先进的生产设备提供给TAFE学院使用,并负责随时更新。[1]

(2)完备有效的法律保障

澳大利亚职业教育法是由若干法组成的职业教育法律体系。从纵向而言,包括联邦法和州法;从横向而言,包括职业教育与培训法、澳大利亚技术学院法、用技能武装澳大利亚劳动力法、职业教育与培训经费法、劳动场所与平等法等。

自1992年起,澳大利亚具有专门的职业教育与培训拨款修订法案。之后,每年一修订,称为《某年职业教育与培训拨款修订法案》。后一年的法案修订了前一年法案的一些内容。《澳大利亚技能2008年法案》(下称《澳技能2008年法案》)是一个建立"澳大利亚技能"机构及其有关目的的法案。该法案规定了"澳大利亚技能"机构的建立及其功能、组成和会议等内容。

1 黄日强.澳大利亚职业教育的经费[J].外国教育研究,2004,(9).

《澳技能2008法案》规定了该法案的目的是提供专家的及独立的关于澳大利亚劳动力技能需求和劳动力开发需求的建议。

①内容具体明确,可操作性强

澳大利亚职业教育法案内容具体明确,这种明确主要表现在两个方面:其一,对法案所使用的术语提供了清楚的定义与详细的解释;其二,法案内容明确,可操作性强。澳大利亚联邦政府的《技能武装劳动力2005年法案》、澳大利亚昆士兰州的《职业教育、培训和就业2000年法案》对所使用术语的内涵和外延都作出了特别的规定与解释。《技能武装劳动力2005年法案》对法案中所用的一些术语,如"澳大利亚质量培训框架"、"行业协会"、"部长委员会"、"国家行业技能委员会"、"国家委员会"、"国家质量委员会"、"注册培训机构"等术语都作出了详细的解释。

②完善的审核、监督与处罚制度,制约性强

审核与监督制度是了解法律执行情况的必要制度。处罚制度是纠正错误行为,规避错误再出现的必要制度。澳大利亚职业教育法案建立了比较完善的职业教育审核、监督制度与处罚制度。澳大利亚昆士兰州《职业教育、培训和就业2000年法案》第37至40条内容专门对审核进行了规定。这些规定明确了审核的种类、适用范围、时间、行为及审核的权利。

③关注职业教育质量与社会公平,方向引导性强

澳大利亚职业教育法案职业教育特色内容的规定,以保证职业教育总体质量的提高;重视社会公平的体现,以保证职业教育发展为社会总体发展的贡献。首先,实习规定。澳大利亚昆士兰州《职业教育、培训和就业2000年法案》第四章专门就职业实习进行了非常具体的规定。该章具体内容涉及职业实习计划、职业实习协议、职业实习培训计划三个部分。在职业实习计划部分,该法案就"申请职业实习计划的承认"、"委员会如何处理申请"、"安排职业实习的注册培训机构"、"非学生雇主的职业实习指导人员"、"不适用于接受职业实习学生的法律"、"工作场所健康和安全1995年法案的应用"等内容作出了规定。[1]

此外,还颁布相关法律保障产学合作。1990年《培训保障法》,规定年收入在22.6万澳元以上的雇主应将工资预算的1.5%用于员工职业培训。雇主雇佣一名学徒可获得政府提供的定额资助。这些都激励着企业主动参与职业教育和培训。

(3)专职和兼职相结合的教师队伍

师资是制约职业教育发展的重要因素。高质量、多渠道培养职业教育师资,运用竞争激励机制来管理职业教育师资,采取灵活多样的形式来培训职业教育师资,是澳大利亚职业教育师资队伍建设的显著特点。

在学历要求方面,担任TAFE的教师必须具有本科以上学历,受过所任课程相关行业和教育专业的培训。除要求必须具有丰富的专业知识外,还必须具有从事跨学科的教学能力、特殊教育能力、环境教育能力、运用现代教育信息能力、编写教学计划、讲授理论课和指导学生实践能力。此外,必须具备至少3~5年的行业工作经历。兼职教师主要从有丰富实践经验的专业技术人员中按标准大量选聘、培养。新招聘的教师在进行教学工作的同时,由学院资助接受师范教育,以取得教师资格证书。教师同时也是有关专业协会的成员,参加专业协会的活动,每

1 刘育锋.论澳大利亚职教法对我国职业教育法修订的借鉴意义[J].职教论坛,2011,(01):86-91.

年都要定期回企业接受培训,了解行业最新发展动态,更新技术与知识。[1]

在培养机构方面,目前,澳大利亚的专任职业教育师资主要由大学培养。澳大利亚的大学通常采取"端连法",即先开设三年的专业学位课程,再开设一年的教育专业课程(又叫"教育证书"课)的方式来担负培养专任职业教育师资的职责。采用"端连法"培养专任职业教育师资的最大优点在于避免了学生在大学生涯一开始时就必须埋头学习教育专业课程。对于部分学生来说,"端连法"是最适宜的师资培养途径。而后,在近十多年来,师范教育专家们对"端连法"提出了异议,建议大学应同高等教育学院一样采取"平行法",即教育专业课程和专业学位课程同时开设。他们认为"平行法"的优点多于"端连法"。对于许多决定从事职业教育工作的学生来说,他们希望所学的大学课程始终将教育理论学习与教育实践问题结合起来,这要比"端连法"采用集中 8 个多月时间学习教育理论和进行教育实践的收益更大。因此,从 20 世纪 90 年代中期开始,澳大利亚若干所大学引进了四年制本科教育学士学位课程,采取高等教育学院的"平行法"来培养未来的专任职业教育师资。[2] 以最大力度提高职业教育教师的理论水平和实践能力,从而保证职业教育教师培养质量。

在教学能力培养方面,澳大利亚实施的是能力本位职业教育。为了适应这种能力本位职业教育的需要,专任职业教育师资的能力培养,尤其是其教学能力的培养就显得十分重要。因此,澳大利亚对专任职业教育师资,除要求必须具有丰富的专业知识外,还必须具有从事跨学科的教学能力、特殊教育能力、环境教育能力、运用现代教育信息能力、编写教学计划、讲授理论课和指导学生实践的能力。一专多能是对专任职业教育师资的基本要求。在能力培养过程中,教育实习环节受到特别的重视。教育实习由微格教学、实习准备与见习和实习三部分组成。如,在澳大利亚新南威尔士大学,微格教学主要用来训练学生说明、解释、提问、指导和运用例证等五个方面的基本教学技能。每个学生必须花 5 天时间为正式的教学实习做准备,其间还要包括参观自己实习所在的学校,熟悉学校环境和实习指导教师,了解学校的规章制度、教学计划和管理方式等基本情况。教学实习为期 7 周。第一周为听指导教师的讲课,并观察、了解和熟悉学生,帮助所在班级开展各种活动。从第二周开始,每个学生必须分别在三位指导教师的班级授课,每周累计达 15 节,同时还要帮助指导教师开展课内外活动。为了确保教育实习的质量,提高未来专任职业教育师资的教学能力,澳大利亚一些高校建立正规的行政领导体系对教育实习进行管理和监督。例如,汤斯维尔高等教育学院成立了教学实习委员会。教育研究部部长担任委员会主席,其他组成人员包括 3 名学院教师、2 名实习指导教师和 2 名学生代表等。[2]

在专业实践经验方面,澳大利亚职业教育的专业教师必须具有 3 ~ 5 年从事本行业工作的实践经验。为了丰富职业教育专业教师的专业实践经验,学校一方面加强与企业用人单位的联系,让学生到企业生产车间进行专业见习,以开阔学生的视野,深化对专业理论知识的感性认识,还派学生到企业生产第一线接受专业实习,由企业工程技术人员手把手地进行指导。[2] 一方面聘请有丰富实践经验的企业技术人员到学校讲授有关专业知识,请企业技师到学校示范专业技能操作。

1 栗亚冬.澳大利亚职业教育培训考察报告[J].辽宁教育行政学院学报,2011,(9):17-19.

2 黄日强,邓志军.澳大利亚职业教育的师资队伍建设[J].河南职业技术师范学院学报,2003,(1).

澳大利亚的职业教育依托其统一的国家培训框架,在学历资格框架、培训质量框架和培训包三位一体的规范指引下,形成了独具特色的技术与职业教育体系,在充足的经费供给、完善的法律制度以及出色的教师队伍的保障下,取得了举世瞩目的成就,对促进我国职业教育的改革与创新,满足社会经济可持续发展的需求,具有突出的借鉴意义。

4.4 新加坡职业教育校企合作的实践与经验

自20世纪60年代以来,新加坡政府在加快工业化过程方面成就卓著。究其成功原因,与其大力发展职业教育不无关系。新加坡通过提升职业教育的国际化水平,培养出了大量世界一流的技术人才和管理人才。

新加坡的职业教育在办学形式和培训方法上灵活多样,教学手段也非常现代化,形成了自己的特色。借鉴各国的职业教育模式,根据新加坡国家特点,创建适合本国国情的职业教育模式。经过长期的探索与研究,新加坡的职业教育发挥了应有的作用,为新加坡的经济建设注入了强大的生命力。如今,职业教育不仅是新加坡教育的主体,也成为了新加坡经济的支柱。[1]

4.4.1 “教学工厂”的人才培养模式

在新加坡,职业教育主要采用了“教学工厂”模式。“教学工厂”理念是由南洋理工学院的院长林靖东先生提出的先进办学理念。从早期的“日新学院”、“法新学院”、“德新学院”到现在的南洋理工学院,借鉴德国的“双元制”,从模拟到模仿再到融合,“教学工厂”的办学理念得到不断完善和升华。该模式以期将实际企业环境引入到教学环境之中,并将两者融合在一起。现在,该模式已成为南洋理工学院的注册商标。[2]

“教学工厂”模式将院校与工厂紧密结合起来,其特点是“将院校按工厂模式办、将工厂按学校模式办”,实训的场所不在校外而在校内,即通过配置工厂的生产环境,使学生通过生产性实训而学到实际知识和专业技能。[3] 它力图把“工厂的需求”和“学校的教学”这两方面,尽可能地沟通和融合在一起,使培养出来的学生既具有先进的理论知识,又具有现代化工厂所需要的实践技能。使学校教学真正做到“学以致用”、“学用结合”。[4] 生产厂家以提供或借用的方式在学校装备一个完全与实际工厂一样的生产车间,学生在教师(组织项目并讲课)和工人师傅的指导和训练下进行实际生产操作。在这种教学模式中,企业项目和研发项目是教学工厂不可缺少的重要组成,学生所做的项目是企业当前最需要开发的实际项目,所生产的产品是企业正在生产和销售的产品。[5] 所以,“教学工厂”这一概念,实际上所蕴含的是一种适应现代工业

1 孙玉红,鲁毅. 新加坡高职教育办学特色分析[J]. 辽宁高职学报,2010,(3):10-13.

2 周玉蓉,钟富平. 高职院校“产学工厂”办学模式的探索[J]. 教育与职业,2009,(5).

3 马强,付艳茹. 国际高职教育校企合作的典型分析与比较[J]. 科技管理研究,2010,(6).

4 郑家农. “教学工厂”——新加坡职业教育新概念[J]. 上海教育科研,1997,(4).

5 孙景民. 借鉴新加坡职业教育办学理念[J]. 新加坡职业技术教育,2006,(7).

技术发展的职业教学思想，它并不只指学校里某一个实训机构或某一个教学环节，它渗透在学校教学的各个方面，甚至体现在学校机构的设置和对外合作渠道的开拓上。[1]

具体来说，“教学工厂”的基本做法如下：职业技术学院一、二年级学生学习基本专业理论课程和进行基础技能训练，三年级学生依照自选的专业方向进入有关“工业项目组”进行实际生产操作。这种“工业项目组”即由某个或某些社会上的生产厂家与学校合办的以教学和技能训练为目的的生产车间。学校向生产厂家承揽工业项目，生产厂家以提供或借用的方式在学校装备一个完全和实际工厂一样的生产车间，学生在教师和师傅或技术人员的指导和训练下，进行实际生产操作。工业项目的取得，可由学校统一承揽，也可以由学生自选课题，但都必须是能充分体现运用所学的理论知识，通过实际生产能够学会，毕业后所从事的职业岗位必须掌握的基本技能的项目。项目的科技含量达到一定水平，不以盈利为目的，但必须进行成本核算，以不蚀本而微利为原则，这本身也是对学生的一种经营生存训练。[2]

由此可见，“教学工厂”模式将实际的企业环境引入教学环境之中，并将两者综合在一起。它使学生能将所学知识和技能应用于跨学科、多元化的综合科技开发和创新。教学工厂的目的在于为学生提供一个更完美和有效的学习环境和过程。[3] 它试图在学校内部营造一个典型的企业环境，并构建与教学紧密结合的办学模式，使实践教学不依赖于企业界，在校内即可实现理论教学与实践教学的有机结合，最终达到培养学生的实践能力、提高学生职业素质的目标。“教学工厂”为学生提供了一个更完善和有效的学习环境和过程，鼓励和开发学生的创新能力和团队精神，提高他们解决实际问题的能力，确保有关培训课程与企业需求挂钩，与时俱进，是学院专能开发与教师专业培训的重要途径，有利于促进学院与企业的紧密联系，为校企合作、工学结合搭建平台，建立长效机制。[4]

4.4.2　完备的保障体系

1）灵活分流的教育体系

新加坡政府重视教育的发展与改革，把教育视为立国之本。一方面实行精英教育，另一方面重视职业技术教育。1969 年就提出“向技术教育进军”的教育规划，在基础教育阶段大力发展职业技术教育，形成普通教育与职业教育双轨发展的教育体制。[5] 这不仅为经济的发展提供了一批具有中等技术水平的劳动力，而且为培养高级技术人才奠定了基础，从而促进了新加坡经济的腾飞。

目前，新加坡已经建立一个由低层次到高层次、高职与普高上下相衔接的“立交桥”式的高等教育体系。在新加坡的中学后教育中，高职与普高可多次跨越和层层提升，且提升的学制衔接方式基于所学课程的适应程度，毋须从各学制起点对接。为落实高职与普高沟通，新加坡各层次和各类型教育分流及相互间的转换，主要以证书考试或文凭课程学业成绩为依据，不另

1 郑家农.“教学工厂”——新加坡职业教育新概念[J].上海教育科研，1997，(4).

2 明廷华.“教学工厂”：一种值得借鉴的教学模式[J].职教论坛，2007，(8).

3 简祖平.向新加坡“教学工厂”学什么——从教学工厂的概念谈起[J].中国职业技术教育，2010，(19).

4 任振林.“教学工厂”与“无界化”理念对高职专业实体化建设启示[J].职业教育研究，2010，(7).

5 黄润秋.从新加坡职业教育健康发展反思我国职业教育的“硬伤”[J].当代教育论坛，2005，(1).

设专门的招生考试。学习成绩优秀的工艺教育学院学生可升入理工学院,理工学院的优秀毕业生可升入大学。[1] 如图 4-3 所示。

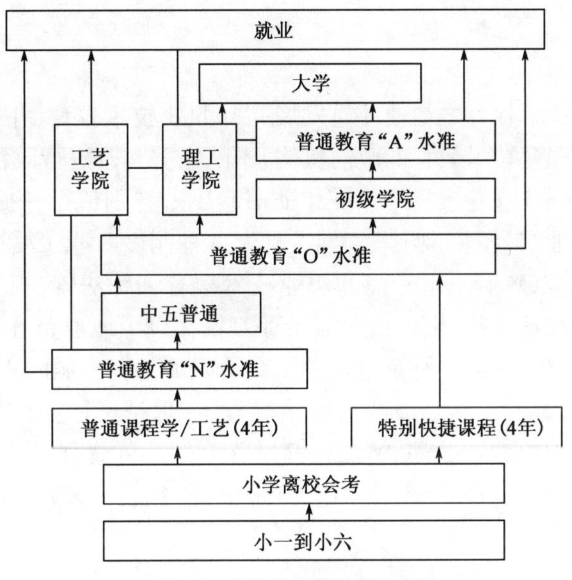

图 4-3 新加坡教育结构示意图

资料来源:尹玉珍.我国与新加坡职业教育的几点比较[J].职业教育研究,2006,01.

具体来看,新加坡的职业教育机构主要有三类:中学普通工艺教育、工艺教育学院和理工学院。

中学普通工艺课程,主要招收当年 15% ~20% 的小学毕业生,根据考试成绩学生通过分流分别进入特别/快捷课程、普通学术课程、普通工艺课程进行 4 年或 5 年的学习。

工艺教育学院(ITE)的教育和培训相当于我国的中等职业教育。其主要目标是培养和培训各种技术工人,主要招收持有新加坡—剑桥"普通水准"("O"水准)或"初级水准"("N"水准)证书的学生。截至 2007 年,新加坡共有 10 所工艺教育学院,分布在贯穿于全岛的东、西两条地铁环线周围,分别形成东区和西区两个工艺教育学院网络。工艺教育学院目前共有 28 个全日制课程,分为商业和服务业、工程和工艺技术三类,提供二级国家工艺证书、工业技术员证书、商业学证书和办公室技能证书四种资历。工艺教育学院的功能有五项:一是注重就业前的训练;二是注重为工人提供继续教育和训练的机会;三是推广以工业为基础的训练计划;四是颁发证书承认新的技术和技能;五是为雇主提供有关训练员工的咨询服务。学生结业需通过理论与实践考试,取得技术工人资格。

理工学院的教育和培训相当于我国的高职教育,招收约 40% 的"O"水准毕业生。层次为大专,设有专业文凭、技术文凭和一般操作文凭。其主要目标是培养技术人员和技师。新加坡的本科大学教育属于普职混合型,集理论型、实用型人才的培养任务于一体。新加坡目前有三所国立大学:南洋理工大学、新加坡国立大学、新加坡管理大学。大学本科主要招收获得"A"水准的毕业生,此外每年有相当多的优秀的理工学院毕业生进入国立大学二年级或三年级攻读学位课程。[2]

1 马志青,杨晓丽.中国与新加坡高等职业技术教育的比较[J].民办教育研究,2008,(2).

2 邹瑞睿.新加坡国立理工学院职业教育研究[D].重庆:西南大学,2008.

如此看来，灵活多样、上下衔接的教育体系，为新加坡的被教育者们提供了多种自由的选择。各级学生能够根据自己的兴趣特长、发展意愿来接受不同类型的教育，因此，这在很大程度上促进着职业教育的发展。

2）政府的大力支持

新加坡在发展职业技术教育之初便注重发展高等职业技术教育，并采取各种措施促进其发展。建立了专门指导职业技术教育的政府机构，不断完善和改进行政领导方式；投巨额资金设立技能发展基金；加强立法，发展技术标准和证书制度。特别值得一提的是，新加坡政府通过立法使“先培训，后就业，未经培训不得就业”成为一种制度。职工受聘后的第一次工资按文凭学历确定。[1] 在新加坡，政府制定专门的职业技术教育训练法规，规定求职者必须接受职业技术培训，这使得职前培训制度化。凡资本在百万新元以上或雇员在50人以上的企业，必须对在岗职工进行专业技术培训。所有企业必须交纳职工工资总额的4%作为全国技能发展基金等。[2] 作为高度法制的国家，新加坡的这些法律规定，保证了职业院校与企业间无法割断的“血肉”联系。此外，新加坡政府不断增加教育投资数额。目前，在政府财政支出中，教育经费占第二位，仅次于国防。人均教育经费高达1 400新元，约合1 000美元。[3]

3）师资质量的把控与提升

新加坡的职业教育高度重视教师队伍的建设，“教学工厂”在师资力量方面的做法有以下几点：

（1）严格教师的选任资格，多渠道引进优秀教师

新加坡有三种人有机会成为教师。一是大学毕业的人（在国立教育学院接受一年的专业培训，成绩合格可以担任中学和初级学院的教师）；二是理工学院毕业的人；三是读完大学先修班的人，再进入国立教育学院攻读二年教育专业，合格后有机会成为小学教师。而高等职业学校的专业教师必须由大学毕业后在企业工作三年以上的人担任。[4] 在担任高职教师的资格上，讲究理论水平达到“理解”，实践水平达到“能做”，在具备大学学士水平基础上，接受一年教育专业学习，同时还要有至少三年以上的相关专业的社会工作经验和必需的工程师资格。此外，为了能选拔到优秀教师，新加坡的高职院校还下大力气从国内和国外企业引进优秀工程技术人才。同时，鼓励教师工作一段时间后再进入社会，也欢迎走出去的教师再回来授课，这样通过企业、学校互动，教师的实践能力和教学水平都可得到锻炼。

（2）注重在职教师的进修和培训

新加坡要求教师必须参加相应的进修和到企业进行体验性学习，同时要求教师每隔2～3年就要从事一段时间的工业项目的研制，使教师不断能从生产实践中汲取营养，充实自己。各学院每年都将总经费的5%作为教师培训费用支出。[2] 同时，新加坡重视教师的工作学习。主要通过项目开发和应用科研两种途径来提高技能，以达到在工作中学习与提高之目的；重视教师到企业实习与考察。主要有工作轮调、参与企业座谈会、参与企业实习项目、到企业考察等

1 简祖平．向新加坡“教学工厂”学什么——从教学工厂的概念谈起［J］．中国职业技术教育，2010，（19）．

2 安荣，矫爱玲，王小兰．日、韩、新三国高职校企合作人才培养模式的特色及启示［J］．中国成人教育，2010，（11）．

3 黄润秋．从新加坡职业教育健康发展反思我国职业教育的“硬伤”［J］．当代教育论坛，2005，（1）．

4 王勇军，谢红．新加坡职业教育与我国职业教育的比较分析［J］．辽宁高职学报，2007，（2）．

方式;重视教师的专业能力开发和实施能力转向策略。新加坡某理工学院非常重视专业能力开发,其做法就是把不同专业背景与才能的教师组织成多元技能专业小组,让他们更有效地各展所长及互相配合。这种组合产生的整体综合效果往往优于个人能力总和。并且,与企业专业人员携手合作研发项目,也是学校自身专业能力最好的衡量标准。只有积极参与科研项目,不断地自我更新,才能与科技、工业的发展齐头并进。[1] 除此之外,高职学院还注重让教师同国际接轨,鼓励并帮助教师创造机会到国外企业学习或兼职,保证教师的知识及时得到更新,培养师资的区域化和国际化教学水平。

4) 实用的课程设置和严格的人才考评制度

新加坡职业教育专业课程设置趋于理性,能将有关领域的前沿科学理论和研究成果穿插于课程之中。在实际操作中贯彻基本理论知识够用的原则,注重实践能力和应用能力的培养,强调挖掘和开发学生的创新和创造潜能。无论是专业方向的拓展还是新专业增设,其专业课程设置都有一套完整的开发程序,基本程序如下图 4-4 所示。

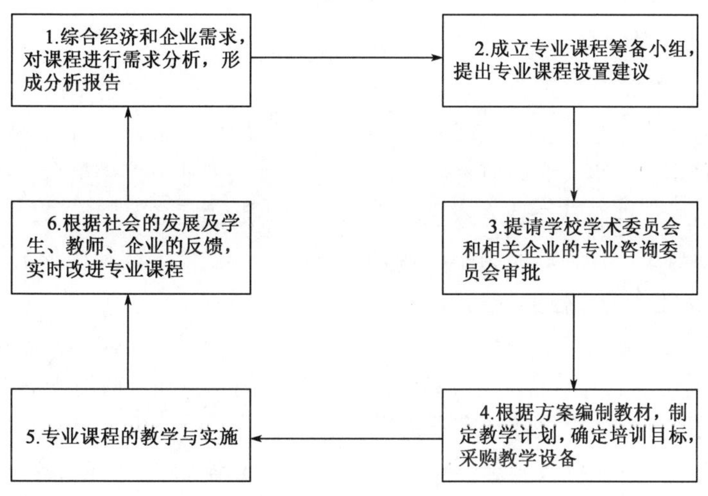

图 4-4 课程设置的开发程序

资料来源:马志青,杨晓丽.中国与新加坡高等职业技术教育的比较[J].民办教育研究,2008,(2).

以南洋理工学院为例,作为新加坡职业教育成功的典范,该校根据经济发展需要以及科技发展趋势,准确定位,为学员提供优质的高等职业教育与培训,为他们未来的就业做好准备,以便他们在毕业后为新加坡的科技、经济及社会发展作出贡献。学院充分利用其资源与专能,为工商业界提供人力开发课程及有关服务,以支持国家的经济建设与发展。南洋理工学院发展高职教育的宗旨是:"以明天的技术,培训今天的人才,为未来服务"。新加坡在技术人才培养中非常注重超前性,关注国际新技术,特别是高科技发展动向,处处创新,注意研究国内产业结构调整后对技术和人才的需求情况,不断地为教育培训注入新信息,不断制定调整专业结构和设立各级各类课程等策略,密切配合各阶段的经济发展,精益求精,以适应社会经济发展的最新水平和需要。南洋理工学院经过短短 15 年的办学,形成了"4C"的文化特色,即文化(Culture)、

1 周文玲,陈修焕.新加坡高等职业教育校企合作的特点及启示[J].青岛职业技术学院学报,2011,(6).

理念(Concept)、专能开发(Capability)和企业联系(Connection)。校企深度融合、工学结合、项目导向的特色。它是在现有的教学系统的基础上,将实际的企业环境引入教学环境中,将两者综合在一起,由模拟(Simulation)到模仿(Emulation)再到融合(Integration),建立一个灵活、创新而又富伸缩性的教学系统,并以先进的科技达到“超前培训”。开发学生的最大潜能,培养学生的创造力,全面提升学生的专业技能,适应企业岗位需要,促进理论的提升,使学生能将所学到的知识和技能应用于多元化、多层次的工作环境里。

由于新加坡的职业教育注意培养学生适应市场“经营求存”的能力,因此,对学生的学习和考核都有相当严格的规定。新加坡理工学院、工艺教育学院的学生在最后一年,都要进入有关的工业项目组进行实际生产操作。这种工业项目和国内高等学校最后一年的毕业设计有点类似,但又有较大的不同,其表现在两个方面:一是学生进入的工业项目不是由任课教师给定的,而是由工厂给定的真实项目,并且不少设计项目要投入到生产中。二是学生设计的工业项目要进行成本核算,以微利为原则,绝对不能蚀本。这样学生在设计项目时不但要讲究质量(否则厂家不采用),还要学会“经营求存”,以适应市场需要。[1]

5)重视与企业间的合作关系

在新加坡,各职业院校和企业的关系十分密切和融洽。主要表现在:

(1)各职业院校设置的董事会、专业咨询委员会等机构均由来自政府、企业的管理及专业技术人员组成。其董事会董事长为政府官员或业界资深人士,专业咨询委员会主任为企业管理者。

(2)各职业院校定期聘请企业专家来校提供短期协助或服务。

(3)学校主动与企业保持联系,建立良好的人脉网络,在全体教师中形成“外界联系,人人有责”的氛围,并将此作为工作业绩的考核内容。

(4)学校历来重视并已成功同外国政府、学府及工业领袖建立起牢固的区域与环球联系,在长期发展与高增值的合作伙伴关系上,有着成功的先例。新加坡政府先后与日本政府、德国政府和法国政府签订协议,由这些国家分别提供财政和技术的支援。

同时,新加坡还十分注重实施国际化的校企合作。在南洋理工学院,合作企业既有新加坡国内的企业也有跨国界的国外企业,与 NYP 有合作的大中型企业有 400 余家,工厂为学院提供先进的实验实训设备、合作的企业项目和学生实习机会,学校为企业搞科技项目、提供技术支持和员工培训,为企业的发展提供服务。典型的合作企业有:与德国 FESTO、日本三菱、松下、美国 IBM 的工程项目,与霍尼韦尔、横河等国际化工企业的项目,摩托罗拉的机型设计,国际航运导航信号灯设计制造,新加坡航空学院的合作项目,新加坡地铁公司地铁收费卡设计,医院的人造头颅骨壳制作和开发远程 DNA 分析终端,新加坡国防部多个项目的合作等。这种校企间的紧密合作使学生有可能深入企业,接触、了解企业的实际,特别是通过参与企业项目的开发,不同专业的教师学生共同参与研究,使得教师的知识不断更新,学生的培养更加贴近企业及经济的发展,实践了“源于企业,用于企业”之办学精神。[2]

新加坡职业教育在“教学工厂”的理念下,所实现的知识与技能的结合、理论与实践的结合、学校与企业的结合、教学与研发的结合,促进了职业技术人才的高质量培养,有效推动着新

1 孙景民. 借鉴新加坡职业教育办学理念[J]. 新加坡职业技术教育,2006,(7).

2 陶秋良. 新加坡南洋理工学院人才培养模式的几点启示[J]. 高职论丛,2008,(1).

加坡的经济发展水平的提升。

4.5 日本职业教育校企合作的实践与经验

在国家现代化进程中，一个资源短缺的国家除了开发人力资源别无选择。因此，提高国民教育水平、努力使全体人民从少年到成人都掌握职业技术能力，是日本的优先战略。自 19 世纪中期日本革新以来，日本就一直把教育、科技、学术、文化、体育的发展置于先行投资的主要位置，并明确将职业教育视为全体国民更新知识，增强职业能力、创造能力和竞争能力的基础。在近 20 年间，日本的高等职业教育始终以国际化、多元化、社会化为指针进行改革，相应地提出了高等职业教育应该向“接受、交流、开放”的方向发展。目前，日本高等职业教育的外部特征已经日益显著，在教育、教学上保持了原有的“重实践、重现场”的基础特征，还在迎合国际化、多元化、社会化的发展策略上作了极大的调整，使高等职业教育人才培养的内在效应得到了强化。[1]

4.5.1 日本的校企合作模式

日本高职校企合作教育的主要形式是“企业教育”模式。伴随着《产业教育振兴法》等一系列法规的出台，日本高职的校企合作有了实质性的进步，被公认为当今职业教育成功的范例，其人才培养主要侧重于实践性人才的培养。企业办学是日本职业技术教育的一大特色。日本企业内的教育培训系统十分发达，几乎所有的大型企业或行业都有完整的教育培训体系和制度。日本“企业教育”模式的一大特点是，企业与职业教育一体化，开展教学性生产和生产性教学，将教学与生产紧紧连在一起。[2] 这种教学模式不仅为本企业培养各种技能型专门人才，而且也培养学生参与产品研发的能力，它的确能够培养出企业自身所需要的高素质技术人才。

在日本，另一种主要的校企合作方式是“产学合作”。该模式在亚洲获得成功，它是通过校企之间就共同课题进行合作研究，适用于科技能力较强的院校。基于该模式，校企间是通过共同研究或委托研究的方式对科研项目进行开发或推广，以科研带动的方式间接实现对学生的培养。该模式的资金一是来源于委托金额，二是来源于企业的捐赠。“产学合作”模式可以为“双师素质”教师提供解决方案，也可以在实际应用的渠道中成为带动学生实训的真实工作过程。[3]

4.5.2 健全的法律法规

日本最初的与职业训练有关的法律是在 1911 年颁布的《工厂法》。这部法律的颁布有其历史背景。明治维新以后，日本提出了富国强兵、殖产兴业等口号，1872 年日本颁布了《学制令》，规定了国民教育的义务制，1899 年日本颁布了《实业学校令》，提倡兴办实业学校，提倡职业教育，它是早期职业教育体系出现的标志。[4]

1 欧阳珺茜，杨广晖. 国际化 · 多元化 · 社会化——日本高等职业教育人才培养模式的特色及启示[J]. 职业技术教育 2009，(19).

2 姜惠. 当代国际高等职业技术教育概论[M]. 兰州：兰州大学出版社，2002.

3 马强，付艳茹. 国际高职教育校企合作的典型分析与比较科学技术管理[J]. 2010，(6).

4 张继文. 日本职业教育的立法及其思考[J]. 成人教育，2004，(4).

第二次世界大战后，日本围绕产学合作出台了一系列深化职业教育的法律法规，如表4-3所示。这些法律法规大致也可分为两类：一是纲领性政策。如1961年修订的《学校教育法》第四十五条第二款规定，凡在国家指定技能教育机构学习的高中生，其所学课程和学分可视为高中课程和学分的一部分，毕业时发证书，享受高中毕业的同等待遇；职业培训机构、全日制高中、函授制高中三结合；第一次通过法律规定使得这种合作的学校制度化。1985年日本政府公布《职业能力开发促进法》，用以取代原有的职业训练法，该法的出台成为日本职业教育校企合作基本法的标志。后因为泡沫经济发展，产业结构改变以及高龄化社会所衍生出的一系列问题，又于1993年大幅修订《职业能力开发促进法》，其改革重点在于确立事业机构实施教育训练或在职训练制度的地位。二是配套性政策。如《"产学合作的教育制度"的咨询报告》建议在国内推行产学合作教育制度，希望通过产业界和大学之间的直接联姻，灵活调解中等和高等教育的系、科设置，最大限度发挥教育的经济功能。随后，日本经营者团体联盟发表《关于振兴科学技术教育的意见》，重申"要进一步加强大学与产业界的合作关系"，要求"进一步加强企业内技术人员的培养制度与定时制高中及函授制高中之间的联系，"并提出了具体合作方案。[1] 这些法律使日本的职业教育形成了一个完备、有序的体系。同时根据现实的需求，不断进行立法的改革与完善。如为了进一步培养和提高年轻人的职业技能，2006年日本又创立了以企业或用人单位为实施主体的新型培养模式，即所谓的"实习并用职业训练制度"，并将其写进了新修订的《职业能力开发促进法》。[2]

二战后日本产学合作相关法律法规　　表4-3

颁布时间	法律法规	颁布时间	法律法规
1956年	《产学合作教育制度咨询报告》	1961年	《学校教育法(修订)》
1957年	《关于振兴科学技术教育的意见》	1969年	《职业训练法》
1960年	《关于产学合作》	1985年	《职业能力开发促进法》
1960年	《国民收入倍增计划》	1993年	《职业能力开发促进法(修订)》

4.5.3 市场化的学科设置

日本高等职业教育的发展既有"高"和"宽"的概念，也有"向下"的要求。所谓"高"与"宽"，是指要看到科学技术的新发展，看到国家和本地区经济发展的走向。所谓"向下"则是要求职业技术教育要面向职业岗位，根据实际需要，强调学校与企业的结合，实现培养实用型人才的目标。如，广岛日之光专门学校开办物业管理专业，如果按照常规制定教学计划，房屋建筑、水暖工程、电器设备等课程应是必修课中的重中之重。但实际上必须要认识到，物业管理作为一个服务性的专业，有良好的服务意识，关心客户的需要，营造宜居的生活环境和氛围才是这个专业最重要的评价标准。这说明社会需要与学校设想之间的差距，也阐释了社会需要教育，但教育不能被束缚于学科型框架中的含义。要从社会的实际需要出发，制定新型的教育发展规划，才能培养社会实用的真正人才。[3]

1 尹金金. 德、美、日职业教育校企合作制度比较研究——基于历史视角与特征的分析[J]. 职业技术教育,2011,(19).

2 安荣,娇爱玲,王小兰. 日、韩、新三国高职校企合作人才培养模式的特色及启示[J]. 中国成人教育,2010,(11).

3 欧阳珺茜,杨广晖. 国际化·多元化·社会化——日本高等职业教育人才培养模式的特色及启示[J]. 职业技术教育,2009,(19).

面对现行的学科分类不能充分适应社会经济发展的现状,日本中央教育审议会提出:要在固定的学科区分中,超越学科的界限,加设“复合型”教育内容,以适应当今社会信息化、国际化、高龄化和服务经济化的要求。同时,根据日本的产业、就业结构的变化重新改革学科制度。不细分专业,而重视学科的基础和基本的内容。日本中央教育审议会认为:职业学科的方向是“为培养掌握专业技能的职业人,开设能够适应社会变化和技术高度化的学科,改革教育内容,推进课题解决型学习方法。学习复合型知识和技术,开设多种科目,导入超越学科界限的选择制。”日本职业学科已不再是单纯就职业而言的应用学科,而是综合了现代知识和技能的“复合型”学科。在日本,自1994年起开始出现普通学科和职业学科相融合的新学科——“综合学科”,其意在培养适应性强的产业人员。爱知县的职业专业高中也因此成立了“综合学科”,并根据普通高中的学生情况和学校情况,增添了新科目“产业社会和人类”、“情报基础科目”,重在培养学生的职业观和劳动观。经过几年的实践,取得了令人满意的效果。[1]

灵活化的具体措施:

(1)要不断充实教育内容。在专业高中设置选择面广的科目,发展每个学生的个性。同时,根据学生和地方实际、学科特点,努力设计富有魅力的教育课程。

(2)改编、充实适应时代发展的学科。应根据学校和地方实际,导入新的专业分支。例如农业学科要重新审查学科的名称,把“农业科”“园艺科”“林业科”等改为“生物生产科”“生产流通科”“地域开发科”“环境科”等。工业学科以“机械科”及“电气科”为基础,提高“电子机械科”“信息技术科”等的比率。

(3)课程制的导入。学科的统合应根据本地的产业结构和就业结构的变化,根据地方产业的实际情况进行。为了确保多样性的学习内容,导入课程制是十分必要的。

(4)设施、设备的充实。采用新的教育内容,必须扩大实验、实习的比重,充实学校的设施、设备。特别是面对科学技术日新月异的发展,应在充实设施、设备的同时,更新老化的设施、设备。还应充实信息设备,开发计算机软件。

(5)加强与地方的合作。职业学科应加强与地方、社会的合作,向地方招聘与各学科相关的专家作为学校师资,增加实地考察项目,提高学生的兴趣及学习欲望。开设开放性讲座,使职业高中成为地方文化的一个组成部分。定期召开产业教育博览会,宣传职业教育的重要性,取得社会的理解。

(6)加强与初中的联系。应以初中学生和其家长、教师为对象,可采取吸引他们到职业高中进行入学体验等方法,扩大与初中学生的交流机会。

(7)推进资格证制。职业高中学生应取得社会认可的职业资格,同时,为取得社会对职业教育技术认定制度的理解和好评,应努力扩大在产业界和大学界的活动范围。[1]

(8)重视寻求多元合作。为了适应日益激烈的市场竞争并占得先机,保护和发展自己,做大做强,日本众多高职院校在教育改革进程中,一直致力于把发展名牌专业和挂靠名牌学校结合起来。主要是通过大量吸引海外教育集团的加入,如,“车站留学”是日本家喻户晓的教育品牌,它是日本国内的“英会话”教育机构将43%股份售给美国著名的凯迈斯教育集团后组建而成的。不到三年,“车站留学”以便捷、实效、廉价的优势独居日本教育行业榜首。另外,还有

1 杨玉春.日本职业教育的新动向[J].辽宁教育学院学报,2002,(11).

通过国内院校间联合、重组以及融资等模式，建成具有国内、国际竞争力的一流高职院校，在激烈的竞争中脱颖而出，创造更高价值的教育效益，从而具备更为丰富的资源，以参与更多的教育市场竞争。[1]

4.5.4 有针对性的人才培养课程

早在1984年，日本“临时教育审议会”就明确提出了“改变内向性教育的现状，向国际社会开放，培养在国际社会中可以取得信赖的日本人”的教育改革指针。力图通过政策的推进实施使各级各类学校的每个学生都能达到世界级知识标准，努力提高学生的“全球意识”和“国际化观念”。而“国际化、多元化、社会化”的理念，则是在原有基础上为了更好地应对国际化发展挑战而提出的调整政策，决定了“未来50年日本教育的走向”，意味着“整个国家的发展不再局限于本国本民族”。从职业教育角度来看，是指各级各类职业学校要面向更宽泛的世界空间。具体到教师、科研人员及其学者身上是“为了在学术上不断进步和创新，自然参与到国际合作和交流中去，掌握本学科最新和最前沿的动态，以丰富和更新自己的知识体系”。[1]

通过设立有关国际教育的新学科、增设相关专业或在原有课程中增加相应的知识内容，实现人才培养目标。日本高等职业教育比较倾向于突出专业特色，丰富本校的专业构成，以学科专业的多样化形成学科间相互渗透，开设跨学科课程。如滨淞电子技术学校从1999年起增设培养学生从事国际职业的课程（如国际商务、管理、会计），还特别在外语有关课程的教学中，专门设置特定的“相互交流和沟通问题环节，以培养学生的跨文化交流与处事技能”。广岛农业大学校是西日本最大的培养农业专门人才的高等职业学校，该校在培养内容上设置了科际课程（Interdisciplinary Programs），使农业技术、营销心理、国际贸易、计算机网络应用等多个专业之间形成有效的互补，极大地提高了所培养人才的基本技能。

20世纪90年代以来，日本高等职业教育内容逐步丰富，形式更加多样化。在课程的数量和比重方面，国际化、多元化、社会化成为实施课程内容和结构改革、提高院校教学质量、实现人才培养目标的指导思想。更为重要的是，培养形式和手段的多元化促进了原来培养体制的转变。如，广岛农业大学校把5年的专业学习划分为基础课程和主要课程两个阶段。基础课程主要是通过练习、研讨课等教学形式指导学生掌握基础实践能力，两年后参加中期考试，成绩合格者进入主要课程阶段主修专业课程，这一阶段的主要内容是了解本专业方向的最新动态和最新发展，进一步提高学术水平和素养，成为具有国际化视野与意识的职业技术人才。同时，在专业课程学习中，不同的专业方向，如农田水利、花卉景观、农林经作等，则可以选择相互关联和渗透的课程，根据最终成绩颁发相应的资格证书。[1]

各个层次的高职院校在专业与课程设置上几乎都显示出这样一个信息：“有完全的共同点，有完全不同点。”所谓的完全共同点是指在“国际化、多元化、社会化”潮流下各个高职院校的办学理念几近相同。但同时可以发现，几乎各个院校在自身的专业及课程设置上不约而同地选择了“不重复”形式。显然，这是因为高等职业教育的每个专业都需要有自己独特的教学条件（如专门的师资和设备等），建设这些教学条件需要较大的投资和较长的周期。所以，这种

1 欧阳珺茜，杨广晖. 国际化·多元化·社会化——日本高等职业教育人才培养模式的特色及启示[J]. 职业技术教育，2009，(19).

办学模式不仅会造成师资、财力方面的困难,而且很容易搞成低水平重复。为此,高职院校在专业和课程设置上都力图打破“大而全”、“小而全”的传统模式,体现出综合性、先进性和灵活性,开设一些社会特别短缺、难度较大的专业,并充分考虑到社会需要的变化,以起到突出自身亮点、平衡社会需要的作用。[1]

4.5.5 重视学生的综合职业素质

科学技术的迅速发展使行业更新日益加快,狭窄的职业技术教育往往使学生定位于某一岗位、某一职位,不能适应频繁变换工作的需要,因而重基础、有弹性、具有广泛适应能力和迁移能力的综合职业能力培养,成为21世纪高职人才培养的重要目标。综合职业能力既包括专业能力,如技术操作能力、技术管理能力、技术诊断能力和维修能力、技术创新能力等,又包括一般能力,如认知能力、表达能力、管理能力等。人才培养目标的变化使课程设置的重点发生了重要变化,更加重视基础课程,一般教养课程范围逐渐扩大,职业课程群集化,为学生提供进入多种相关行业所需的知识和技能。

与此同时,日本的职业教育还注重学生创新能力的培养。1995年日本产学恳谈会提出《为培养创造性人才改善大学教育的紧急建议》,此后又提交《为培养理工科领域创造性人才的产学恳谈会报告书》,提出着力培养敢于和善于新技术开发的创造性人才。可见,创造性人才的养成不仅是人才培养的基本要求,也是在产业界“需求动力”的推动下。1999年3月,日本政府制定了《创造基础技术振兴基本法》,开始推进与创造技术振兴相关的政策计划。2000年5月,由内阁总理大臣主持的“创造恳谈会”强调,要不断听取、采纳为提高国民创造力的各种政策意见和提案,发动全国国民关注创造性的培养。因此,高等职业教育在未来的发展中将更注重问题型学习及学生在实践中创造性的培养,促进学生的可持续发展。

在日本,高等职业教育的另一个重要特点是无论在短期大学还是高等专门学校的课程体系中,都并行开设了一般教养课程与专业课程,人文课程的学分比重非常高,课程涉及的领域非常广泛,包括政治、经济、法律、文化等各个方面。这不仅使学生学到各种技术理论,加强实践能力,还培养学生学习专业知识之外的态度、价值等人文因素,使高等职业教育毕业生不仅仅是单纯的技术劳动者,而是一个能在政治的、经济的、法律的、人类的总体框架下思考技术价值的技术人文者。[2]

4.5.6 完善的师资队伍建设体系

(1)采取“开放型”师资培养体制

1949年文部省拟定了《教育职员许可法》和《教育职员许可法实施规则》,确定了日本“开放型”的教师培训体制。日本一方面在文部省认可的高等院校里培养职业教师,一方面还在其他国立大学的工学院里设置工业教员培养课程,进行有计划的培养。职业学校教师一般是在工科院校毕业,取得学士学位后,再到师范院校教育系、教育学院或职业教育培训单位进行教育理论学习及生产实习、教育实习,经考试合格后,才能获得任教资格。

---

1 欧阳珺茜,杨广晖. 国际化·多元化·社会化——日本高等职业教育人才培养模式的特色及启示[J]. 职业技术教育,2009,(19).

2 施雨丹. 日本高等职业教育发展的趋势[J]. 中国职业技术教育,2003,(11).

(2)实行严格的录用制度

在日本,要想成为一名职业学校的教师,要经过严格的考验。除了要具有本科以上学历外,还要取得职业教育许可证,然后再通过每年一度的任职考试。经过层层选拔的优秀者才能够进入职业学校任职。

首先,要获得职业教育许可证,具备从教的资格。根据1949年日本公布的《教育职员许可法》,除大学教师外,幼儿园、小学、初中、高中、特殊教育学校的教师,都必须取得相应的教职许可证,没有获得教职许可证的人员不能从教,否则是违法行为。日本职业教育师资集理论课的讲授与实际操作为一体,要求较高,所修学分要比一般普通专业多。比如,职业高中的教师分为两级。高中教谕一级证书要求教师必须具有硕士学位或在大学研究生院学习一年以上的学历。高中教谕二级证书要求教师具有学士学位,即本科毕业的学历,这两种证书都要求学生在学习期间修学64个教育学科的学分。

其次,要经过严格的考试。取得教职许可证只是具备从教的资格,而成为一名教师,要经过严格的考试。日本的教师录用考试每年举行一次,考试分为初试和复试。初试有笔试、性格检测或适应性检查和面试。复试要过四关:笔试,主要考试教职方面的专业知识;书写,主要检测应试者的汉字规范程度和书写能力;写作,主要检测教师的即兴定题写作能力;实际技能测试,主要检测教师所学专业课程的实际技能。

(3)建立多样的在职培训制度

日本推崇职业教育教师的在职进修制度,要求每一位任职教师都要在一定时期内进行校内外进修,以保证教师知识、技能的更新。

日本的《教育公务员特别法》中规定了教师进修的有关事项:"教员必须不断努力进行研究和提高修养,以保证完成其职责。为此,教员的任命机关要设法提供教员进修所需要的设施,制订计划,通过有效途径来鼓励教员进修。同时必须为教员创造进修的机会,教员可以在不影响授课的情况下,征得校领导的同意后,离开工作单位去进修,任命机关可以选定一些教员在职长期进修。"[1]根据这个法令,日本建立了中央及都道府县各级教师进修制度。职业教育教师的在职进修制度,主要包括新任教师的进修和确保每位教师在一定期间内参加进修的机会。新任教师进修制度是在日本文部省统一规范下进行的,规定他们在担任现职工作的同时,每周必须保证在校内进修两天(1年不少于60天),在校外进修一天(1年至少30天)。新任教师的校内进修一般在有丰富教学经验的教师指导下,听课、实习、进行实际操作,培养其实际教学能力和对学生的组织管理能力。校外进修主要在校外的地区教育中心接受短期培训,文部省也定期开办新任教师职业教育实技讲习班。为了保证每位教师都有机会进修,文部省、地方教育委员会及有关校长协会等,统筹安排教师的进修。一般按照教师的从教年限划为具有5年、10年及20年教育经历三类,分别在各阶段安排必要的进修活动。另外,每年文部省都要为各教科领域指导教师及指导主事举办"产业教育指导者养成讲座",讲授为适应科技和经济发展需要的新知识和新技术,为时5到6天。除此之外,各校长协会也积极组织在职教师的进修,如日本全国工业高中校长协会,每年接受产业界以及大学的委托,用最新的设备器材,为学员进行为期3到5天的讲习。

1 李亚平.日本职业教育师资的确保制度[J].日本问题研究,1994,(2).

(4)多渠道引进师资

日本除了通过开放型的模式培养教师外,还积极吸收社会优秀技术人员,充实职业教育教师队伍。比如:1988 年修订的《教育职员许可法》,新设特别资格证书和兼职教员制度。特别资格证书的颁发对象为具有一定专业知识和技能、社会威望高、通过了都道府县教育委员会举行的教育职员审定考核的人员。持有特别资格证书的教师,可从事教学、做班主任或者从事学生指导等工作。兼职教师制度是指,只要经都道府县教育委员会允许,可聘用不持有教员资格证书的人员担任兼职教师,从事部分教科科目的教学或实习指导。在具体实施中,各都道府县严格审查教科科目是否为高精尖专业知识和技术,教育内容是否与兼职教师的专业对口等。聘用兼职教师时,一般采取临时定期聘用的方式。[1]

(5)优厚的薪酬待遇

在日本,教师社会地位高、工资待遇高,是最具吸引力的职业之一。1974 年国会通过了《人才确保法》,规定中小学教师的工资要高于一般国家公务人员。现在,日本的各级各类学校教师的工资,除少数国家官员外,在国家公务员中最高,一般中、小学教师的初任工资已超过一般公务员工资的 16%。教师工资的等级是由教师工龄的长短、职务的高低、工作的难易、责任的大小、分量的多少、质量的优劣等因素来确定的。从教师队伍内部看,职业学校教师要比普通学校教师的工资高。比如,在高中教师中,从事职业教育的教师,其工资比普通高中的教师约高 10%。[2]

日本在职业教育方面取得成绩有很大的借鉴意义。其校企合作的突出模式、人才培养的灵活多样、相关法律制度的健全完善以及对职业教育教师队伍建设的重视程度等方面,都为我国职业教育的可持续发展提供了有益的经验。

1 穆小燕. 日本职业教育师资队伍建设的特点及启示[J]. 日本问题研究,2006,(2).

2 沈学初. 当代日本职业教育[M]. 太原:山西教育出版社,1996:147.

5 行业引导型校企合作的理论与实践探索

当前,我国职业教育已经进入体系构建阶段,职业教育发展主要从数量发展迈向了追求内涵发展、注重质量提升、创新管理机制的新阶段。国家示范性高等职业院校和骨干高职建设院校建设项目不断探索、深化校企“人才共育、过程共管、成果共享、责任共担”的紧密型合作办学体制机制,以提高质量为核心,提高人才培养质量和办学水平,增强高职院校服务区域经济社会发展的能力,实现行业企业与高职院校相互促进,区域经济社会与高等职业教育和谐发展。然而,当前,校企合作目标单一、合作关系松散、合作时期短暂等问题依然突出。教育部部长袁贵仁曾在职业教育与成人教育工作会议上指出:当前我国职业教育发展的致命弱点就在校企合作,行业企业参与校企合作是今后一个时期职业教育改革发展的重点,是我们应当下大功夫、也是必须下大功夫去探索和解决的难点。广东交通职业技术学院(以下简称“学院”)在多年办学历程中,立足交通、依托交通行业搭建校企合作组织平台,优化政校企多方共管共赢的运作机制,采取多种形式与行业企事业单位开展包括合作办学、人才培养、课程开发、实习实训基地建设、科技服务与教育培训等多领域的合作,初步形成了行业引导型的校企合作发展模式。

5.1 行业引导型校企合作模式概述

5.1.1 行业引导型校企合作内涵、表现形式与现实意义

行业引导型校企合作发展模式是行业高职院校紧密联系行业、依托行业,充分发挥行业在制定行业整体发展规划、确定人才需求规模与规格、引导企业参与、协调各方利益的优势,使之发挥重要的导向、促进和监督评价作用,从而推动各方积极参与、开展各项校企合作办学及人才培养的一种校企合作发展模式。该模式以他方为中心,以多方共赢为目标,在考虑行业高职院校长期以来依托行业办学,与行业联系紧密,且在专业设置、人才培养和社会服务诸方面具备行业特色与优势的基础上,发挥行业主管部门的产业规划、政策引导功能;行业企事业单位的人才和技术需求引导功能;行业中介组织的标准与规范引导功能,全方位引导行业高职院校的办学、人才培养及社会服务活动的方向与形式,推动校企合作朝着能够满足行业发展需求,保障各方利益的方向发展,从而有效提高各方参与校企合作的积极性,推动深层次校企合作。

行业引导型校企合作发展模式的一个重要特征是行业对高职院校的办学、人才培养以及社会服务活动起着全方位的引导作用。具体而言,这种引导作用主要表现在如下几个方面:其一,行业高职院校的办学定位和办学方式。行业战略发展规划和产业规划作为一定时期内一定区域范围内的特定行业的发展目标、重点领域、主要工作和保障体系的总体设计,同样也引导与之有着密切联系的行业高职院校形成与其相对应的包括发展理念、战略目标、服务区域和

领域等在内的办学定位内容。同时,行业的管理体制变革、科技及教育发展战略与策略,也同样引导行业高职院校建立与之对应的办学方式。如从计划经济时代的行业办学、大包大揽方式向市场经济时代的面向市场、开放办学方式转变。其二,行业高职院校的专业设置与布局。高职院校的专业设置和布局对应具体的产业和职业岗位,行业战略发展的目标与领域的调整带来的行业相关产业结构的调整与升级同样影响着行业高职院校的专业设置和布局,引导行业高职院校新增、调整和停办相应的专业。其三,行业高职院校的人才培养数量与规格。行业发展所需的人才数量、层次,对人才应具备的知识、能力和素质要求,引导为之服务的行业高职院校确定招生规模、人才培养的类型以及具体的课程教学内容与能力培养要求。其四,行业高职院校教育培训与技术服务的层次与领域。行业通过对从业人才的素质和能力要求形成行业教育培训的发展规划,行业关键技术领域的发展以及行业企事业单位一线的革新、技术升级等需求引导着行业高职院校开展教育培训与技术服务的主要领域、层次和形式等。

行业引导型校企合作发展模式的现实意义是以共赢为基点和目标,对行业高职院校、行业企事业单位及行业发展均具有重要的现实意义。首先,对于行业高职院校而言,它是解决行业高职院校发展的现实困境的有效途径。在教育行政管理体制改革后,许多行业高职院校统一划归教育行政部门管理,行业高职院校何去何从,如何生存、如何发展,如何继续保持和发展自身已有的办学特色和人才培养特色。这一系列问题的解决需要寻求有效途径继续保持和加强与行业的紧密联系,充分发挥行业在产业规划、人才需求和技术服务需求方面的导向作用。开展校企合作,使高职院校在行业发展中发挥更为重要的人才支持和智力保障作用,将行业发展与行业高职院校的发展紧密联系起来,是解决这一系列问题的有效途径。其次,是解决行业企事业单位利益得不到保障、参与积极性不高的重要策略。当前,高职院校开展校企合作普遍存在的一个问题是企业积极性不高,而积极性不高的一个重要原因在于企业利益得不到保障。沈云慈针对这一问题的调查显示,85.3%的企业认为校企合作利益分配不平衡,企业的利益得不到保障;67.2%的企业认为高校的观念陈旧,主动服务意识不强,市场认识不足。[1] 行业高职院校根据企业发展所需的人力资源需求、技术服务需求出发开展校企合作,正是扭转这一局面的关键所在。最后,它也是解决行业发展所需的人力资源缺乏与技术支持欠缺问题的有效途径。当前我国人才市场存在着高技能人才短缺和人才结构性失业的双重困境:一方面,行业和企业发展急需的高技能型人才缺口巨大,一些高新技术领域、新产业、新职业鲜有合适的专门人才;另一方面,大批的高等教育毕业生就业难,对口就业率低。由行业引导高职院校及时调整专业结构和课程教学内容,培养亟需的高技能人才,提供企业生产实践领域急需的技术服务,是走出困境的重要途径。

5.1.2 行业引导型校企合作模式的动力机制

探索建构行业引导型校企合作模式需要从宏观上把握国家、区域及行业职业教育政策及法规等纲领性文件,行业发展规划,特别是校企合作政策、法规,这些法规对校企合作办学具有指导和促进作用。同时,需要了解同类学校发展态势,以汲取经验和教训,需要对学校发展定位、

1 沈云慈.市场经济视角下校企合作的问题及其化解[J].中国高等教育,2010,(8):42.

核心能力、社会需求等有清晰的认识。本文借鉴波特五种竞争力模型,探讨行业引导型校企合作模式建构的动力机制,即是在什么原因推动下,需要建立这样的合作机制。图 5-1 所示为行业引导型校企合作的动力模型。

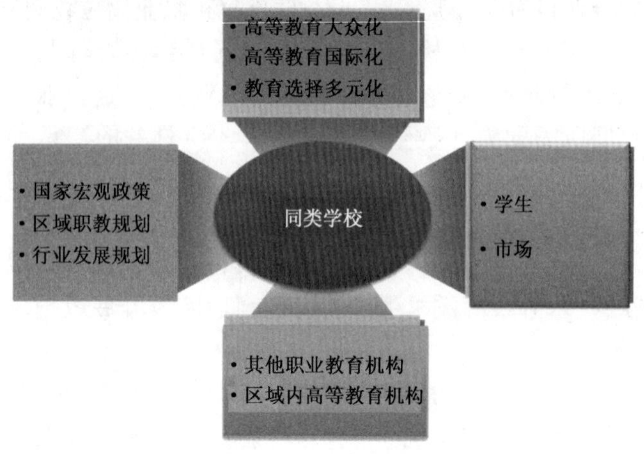

图 5-1　行业引导型校企合作的动力模型

1)对国家、区域和行业发展而言,职业教育立足行业、服务行业诉求强烈

《国家中长期教育改革和发展规划纲要(2010—2020 年)》第六章第十五条强调要调动行业企业的积极性。建立健全政府主导、行业指导、企业参与的办学机制,制定促进校企合作办学法规,推进校企合作制度化。鼓励行业组织、企业举办职业学校,鼓励委托职业学校进行职工培训。制定优惠政策,鼓励企业接收学生实习实训和教师实践,鼓励企业加大对职业教育的投入。

以广东省为例,《广东省"十二五"规划纲要》提出,未来几年,广东将建成节能、环保、便捷的绿色交通,充分满足民众安全舒适的出行和各类运输需要。粤港澳现代综合交通运输体系的迅速发展和珠三角产业结构调整带来了巨大的人才需求。据不完全预测,"十二五"期间,珠三角地区城际轨道交通网建设、养护和运营管理高技能人才缺口超过 10 万人,汽车制造、检测与维修、营销服务的高技能人才缺口超过 20 万人,智能交通系统高技能人才缺口达 2 万~3 万人,国际海运、船务服务、货运代理高技能人才缺口将达 3.8 万人,国际海员缺口将达 5 万人,适应华南地区的路桥建设、养护高技能人才缺口达 5 万人。

为此,《广东省"十二五"规划纲要》中提出要发展壮大职业教育。率先建立起覆盖中等职业教育、高等职业教育、应用型本科教育、专业学位研究生教育的现代职业教育体系。着力加强现代技工教育体系建设。健全技能型人才培养机制,加快推进中等职业教育基础能力建设和教学改革工程,逐步扩大免费中等职业教育范围。以建设省级职业教育基地和国家级技工教育示范基地为核心,打造我国南方重要的职业教育基地。到 2015 年,全省各级各类职业教育在校生达到 300 万人以上。

交通运输"十二五"发展规划中对人才队伍建设提出了要求(见专栏 5-1)。这些外部环境,客观上要求职业教育必须立足行业、服务行业。

专栏 5-1

交通运输"十二五"发展规划:加强交通运输行业人才队伍建设

重点学科及创新人才培养:支持航海技术、轮机工程、公路桥梁、港口航道、物流管理等30个交通重点学科点,形成10个交通创新人才培养基地,全行业培育20~30个高水平创新团队。

技能型人才培养:支持公路建养、运输管理、航道建养、船闸运行、城市轨道交通运营、现代物流、汽车维修、港口航运、交通安全、救助打捞与应急管理等技能型实用人才培养实训基地建设。"十二五"时期,为交通运输行业输送60万高素质技能型人才。重点领域急需紧缺人才培养:加强综合运输、现代物流、道路运输、城市客运、城市轨道交通、公路桥梁养护、港口航运、应急救援等重点领域急需紧缺人才的培养。

2011年2月,鲁昕在教育部校企合作签约仪式上的讲话时指出,职业教育是将自然人培养成职业人的重要过程,是以满足工作岗位需要为出发点,并以劳动收入体现其价值的教育。职业教育的人才培养过程与生产、服务过程的各个环节密切相关。职业教育的这些特点决定了它必须联系行业企业生产实际,实行校企合作的模式。

2)对高等教育体系而言,立足行业、服务行业是职业教育生存之基

在高等教育大众化阶段,高等教育规模扩张。高等职业教育进入了蓬勃发展阶段。到2009年,全国高职院校在校生数达964.8万人,比1999年增长了8.2倍。全国高等职业教育招生数达313.4万人,比1998年增长了6倍以上,超过本科生的招生规模。[1] 2011年具有普通高等学历教育招生资格的高等职业学校数量达到1 276所,占普通高等学校总数的60%。2011年全国普通高职院校招生数为325万人,占普通高等学校招生总数的47.7%。2011年全国高等职业学校毕业生329万人,在校生总数达960万。[2] 就规模而言,高职院校已经撑起中国高教的"半壁江山"。如图5-2、图5-3所示。

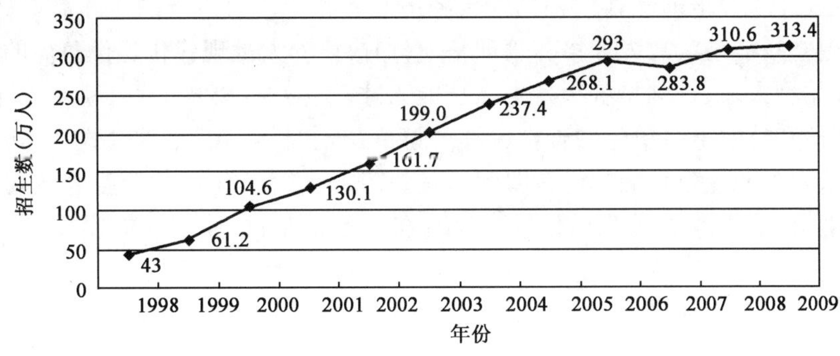

图5-2 高职学校招生曲线

1 《中国高等职业教育改革与发展报告》年度文件资料汇编编写组,中国高等职业教育改革与发展报告:2009年度文件汇编[G].北京:高等教育出版社,2010:2.

2 2012中国高等职业教育人才培养质量年度报告[N].中国教育报,2012-10-17.

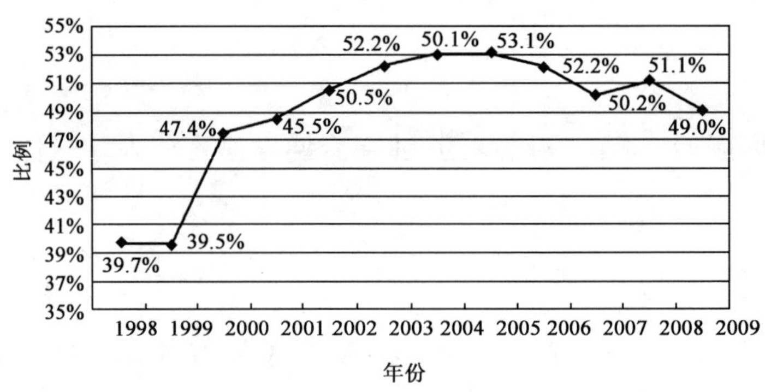

图 5-3　高职招生数占普通高等教育招生总数比例(%)

但高职院校发展也面临着的“危机”。我国高等职业教育发展起步较晚。在我国高等教育体系中,全日制普通高等教育具有特殊重要的地位。其他形式的高等教育,都是参照它的模式和质量标准,并不同程度地依靠它的力量发展起来。职业教育、成人教育、普通教育同质化现象严重。可以说,全日制普通高等教育是整个高等教育体系的基干。[1]

进入20世纪90年代后,随着经济转型及其对高技能人才的需求日益迫切,高等职业教育的发展才受到重视。1994年国务院关于《中国教育改革和发展纲要》的实施意见中指出,各类大专层次的高等教育应适当扩大规模。在1998年颁布的《面向21世纪教育振兴行动计划》提出,要积极发展高等职业教育,除对现有高等专科学校、职业大学和独立设置的成人高校进行改革、改组和改制,并选择部分符合条件的中专改办(简称“三改一补”)发展高等职业教育之外,部分本科院校可以设立高等职业技术学院。1999年《中共中央国务院关于深化教育改革,全面推进素质教育的决定》中指出,高等职业教育是高等教育的重要组成部分。要大力发展高等职业教育,培养一大批具有必要的理论知识和较强实践能力,生产、建设、管理、服务第一线和农村急需的专门人才。现有的职业大学、独立设置的成人高校和部分高等专科学校要通过改革、改组和改制,逐步调整为职业技术学院(或职业学院)。《2003—2007年教育振兴行动计划》提出,要加强高等职业技术学院和中等职业技术学校的建设,实施“制造业和现代服务业技能型紧缺人才培养培训计划”,根据区域经济发展和劳动力市场的实际需要,促进产学紧密结合,共同建立技能型紧缺人才培养培训基地,加快培养大批现代化建设急需的技能型人才及软件产业实用型人才,特别是各级各类高技能人才。在办学模式上,以就业为导向,加强与行业、企业、科研和技术推广单位的合作,推广“订单式”、“模块式”培养模式。

对我国而言,发展职业教育面临的首要问题是去“普通教育”化。职业教育从其产生时刻起,就以服务企业、行业人才需求为己任。也只有在服务企业、行业中才能实现自身的价值。职业教育如果不进行深刻的变革,在服务行业中凸显自身的特色,其面临的问题必将进一步凸显。以招生为例,以社会大环境来说,高考报名人数逐年下降和招生人数逐年增长,引发生源竞争。全国高考报名人数在2008年达到巅峰——1 050万,当年招生人数599万,录取率57%;2012年报名人数915万,招生人数685万,录取率75%。但高职高专院校生源不足问题突出。一方面,普通高校扩招,特别是地方高校的扩招,使得高职高专生源受到影响(见表5-1)。

1　于信凤.高等教育自学考试初探[J].辽宁教育研究,1982,(4):103-108.

另一方面,大量独立学院无论在数量,还是在规模上也在进行扩招,已占到本科招生计划的一半(如图5-4所示)。这也大大挤占了高职院校的招生数量。

普通高等学校隶属关系变化情况 表5-1

年份	普通高等学校隶属关系变化情况(所、比例)				普通高校本专科学生数(万人、比例)			
	总计	中央部门属	省属	民办	总计	中央部门属	省属	民办
1992	1 053	358 (34.00%)	695 (66.00%)	0	218.44	93.89 (42.98%)	124.55 (57.02)	
1997	1 020	345 (33.82%)	655 (64.22%)	20 (1.96%)	317.44	136.33 (42.95%)	181.10 (57.05)	
2005	1 792	111 (6.19%)	1 431 (79.85)	250 (13.95%)	1 561.78	163.29 (10.46%)	1 188.64 (76.11%)	209.85 (13.44%)

数据来源:国家教育发展研究中心编著.2007年中国教育绿皮书——中国教育政策年度分析报告[M].北京:教育科学出版社,2007:159.

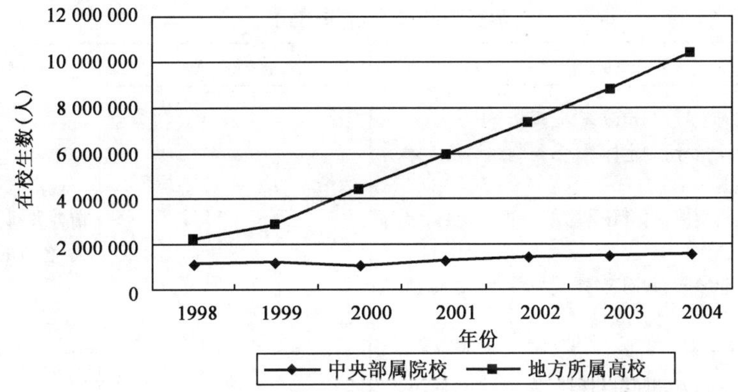

图5-4 1998—2004年中央部属、地方大学在校生人数走势图

资料来源:谢维和,等.中国高等教育大众化进程中的结构分析——1998—2004年的实证研究[M].北京.教育科学出版社,2007:142.

教育部高教司高职高专处有关负责人在"2006全国高职高专教育教学改革论坛"上指出,今后高等职业教育的发展将坚定走内涵建设发展道路,稳定招生规模,将高等职业教育规模控制在高等教育的一半以上,同时从提高学生的就业能力、提高师资水平等方面全面提高高等教育质量。[1] 提高质量,核心在于提高服务行业的能力和水平,这是高职院校的生存之基。

5.1.3 行业引导型校企合作模式的实践探索

建立政府主导、行业指导、企业参与的校企合作办学机制,是现代职业教育体系建设的重要内容。校企合作有效发挥需要一个共同的议事平台和信息传递平台,这一平台需要有行业主管部门(政府)、行业企事业单位、行业中介机构和行业职业院校的共同参与,共同形成和谐的"生态圈"。如图5-5所示。

1 郝文婷.高职高专院校占全国高校六成,在校生数713万[N].中国教育报,2006-08-04.

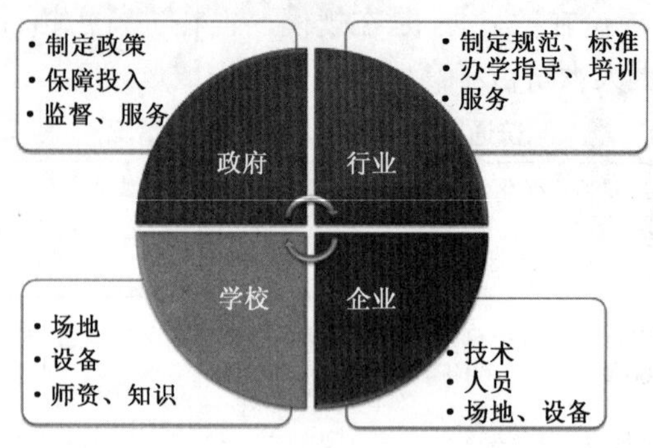

图 5-5 “政校行企”四方关系示意图

政府、行业组织的主要作为在于“牵线搭桥”。真正结合的主体是学校和企业，互惠共赢是双方结合的基础。而推动制度创新、搭建合作平台则是校企深入合作的关键。“四方”在具体的办学实践中作用不同，有研究者据此归纳了四种类型:“学校主体”、“企业主体、学校主导”、“企校一体”和“多元主体”等主要模式。不同的模式有不同的运行机制，并呈现各自的特点。[1]见表 5-2。

四种类型的校企合作模式 表 5-2

模式类型	特 点	优 点	不 足
“政校行企”四方联动之“学校主体”模式	政府主导:制定政策，宏观指导 行业指导:制定标准，参与制定学校人才培养方案 学校主体:自身技术、场地、设备优势，吸引企业合作 企业参与:共同育才、建专业、开发课程、共享校企资源	校企合作理想状态 调动各方积极性	现实运行困难，难以平衡各方利益，导致主体迷失，各方的职责难以厘定
校企共同体之“企业主体、学校主导”模式	校企双方共同组建理事会 企业方出任理事会理事长，校方出任二级学院院长 理事会章程的形式明晰校企双方的责任、权利和义务 二级学院院长与企业厂长(经理)建联席会议制度	强化了企业参与职业教育的主体地位 建立了较为明晰的校企合作利益分配机制、奖励激励机制和沟通协调机制	行业角色的缺位，行业参与积极性不够 较多依赖市场机制，存在短视风险 学校的主导定位较难把握
“企校一体”模式	行业企业直接承担起职业教育办学职责(企业大学) 政府职能部门行使宏观管理和经费运作等的监督权 行业组织从整体上把握社会需求和社会经济发展趋势 学生在学院学习职业课程和基础课程 同时以学徒角色在定向企业接受培训	企业主动投资培训，校企合作深入	体制之限，学院、行业企业属于两个不同的体系，合作渠道还未完全打通

1 童卫军，范怡瑜. 行业企业参与职业教育运行模式研究[J]. 教育发展研究，2012，(11).

续上表

模式类型	特点	优点	不足
现代职教集团之"多元主体"模式	采用契约(集团章程)联结的组建方式 各集团成员保留作为独立的市场主体,成员仍保持独立法人资格,在法律地位上是完全平等的,管理机制一般采用董事会领导下的管理委员会制,职教集团本身一般不具有独立法人资格 行业企业的参与度是衡量职教集团建设水平高低的重要标志	职业教育资源的有效整合、融通和共享 能充分发挥行业企业的优势,及时掌握行业的最新标准和相关岗位能力要求	职教集团不具备独立的法人资格 集团与其成员单位间没有行政隶属关系,其本身的调控能力、办学自主权、运作资金等都非常有限 政府部门作为独立董事参与职教集团也需要明确自身定位

资料来源:根据童卫军、范怡瑜《行业企业参与职业教育运行模式研究》的内容编制。

以上类型的划分是一种"理想类型"。在具体实践中,各个学校会综合采取不同的方式。行业引导型校企合作模式其基本指导思想是"充分发挥行业院校优势,立足行业,服务行业"。充分整合行业主管部门的行政资源、行业研究机构的研究资源、行业组织的信息资源、行业企业的技术和人力、设备资源,使行业的各个方面、各种资源能够稳定、长期、有效发挥其引导作用,推动校企合作纵深发展。图5-6所示为行业引导型校企合作模式示意图。

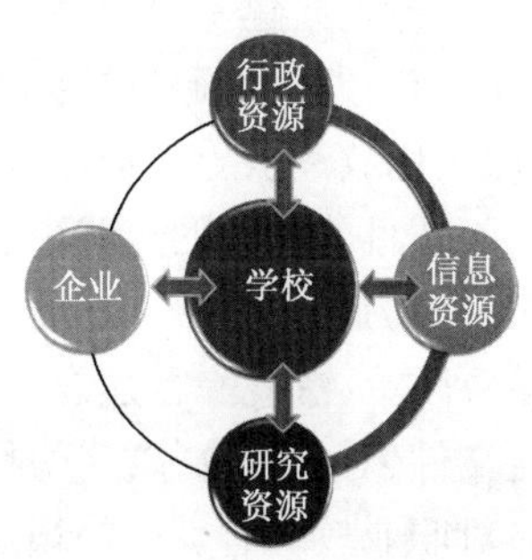

图5-6 行业引导型校企合作模式示意图

1)政府(行业主管部门、行业协会)在搭建校企合作平台中的作用

政府(行业主管部门)的主要任务是"制定发展规划、资源整合、政策制定、制度建设、标准规范、督导监管、依法治教、经费投入,提供信息、牵线搭桥"等方面。[1]

随着政府职能转变和教育管理体制变革,政府(行业主管部门)对学校(行业学校)的行政领导职能,以及因部门、行业办学而承担的举办者的责任发生了根本改变。但并不意味着政府行业主管部门与学校(特别是行业学校)的发展无关。在新的体制下,一方面政府将把标准制定、评估监督等原属于自己的职能转给行业组织,自己则对学校进行间接管理;另一方面,政府与学校之间的关系由行政隶属关系逐步向市场化转变。在这样的格局下,行业主管部门在集中发展行业时,对人才、技术的需求更加敏感,这必将对学校(行业)的发展提出更高的要求。同时行业主管部门将根据行业发展需要,通过政策、拨款等手段对学校的办学和人才培养等进行干预。

行业最了解产业发展的技术前沿、市场运作的内在规律、企业用人的实际需求。加强行业指导是推进职业教育办学机制改革的重要途径,是构建现代职业教育体系的必然要求。必须支持行业参与学校教育教学的各个环节,特别是支持行业在"教学指导、实习指导、教材指导、评价指导、规划指导、教师队伍指导、人才需求指导、专业布局指导"等方面发挥重要作用,努力

1 蔡泽寰,刘丽. 三会主导 四方联动 构建高职教育新模式——对话襄阳职业技术学院院长蔡泽寰教授[N]. 中国教育报,2012-11-20.

将行业部门、行业组织、行业专家作为统筹规划、宏观管理的依靠力量、指导学校教学改革的重要力量、推进专业课程体系建设的中坚力量、实施学校科学管理的推动力量。[1]

当前我国行业组织尚处于成长和发展的初期。《中国职业教育校企合作工作调研报告》指出,行业组织在职业教育校企合作中的作用十分有限,首先,行业组织在校企合作信息平台方面发挥的作用也是十分有限的。在调研中,只有22%的样本企业通过行业组织获得合作信息。其次,从调研结果看,90%以上的样本认为行业在当前校企合作中的作用不足,没有发挥主导作用。[2] 企业支持职业教育的积极性和实力的增强还需要一个长期的过程。在推进产教结合、校企合作实践中,各级政府(行业主管部门)必须发挥主导作用。在推进产教结合、校企合作实践中,政府应做到:通过政府直接举办职业教育,制定措施,保障投入,推进公办学校密切与行业企业的联系,有效实行产教结合、校企合作。通过鼓励行业企业举办职业教育,政府用政策指导、引导,实践培养中高等技能型人才的企业战略。通过多元主体合作举办职业教育,以校企共建基地、共用人才、共享技术等方式,政府用政策引导、资金补助,合力推进职业教育改革与发展。通过社会力量举办职业教育,政府以协作、参股、转让、托管、租赁、捐赠等多种方式,用政策引导社会各方积极参与推进职业教育改革与发展。[3]

从目前学校的实践来看。政府、行业在校企合作中的作用主要体现在以下几个方面:

(1)制定政策与法规,推动行业、校企合作

政策、法规平台建设是校企合作的外部保障。校企合作政策、法规是校企合作实施的纲领性文件,对校企合作办学具有指导和促进作用。国外职业教育发达国家,政府在公共资源管理中对职业教育有良好的顶层制度设计与协调机制。如德国职业技术教育(TVET)体系,尤其是“双元制”(Dual System)职业教育体系,存在一个从上到下完整、系统的职业教育责任体系,用以规范和指导职业教育的发展。澳大利亚职业教育法案建立了比较完善的职业教育审核、监督制度与处罚制度。日本和美国在大力发展职业教育,推动校企合作方面都出台了一些纲领性文件和配套实施方案。

自改革开放以来,我国出台了一系列促进职业教育校企合作的政策法规。如《中华人民共和国职业教育法》、《国务院关于大力推进职业教育改革与发展的决定》等,都明确提出“职业学校实施职业教育应当实行产教结合,与企业密切联系”、“要大力推行工学结合、校企合作的培养模式”、“要制定和实施推进校企合作的法规,建立健全政府主导、行业指导、企业参与的办学机制”等。《国家中长期教育改革和发展规划纲要(2010—2020年)》也明确提出“制定促进校企合作办学法规,推进校企合作制度化”。此外,还出台了许多有关企业、学校参与校企合作办学的优惠和奖励政策。如中共中央、国务院办公厅《关于进一步加强高技能人才工作的意见》,财政部、国家税务总局《关于企业支付学生学习报酬有关所得税政策问题的通知》等文件规定,“企业接受学生实习、与院校合作开展技术创新等,均可按规定享受税收优惠政策”。[4]

---

1 蔡泽寰,刘丽.三会主导 四方联动 构建高职教育新模式——对话襄阳职业技术学院院长蔡泽寰教授[N].中国教育报,2012-11-20.

2 王世斌.中国职业教育校企合作工作调研报告PPT[R].2011.

3 校企合作必须实行政府主导[N].韶关日报,2010-09-06.

4 兰小云.我国职业教育校企合作政策效度刍议[J].现代教育管理,2012,(6):72-74.

校企合作政策、法规建设分为两个层次，其一是全国性的、纲领性政策、法规。如上文所述，职业教育法、国家中长期教育改革和发展规划纲要，国务院以及各相关行业部门发布的政策性文件和部门规章等。其二是区域性政策与法规。各地为推进职教发展，都制定了各种规划和校企合作管理办法。以天津为例，天津一方面作为国家职业教育改革试验区，享有国家政策支持。同时，天津市还制定了各种促进职业教育发展的文件和办法。如《关于印发国家职业教育改革试验区建设实施方案的通知》（津政发[2006]024 号）、《教育部、天津市人民政府共建国家职业教育改革创新示范区协议》、《天津滨海新区综合配套改革试验总体方案》，《天津市国民经济和社会发展第十二个五年规划纲要》，天津市人民政府《关于进一步推进职业教育改革创新的意见》（津政发[2010]46 号）以及《交通集团 2011—2015 年发展规划纲要》（津交党[2011]5 号）、（津交司[2011]4 号）等政策。此外，各地、各行业还陆续出台了一系列规划、条例和办法，如北京市颁布了《北京市交通行业职业教育校企合作暂行办法》（2011 年 7 月 1 日起施行）（见附录 C）。该办法在国内首次明确了政府、行业、企业、职业院校在职业教育校企合作中的各自定位、职责和义务等。

（2）通过预算和设立项目，政府、行业加大对职业院校的扶持

为贯彻《国务院关于大力发展职业教育的决定》（国发[2005]35 号）精神，教育部、财政部颁布了《关于实施国家示范性高等职业院校建设计划加快高等职业教育改革与发展的意见》。《国家示范性高等职业院校建设计划》在制造、建筑、能源化工、交通运输、电子信息、农林牧渔和服务业等领域遴选了 100 所高职院校作为示范建设单位，由中央财政分期投入约 25 亿元专项资金，带动地方财政投入 60 余亿元，以及行业企业投入近 15 亿元，重点支持这些立项院校的人才培养模式改革和建设。[1] 中央财政根据项目建设进度安排资金，地方财政按职责划分对示范院校项目进行重点支持。

其中，行业部门的投入对高职院校发展至关重要。例如浙江省为推动浙江交通职业技术学院国家示范校建设项目，浙江省交通运输厅把支持学校发展纳入了行业发展规划，出台了《关于加快推进交通职业院校校企合作体制机制建设的意见》（浙交发[2010]165 号）等一系列文件。在经费支持方面，近几年来已投入 3 亿元专项资金用于学校建设并将继续加大投入力度。[2] 天津市政府于 2007 年启动了天津市示范性高职建设项目，重点扶持天津交通职业学院发展。天津市财政在“十五”及“十一五”期间不断加大对学院的专项资金投入，建院至今已累计投入 4500 万元。天津市交通集团把学院列为重点打造的“五大高地”之一，并给予了全方位的扶持。特别是从 2005 年开始，集团针对学院实施了“个十百千万”工程，即组建了一个校企合作模式的教育集团；内部挖潜建设了数十家校外实训基地；抽调选送了百名技术骨干充实教学一线；为千名以上的毕业生预留了就业岗位；为学院注入了 5600 万元的建设资金，极大地提升了学院的软硬实力。[3]

根据北京大学中国教育财政科学研究所的统计，公办示范性高职院校的经费状况较好，非示范高职院校的公办院校和民办院校之间存在较大的经费差异（图 5-7、表 5-3），尤其表现在财政预算内拨款比例、生均预算内事业费支出两个指标上。就公办院校的示范高职院校

1 中国高等职业教育年度报告（2012）.

2 浙江交通职业技术学院. 国家示范性高等职业院校建设计划骨干高职院校项目建设方案.

3 天津交通职业学院. 国家骨干高职院校建设方案.

和骨干高职院校之间的比较来看，示范高职的经费投入比骨干院校多。

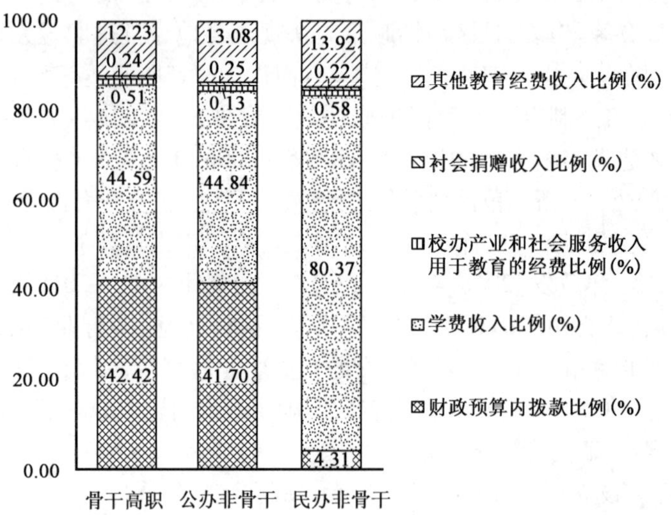

图 5-7 骨干与非骨干院校的经费来源结构差异

示范与非示范院校的经费差异 表 5-3

学校类型			示范学校	民办非示范	公办非示范
学校数			95	241	741
总投入(%)	财政预算内拨款比例		48.11	4.48	41.79
	学费收入比例		37.68	80.81	44.81
	校办产业和社会服务收入用于教育的经费比例		0.17	0.22	0.25
	社会捐赠收入比例		0.29	0.58	0.18
	其他教育经费收入比例		13.74	13.92	12.97
总支出(元)	生均预算内外事业性经费支出	生均预算内外事业性经费支出	14 371.70	11 891.27	11 117.77
		人员经费	6 079.28	3 237.32	5 309.90
		公用经费	8 292.42	8 653.95	5 807.87
	生均预算内事业费支出	生均预算内事业费支出	7 146.25	336.35	4 600.63
		人员经费	3 566.32	296.62	3 062.65
		公用经费	3 579.93	39.72	1 537.98

资料来源：钟未平，罗朴尚．2009 年全国高职高专院校分析报告——经费情况[J]．北京大学中国教育财政科学研究所简报，2011．

（3）搭建平台，推动行业、院校之间的合作

推进行业、校企合作，需要政府发挥主导作用。在大力发展职业教育的背景下，很多政府联合行业建立校企合作协商平台。政府主导建立的职教集团就是其中一种方式。例如在浙江省，成立了由省交通运输厅厅管厅属单位、企事业单位、行业协会、交通院校等组成的职业教育

集团,作为协调层为职业院校校企合作搭建平台。另外,政府为推进校企合作还在致力于搭建信息服务平台。见专栏5-2。

专栏5-2

厦门市教育局积极推进高职物流校企合作服务平台建设

2010年12月,厦门市教育局牵头,市物流协会参与,依托物流协会和高职物流专业建设较好的华厦职业学院,组织在厦各高校和重点物流企业,成立了厦门市物流校企合作服务中心。服务中心以理事会方式运作,将物流协会旗下重点企业吸引纳进成为理事成员,与在厦各高校,特别是高职院校携手,开展高职大学生物流设计大赛、教师培训、教材编写等活动,搭建人力、科技、教学资源等相互支持、相互促进的共享平台。其主要职能:

突出应用,以赛促教

突出亲产,以研代训

突出衔接,编修教材

突出就业,优化服务

突出合作,牵线搭桥

资料来源:厦门市教育局信息,2013年4月16日。

2)职业院校在行业引导型校企合作中的作用

推动行业引导型校企合作,必须发挥学校在其中的主动性及主体地位。学校的主动性主要体现在:一方面,学校应积极主动地谋划、自下而上地推动政府、行业、学校协调机制的建立。在高等教育大众化阶段,在外部竞争日趋激烈的今天,学校必须抓住一切可以利用的机会以应对挑战,为自身的发展营造积极有利的外部环境和平台。另一方面,学校要积极进行制度、机制创新,主动在操作层面和执行层面推动校企合作,以回应外部环境对学校内部体制和机制变革的诉求。

(1)发挥学校主动性,推动政府、行业部门、企业建立多种形式的合作机制

如四川交通职业技术学院积极建设"三层工学结合推进体系"。通过主管部门四川省交通厅牵头,吸纳四川全省市州交通局、四川各高速公路公司、四川省交通厅直属单位和行业骨干企业,组建四川交通职业教育董事会;充分发挥四川省交通企业管理协会、四川省道路运输管理协会和校友会的纽带作用;吸纳行业知名专家及能工巧匠,重组专业建设委员会。通过"三层工学结合推进体系",实现校企深度融合、工学结合贯穿始终。[1]

天津交通职业学院,坚持以合作办学、资源互补、责任共担的校企合作机制体制建设为抓手,通过组建并运行行业企业和学校共同参与的理事会等组织,构建开放式的办学管理平台,使校企形成一个利益共同体。学校实施理事会制度下的校企合作办学新体制,以资金或契约式互助服务项目为纽带,构建由政府、主管集团、合作企业、行业协会以及学院等成员组成的学院理事会、系级理事分会、专业教学指导委员会三级校企合作运行体系,完善校企合作新机制。如图5-8所示。

1 四川交通职业技术学院,国家示范性高等职业院校项目建设方案.

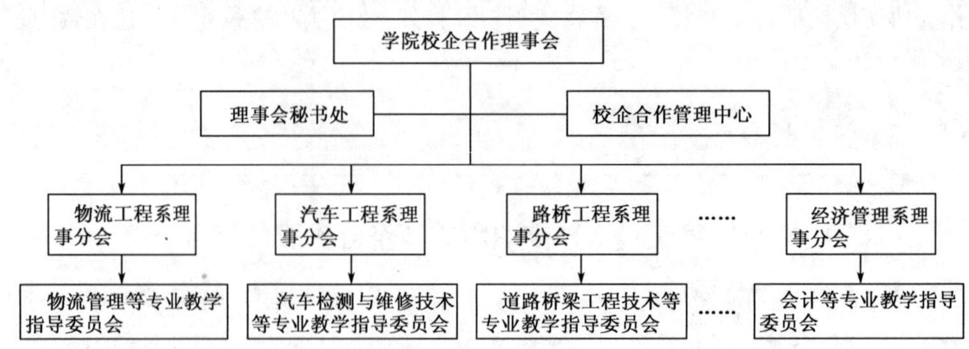

图 5-8　天津交通职业学院校企合作三级机构示意图

资料来源：天津交通职业学院《国家示范性高等职业院校项目建设方案》。

浙江交通职业技术学院，坚持"合作办学、合作育人、合作就业、合作发展"的方针，建构"三层次一网络"校企合作体制机制。第一层次：成立由省交通运输厅厅管厅属单位、企事业单位、行业协会、交通院校等组成的职业教育集团，形成了协调层；第二层次：分院层次的校企合作工作组，形成了执行层；第三层次：专业层次的专业指导委员会，形成了操作层。"一网络"则指，在部分地市校友联谊会基础上建立校企合作工作站，搭建了联系、沟通的平台。

（2）发挥学校主体地位，搭建人才培养校企合作平台

"校企合作、工学结合"作为职业教育一种新型的办学模式，需要全社会的共同努力才能完成。校企合作的核心在于人才培养。搭建人才培养平台主要包括课程、专业建设、师资队伍、实训基地等诸多方面。

①校企合作课程专业开发平台

课程是高职教育校企合作的基本单位。课程建设是确保人才培养质量的最重要的教育教学基本建设任务之一，是教学改革的核心，对教学质量的提高具有十分重要的战略意义。2006 年教育部发布的《关于全面提高高等职业教育教学质量的若干意见》（教高［2006］16 号）要求：高等职业院校要积极与行业企业合作开发课程，根据技术领域和职业岗位（群）的任职要求，参照相关的职业资格标准，改革课程体系和教学内容。

但就目前而言，校企合作共建学科专业、搭建工学结合平台和开展合作育人存在一定的瓶颈。一方面，对企业而言，以工作过程为基础的课程开发是一个长期的过程，企业需要提供相关岗位的职业素质要求、工作流程图、职业能力要求、岗位技术含量以及对从业者能力要求的变化等多方面内容。这需要企业专门投入大量的人力和物力。在追求经济效益最大化的今天，要企业全身心地安排人员投入这项工作几乎是不可能的。另一方面，对于高职院校而言，高职师资的现状无法完全满足校企合作课程开发工作的需要。在校企合作课程开发过程中，需要的是真正的既有生产产品的实践经验又有教学经验的教师，而在不少高职院校中，这种教师处于"饥荒"状态。因此，高职院校中能参与校企合作课程开发的教师数量和专业很少。加之，高职院校教师的科研水平满足不了校企合作课程开发的要求，吸引不了知名企业、大型企业和高新企业参与课程开发的热情。[1] 此外，由于缺乏与企业合作开发课程的长效机制，基于工作

1 王芳. 校企合作课程开发的瓶颈及建议［J］. 中国成人教育，2010，（13）：71-72.

过程导向的课程开发理念尚未深入人心,一部分课程尤其是一些文化基础课还有较浓的学科痕迹,影响课程开发的规模和质量。

高职院校在校企合作课程开发的工作中,即是发起者,也是组织者,出现问题时又是协调者,在校企合作课程开发中发挥主体地位。现在很多学校在课程开发和人才培养模式建构方面的探索取得了进展。

长效、理想的校企合作人才培养模式在于学科专业共建、培养方案校企共定,教育资源校企共享,实践教学校企共管。为弥合校企之间的利益诉求差异。自办实体,实行"自办实体+生产项目+企业+基地"的校企一体、工学结合专业建设模式,"专业+订单企业"、"专业+系办产业+合作企业"等"系企一体"的专业建设模式成为一些职业院校的人才培养特色。

天津交通职业学院提出了合作育人、工学交替、过程共管的方针。以提升人才培养质量为核心,完善实践教学系统建设,完善实训基地建设与运行管理,大力推进校企全程融入式的人才培养。合作团队,一体管理,身份共融。以制度建设为突破口,探索校企双方人员角色的互换机制,形成一支与行业企业同步发展,能顶岗、善教学的专兼结合双师教学团队。

苏州工业园区职业技术学院根据"学院+企业"双主体人才培养模式,贴近岗位,科学设计课程体系,建构基于完整工作过程的课程体系。在基于工作过程的知识开发方面,由专业主任带队,深入与本专业相关的董事企业进行调研,形成紧扣行业或企业生产的完整工作程序,如图5-9所示。在典型工作任务开发方面,学院将定期召开由专业教师、企业生产经理、课程研究专家组成的课程建设委员会,由学校、企业和社会三方共同参与确定工作任务。工作任务的开发一般经历准备→实施→反馈三个阶段,实现工作任务符合教学内容与工作环境的结合。在行动领域开发方面,根据工作任务的职业情境,各专业学生在近乎真实的职业情境中发展自己的职业能力。

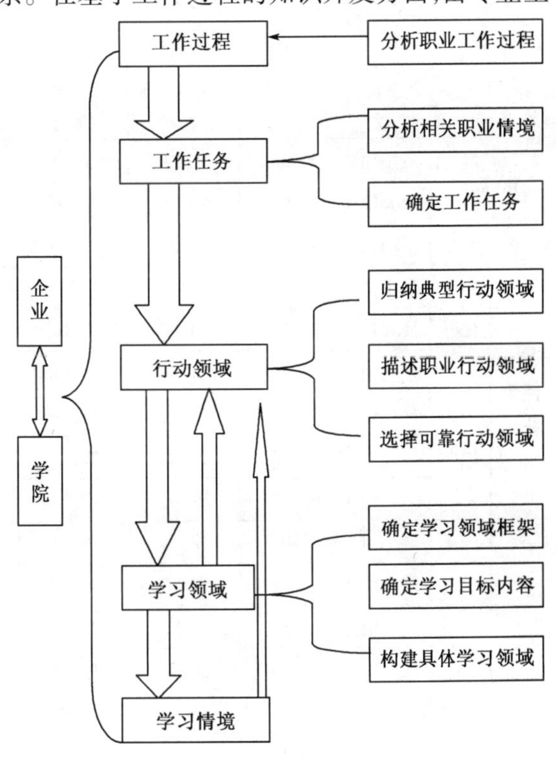

图5-9 苏州工业园区职业技术学院基于工作过程的课程体系设计思路

资料来源:苏州工业园区职业技术学院(英文简称IVT)《国家示范性高等职业院校建设方案》。

在学习领域课程开发方面,列举全部的学习领域,整理全部能力开发一览,初选出可能的学习情境,设计学习情境。

尽管高职院校已经开展了与企业合作进行课程建设的工作,但总体而言,校企合作开展课程建设主要还停留在观念阶段,还属于浅层次的校企合作。课程形式单一,范围有限,校企双方的现实价值和利益诉求不同等问题依然突出。[1]

1 刘建湘,文益民.高职院校校企合作课程建设探讨[J].中国高教研究,2010,(10):84-85.

②校企合作共建师资队伍建设平台

高职院校如何在竞争的高等职业教育发展过程中取得优势，师资队伍建设是关键。高职院校肩负着培养面向生产、建设、服务和管理第一线需要的高技能人才的重任。他能否更好地担负起这一历史重任固然取决于办学理念与定位、专业设置与建设、人才培养模式设计等要素，但最核心的莫过于高职院校能否建立起一支符合高职教育发展特征的师资队伍。

高职教育是按照“以就业为导向，以能力为本位”的原则开展职业教育教学工作的。客观上要求教师应既具有从事本专业教学工作的理论水平和能力，又具有“技师（工程师）”的实践技能，这样才能有效完成传授知识、训练技能的任务。[1] 但从研究者对某一区域高职院校师资队伍建设现状的研究成果来看，现实并非如此。以浙江为例，该省高职院校教师队伍结构呈现明显的“一高多低”特征。“一高”即35周岁以下教师占专任教师比例较高。“多低”即博硕毕业生比例低，高级职称比例低，专任教师具备双师素质的比例低，专业带头人中具有高级双师资质比例低，专任教师中具有中级及以上职业资格证书的比例低，校外兼职教师具有中高级技术职务的比例低，校外兼职教师实际承担课程的比例低。[2] 见表5-4。

浙江省高职院校师资队伍建设情况统计分析表——队伍结构　　表5-4

指标 数据 分类			35周岁以下教师占专业教师比（%）	博硕毕业生比例（%）	高级职称比例（%）	专任教师具备双师素质的比例（%）	专任教师中具有中级及以上职业资格证书的比例（%）	专业带头人中具有高级双师资质比例（%）	校外兼职教师具有中高级技术职务的比例（%）	校外兼职教师实际承担课程的比例（%）
所有高职院校		最小值	20.30	3.90	10.86	14.05	3.78	0.00	0.00	0.00
		最大值	77.92	50.00	44.01	78.35	69.66	100.00	100.00	100.00
		平均值	55.25	28.83	27.03	50.78	37.13	63.48	54.41	44.80
按办学性质分类	公办	最小值	20.30	8.99	11.45	23.08	14.07	0.00	10.39	0.00
		最大值	73.11	50.00	44.01	78.35	69.66	100.00	89.66	100.00
		平均值	52.40	28.64	29.08	55.51	40.36	70.26	55.40	46.52
	民办	最小值	39.42	3.90	10.86	14.05	3.78	12.50	0.00	0.00
		最大值	77.92	44.32	27.74	50.36	44.53	62.50	10.00	100.00
		平均值	68.23	29.67	17.86	29.58	22.65	30.65	44.08	27.16
按发展水平分类	示范	最小值	38.97	12.14	19.17	36.30	25.65	31.82	10.39	0.00
		最大值	72.93	50.00	38.14	78.35	67.58	90.91	89.66	100.00
		平均值	52.16	28.83	29.01	58.61	43.43	69.92	49.28	45.68
	非示范	最小值	20.30	3.90	10.86	14.05	3.78	0.00	0.00	0.00
		最大值	77.92	44.32	44.01	72.46	3.78	100.00	100.00	100.00
		平均值	60.45	28.83	24.37	40.23	28.65	54.07	63.54	42.86

广东省也存在类似的情况。目前，广东省高职院校教师的主要来源渠道出现偏离。高职院校新进教师中应届毕业生比重过大。根据对广东省部分高职院校的调查数据显示，2002—

1 陈小燕. 国家示范性高职院校师资队伍建设研究[J]. 教育探索，2009，(3)：81-83.

2 黄柏江，陈劲. 高等职业院校师资建设的现状及发展建议[J]. 高等工程教育研究 2011，(1)：156-160.

2007年来，广东省高职院校新进教师中超过半数以上是来自于高校的应届硕士毕业生或本科毕业生，从相关企事业单位调入人员只占10%左右。“双师型”教师缺口较大。据“广东高职师资队伍建设”课题组的调查统计表明：截至2004年，广东高职院校中曾下厂实践过的教师仅占11%；而专任教师中“双师型”教师比例偏低，仅占专任教师总数的15%，与国家要求的80%有较大的差距，亟待提高；多数教师实践能力、动手能力、实训教学、现场指导都较弱，与“双师型”教师差距明显。[1]

这就需要建立产学研合作的人力资源共享平台。采取灵活多样的聘用和合作形式，吸引产业、行业、企业中的优秀人才到学校，共同参与专业建设、课程建设，以及校内外的实训基地等方面的建设，与企业合作共建一支适应专学改革需要的高水平的“双师结构”专业教学团队。[2]

一些高职院校通过校企合作推动教师队伍建设方面进行积极的探索。云南交通职业技术学院依托产学研紧密结合办学，在全国高职院校中独树一帜地形成了“‘双师型’+技术应用研发”的专业教学团队特色。学院积极鼓励专业教师到生产一线挂职锻炼，参加技术应用研究和开发技术服务项目，既提高了科研水平，也为企业切实解决了技术难题。浙江交通职业技术学院形成校企联合培养专业教师的机制，提升专任教师双师素质能力，重点建设专业具有双师素质专业教师比例占95%以上，其他专业占90%以上。天津交通职业学院以制度化建设为突破口，加强“双师型”师资队伍建设，创新“校企双带头人、校企双骨干教师、校企双向互聘”的师资队伍建设新模式，以重点建设专业为引领，辐射、带动学院各专业“双师型”教学团队整体提升，实现师资队伍整体结构优化。苏州工业园区职业技术学院依托学院14家跨国董事企业的雄厚行业背景，以培养工程化、国际化师资队伍为重点，在五个重点专业实行“学院+企业”的双带头人制度，加强骨干教师队伍建设，重视来自行业企业的兼职教师队伍建设，造就一支专兼结合、具备双语教学、实训指导、项目开发能力为一体的“三维复合型”专业教学团队。该学院积极实施“工程师转评讲师”和“访问工程师”培训计划，造就高水平的“双师”素质队伍。如图5-10所示。

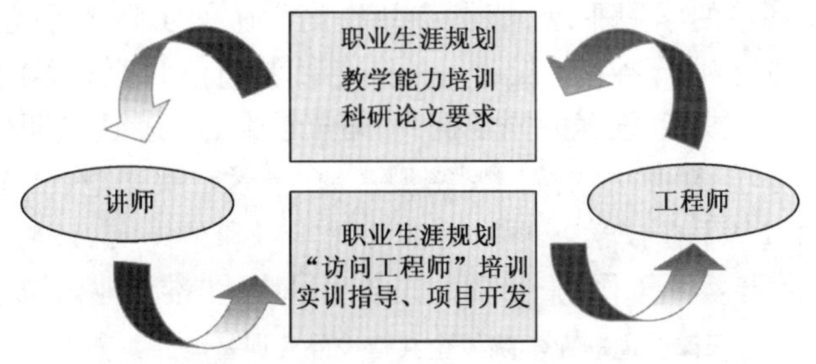

图5-10 苏州工业园区职业技术学院“双师”师资培养示意图

到2009年，无企业工作背景的专业教师参与“访问工程师”计划比例达到100%，专业教师“双师”素质比例达到85%，专业教师的平均企业工作年限超过5年。[3]

1 叶小明，廖克玲. 广东高职院校师资队伍建设面临的问题与思考[J]. 中国高教研究，2007，(4)：57-58.

2 陈小燕. 国家示范性高职院校师资队伍建设研究[J]. 教育探索，2009，(3)：81-83.

3 云南交通职业技术学院. 国家示范性高等职业院校项目建设方案.
浙江交通职业技术学院. 国家示范性高等职业院校项目建设方案.
天津交通职业学院. 国家示范性高等职业院校项目建设方案.
苏州工业园区职业技术学院（英文简称IVT）. 国家示范性高等职业院校建设方案.

③校企合作共建实训基地

教育部《关于以就业为导向深化高等职业教育改革的若干意见》中指出,高职院校应"坚持培养面向生产、建设、管理、服务第一线需要的'下得去、留得住、用得上',实践能力强、具有良好职业道德的高技能人才"。高职院校的培养目标决定了实训在高职教育教学中的中心地位。因此,实训基地建设是高职院校促进职业技术教育发展,培养适应现代化建设需要的技术型、应用型专门人才的关键。[1]

根据实训基地建设主体划分,实训基地有学校自办、校企合作、院校联办、公共实训基地(又分为政府主办或者政府主导两类);根据实训基地与院校合作的程度,可以将实训基地划分为紧密型、半紧密型和合作型三类。它们又可以组合成不同的类型。见表5-5。

高职院校实训基地建设类型 表5-5

合作程度 / 建设主体	紧密型	半紧密型	合作型
自办			
校企共建	※	※	※
院校联建			
公共基地			

在所有类型中,校企共建实训基地是其中重要的一环。对高职院校而言,企业具有许多天然的、学校无法企及的优势。它能提供实际工作岗位的真实性、复杂性和综合性经历和体验,有利于形成"职业人"所需的职业思想、道德和其他素质等。[2] 正是基于这样的原因,职业院校积极探索与企业建立长效、紧密合作的实训基地。例如苏州工业园区职业技术学院"教学工厂"将真实的企业环境引入到教学环境之中,并将两者融合在一起,为学生提供一个将知识和技能应用于实际工作环境的学习平台,能够有效提高学生的实际工作能力。同时,"教学工厂"的真实生产环境,更有利于学生以职业人的角色接受岗位职业素养的熏陶,培养团结、协作和敬业精神,实现知识、技能、素养的同步提升,缩短学生的企业适应期。天津交通职业学院修订完善《校外实训基地管理办法》,按照紧密型基地、半紧密型基地、合作型基地三种类型分类管理,见表5-6。通过学生在校学习期间的生产性实习和顶岗实习,使学生提高动手能力,全面实现学生校内学习与实际工作的一致性,让学生尽快从"准职业人"成为职业人。

天津交通职业学院校企共建校外实训基地分类表 表5-6

基地类型	合作模式	管理机制
紧密型	校企合作建设厂中校	签订合作办学协议
半紧密型	企业接收学生实习就业,校企开展产学研合作,校企进行员工互聘等	签订校企合作协议
合作型	企业接收学生实习就业	签订学生实习就业协议

资料来源:天津交通职业学院《国家示范性高等职业院校项目建设方案》。

总之,推动校企合作,要注意以下几个方面:其一,要发挥学校的主动性。在教育管理体制

1 刘克勤.实训基地建设:高职院校发展的重要内容[J].教育发展研究,2011,(5):65-68.

2 沈华锦,蒋喜锋.高职院校实训基地建设的主要模式[J].教育学术月刊,2008,(7):86-87.

变革，学校成为独立自主办学实体的今天，要发挥行业引导优势，充分利用行业资源，学校不能等、靠、要，必须主动出击。1998 年国家教育委员会、国家经济贸易委员会、劳动部关于印发《实施〈职业教育法〉发展职业教育的若干意见》就明确指出，职业学校和职业培训机构要坚持为经济建设和社会发展服务的办学方向积极聘请相关经济、产业界人士参加校董会或其他形式的决策、咨询组织，共同研究专业设置、培养目标、教学内容、经费筹措等重要事项。强调了职业学校在校企合作方面的主动性责任和义务。其二，要发挥学校的主体地位。依托行业学校传统优势，通过不断提升自身的实力，为行业主管部门服务，为行业组织服务，为行业事业、企业单位服务。以服务赢合作，是行业引导型校企合作的关键所在。其三，要搭建“多元”互惠共赢合作平台，保障校企合作的制度化和规范化。

5.2　行业引导型校企合作——广东交通职业技术学院的改革探索

职业院校与行业企业合作“一头热、一头冷”在当下依然是一种普遍现象。尽管产生这种现象是由于多种因素造成的，但不能否认的事实是学校在面向地区经济建设和社会发展，适应就业市场的实际需要，培养生产、服务、管理第一线需要的实用人才，真正办出特色方面依然存有很大不足，导致校企合作中的利益不对等。企业对学校的依赖程度低，资金扶持力度小。在校企合作中，企业总是将自身的利益置于首位。图 5-11 所示为职业院校学生参与校企合作人数情况。

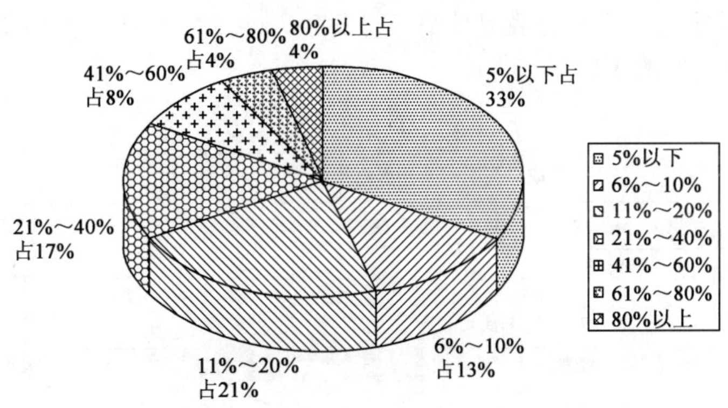

图 5-11　职业院校学生参与校企合作人数百分比(%)

资料来源：王世斌. 中国职业教育校企合作工作调研报告[R]，2011-11-09.

为此，学校必须强化“自适应、自调节”的机制建设，培育和塑造核心竞争力，提高自身服务地区经济社会发展，服务行业企业需求的能力。对于学校而言，其核心竞争力就体现在自己能够提供什么服务，这些服务是否可替代、可复制或模仿。评价核心竞争力的标准有四个：价值性、稀缺性、不可替代性与难以模仿性。核心竞争力另外一个特点是，提供的产品具有战略性和长效型。即产品不仅仅着眼于现实的需求，而且着眼于长远的需求。

对于高等职业院校核心竞争力的内涵而言，不同研究者从不同视角进行了研究。本研究的重点不在于此。研讨核心竞争力，并不能仅仅局限在一些抽象的概念上，而是要体现为一种行动。即作为管理者,应如何塑造学校的核心竞争力,在一定意义上讲,过程比结果更重要。

培育、发展核心竞争力,提升高职院校的卓越性有多种途径和方式,如推动学校管理制度、师资、生源、教学、专业、人才培养、学校文化等诸多方面。但所有这些方面,都离不开校企之间的合作。校企合作需要以学校增强核心竞争力为基础,同时,增强核心竞争力又必须通过校企合作才能达成,二者互为表里。校企合作作为职业院校与企业通过人才培养、教育培训以及科技研发与服务等方面的合作,实现人力资源共享、物力及财力资源方面的互补与优化配置,从而提升职业院校的人才培养质量和整体办学水平,提供企业可持续发展的人才保障、智力支持和技术革新,从而实现校企双赢目标的一种多主体活动。对职业院校解决办学瓶颈问题、实现与市场需求接轨,培养技术技能人才、提升办学水平具有重要意义。因此推动和深化校企合作在一定意义上就是提升学校的核心竞争力。

5.2.1 广东交通职业技术学院推动校企合作的内外部环境分析

推动校企合作,提升学校核心竞争力,就必须全面、系统、深入地分析学校所处的竞争态势。波特的"五力模型"、PEST 以及 SWOT 等是达成该目标的重要战略分析工具。

1)基于波特"五力模型"理论视角下学校发展竞争态势分析

迈克尔·波特认为,任何行业,无论在本国的还是国际的,无论是一个产品还是一项服务,竞争的规则就蕴藏在五个竞争力量当中。这"五力"包括:供应商的讨价还价能力、购买者的讨价还价能力、潜在竞争者进入的能力、替代品的替代能力、行业内竞争者现在的竞争能力。五力模型将大量的不同因素汇集在一个简便的模型中,以此分析一个行业的基本竞争态势。对于学校管理者而言,主要任务就是认清五种竞争力的变化如何带来新的机会和威胁,并作出适当的战略反应。见图 5-12。

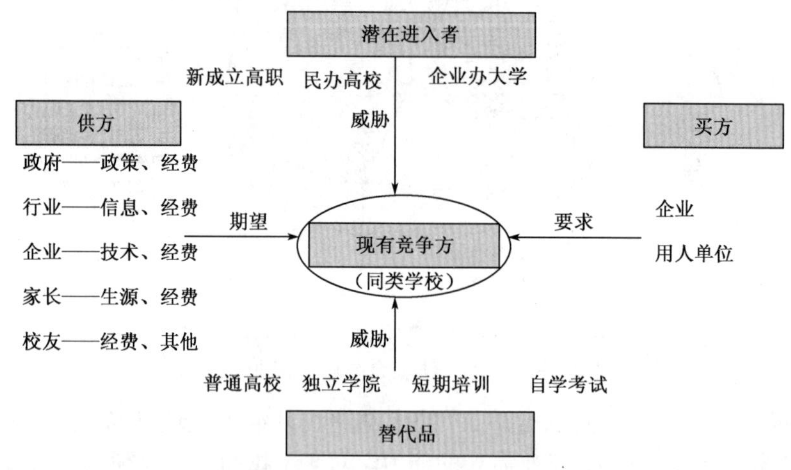

图 5-12 迈克尔·波特的"五力模型"及其在高职院校的具体所指

(1)供方的议价能力分析

广东交通职业技术学院作为一所职业院校,学校管理者必须综合考虑多方供应商的利益。供方包括:

①政府。主要通过制定政策(包括提供行政资源)、提供资金等方面对学校发展产生影

响。在现行体制下，作为政策供应商和经费主要供给者的政府，具有较强的议价能力。政府对学校具有绝对的控制权，一旦政府的支持减弱，高校将面临巨大的风险。

作为供方的政府又包括两个层面。其一是面向全国的政策或项目。例如“国家示范性高等职业院校建设计划”。其具有普惠性和非排他性，即对所有同类院校，提供同等的机会。其二是地方主管部门制定的政策和提供的项目。这些政策或项目具有一定的指向性和排他性。如《广东省教育厅　广东省交通运输厅共建广东交通职业技术学院框架协议》提出，广东省教育厅重点支持广东交通职业技术学院建设国家骨干高职院校。对学院面向交通行业办学给予支持。支持学院继续面向交通运输行业办学，指导学院主动服务交通运输行业。对学院建设国家骨干高职院校给予政策支持和资金保障。对于全国性项目和政策，学校的主要战略选择是寻找契合点，争取发展机遇。对于地方政策和项目，除了寻找契合点，增强服务能力外，还需要积极参与政策制定过程，谋求自身发展机遇最大化。

②行业协会。主要通过制定标准和规范，提供信息、资源平台等方式影响学校发展。在我国，当前行业协会还存在一定的“行政化”倾向而尚待完善，行业协会作为供方对学校的影响很大程度上是通过“行政方式”得以产生。此外，行业协会作为专业组织的功能在逐步增强。这是我国的基本国情，作为学校必须对此有清晰的认识。广东交通职业学院要积极加入各种行业协会，充分利用包括行政资源在内的各种资源，充分了解行业发展的趋势和规范，才能在未来的发展中赢得主动。

③企业。作为供方主要提供实训基地、课程、教师以及技术规范、经费等。在当前校企合作“一头热、一头冷”现象普遍存在的情况下。企业的议价能力较强。作为校方，一方面需要以行业为基础，有重点地发展相关专业，另一方面，需要探索建立合作、共赢机制，增强校企合作的互利性和长效型。

④家长。作为供方主要提供生源以及由此衍生的学校声誉。家长对职业院校的选择参考面是多方向、多角度的，一旦某一方面不能令他们满意，就会转向别的院校。作为一所全国示范的高职院校，需要学校做好招生宣传工作，把全国范围内的所有具有竞争力的对手都考虑在内，以赢取更多优质生源，同时提升学校在同类院校中的声誉。

⑤校友资源。校友资源是学校发展所需要的、非常重要的人才资源。作为供方，校友不仅能发挥拓展学校办学资源，推动校企合作，拓宽学生就业渠道等作用，而且能为学校发展献计献策。校友资源是学校竞争力的重要内容之一。

(2)购买者的议价能力分析

高职院校能够提供的产品主要包括三个方面：其一是人，即通过学生的学习和职业能力的获得而体现出来的人才培养质量。学校毕业生获取中级以上技能证书或职业资格证书年均超99%，毕业生初次就业率连续多年保持在99%以上。其二是技术，即通过所承担的科研项目而产生的专利、产品及咨询服务等。例如，学校拥有一支高素质“双师结构”师资队伍，教授、副教授、高级工程师比例达28%以上，具有硕士、博士学历的专任教师比例占46.49%，专任教师双师素质比例达80%以上。“十一五”以来共承担各类教学、科学研究及技术服务项目370项，先后有3个项目研究成果达到国内先进水平、3项成果达到国内领先水平、1项成果达到国际先进水平，新增发明专利9项、实用新型专利21项、计算机软件著作权1项，主编或参编专业标准、行业规范3部。另外，学校还设有省属职业技能鉴定所，具有65项专业技能鉴定资格和60项职业培训资格;拥有交通运输部授予设立的"交通行业职业技能培训工作站",可开展32个工种的培训鉴定;拥有可开展公路工程试验检测员、船员等33项岗位业务和技能培训资质和5个省内唯一的职业资格考点;拥有中国企业联合会主办的"653工程教学基地"。近三年来,学院面向行业和社会共培训和鉴定各类人员10.64万人次,组织职业(执业)资格考试9.2万人次。其三是简单的物物交换。即场地、仪器等的租借和使用。

学校提供的服务中,前两个体现为软性指标,要在较长时期内才能显现出来,如果学校人才培养质量、提供的技术服务质量越高,则买方的议价能力就越低。第三个为硬性指标。买方的议价能力相对较高,因为面临的选择更多。作为学校管理者,要重点提升人才培养质量,提升产品、技术和社会服务的核心竞争力,才能降低买方的议价能力,提高自身的收益水平。

(3)替代产品提供者分析

在高等教育大众化阶段,高职院校毕竟只是教育体系的一个种类,既作为受教育者也是消费者的学生完全可以不选择高职院校,而是选择其他层次和类型的教育结构。如独立学院和民办本科院校、网络学院、软件学院、中短期培训、职业证书资格考试等。而这些都会成为职业院校的替代品。另外,中职学校的再次崛起,在初中后就分流了更多的生源,同样构成了对高职院校的竞争压力。

(4)潜在进入者分析

由于高职院校设置权限下放,加入高职教育这一市场的门槛较低,因此可以预期这一市场的竞争将是激烈和残酷的。政府扶持、新成立的院校、热衷于教育投资的企业所办的学校等都会使竞争加剧。值得一提的是,对于新入行者,由于没有老学校历年积累的负担,可能拥有更加先进的设施,更贴近市场的专业和更新的管理模式,这些都将对老校构成威胁。

(5)行业内现有竞争者分析

高职院校的行业内竞争者主要有三个方面:一是公立本科院校。公立本科院校基础设施优越,社会认知度高,在与高职院校的竞争中显示出更强的优势。二是独立学院。2011年,全国独立学院共有309所。由于独立学院属于本科层次,又依附于名校,具有较高的社会认知度。其三是同类型、同行业学校。对于示范院校而言,竞争对象来自全国,但更多的还是体现在同区域高等教育体系之中。表5-7所列为广东交通职业技术学院行业内现有竞争者。

广东交通职业技术学院行业内现有竞争者列举 表5-7

同行业高职院校	地区同类型院校		地区普通本科(独立学院)
	国家骨干高职院校	国家示范性高职院校	
云南交通职业技术学院	顺德职业技术学院	番禺职业技术学院	中山大学新华学院
贵州交通职业技术学院	广东交通职业技术学院	深圳职业技术学院	广东海洋大学寸金学院
天津交通职业学院	广东水利电力职业技术学院	广州民航职业技术学院	广东工业大学华立学院
浙江交通职业技术学院	广州铁路职业技术学院	广东轻工职业技术学院	广州大学华软软件学院
湖南交通职业技术学院	广东科学技术职业学院	……	北京理工大学珠海学院
苏州工业园职业技术学院	深圳信息职业技术学院		……
……	中山火炬职业技术学院		

2)广东交通职业技术学院外部环境分析———PEST模型

一所学校的领导如果只盯着眼前看得到的竞争者、日常时间和局部领域的变化,而不能觉察到更广泛的领域和范围内发生的对学校和学习本质有影响的趋势是危险的。这就要求学校管理者要具有宏观视角。PEST 是一种学校所处宏观环境分析模型,所谓 PEST,即 Political(政治),Economic(经济),Social(社会)and Technological(科技)。这些是学校的外部环境,一般不受学校掌握,这些因素也被戏称为"pest(有害物)"。

政治会对学校监管以及其他与学校有关的活动产生十分重大的影响。一个国家或地区的政治制度、体制、方针政策、法律法规等因素常常制约、影响着学校的经营行为,尤其影响学校较长期的办学行为。经济环境是指国民经济发展的总概况,国际和国内经济形式及经济发展趋势,学校所面临的产业环境和竞争环境等。经济环境不仅直接影响学校的经费投入,而且对学校人才培养质量、办学目标定位产生重要的影响。社会环境是指一定时期内整个社会发展的一般状况。主要包括社会道德风尚、文化传统、人口变动趋势、文化教育、价值观念、社会结构等。各国的社会与文化对于学校的影响不尽相同。技术环境是指目前社会技术总水平及变化趋势、技术变迁、技术突破对企业影响,以及技术对政治、经济社会环境之间的相互作用的表现等(具有变化快,变化大,影响面大等特点)。科技不仅是全球化的驱动力,对学校的教学行为、研究行为等将产生很大的影响。表 5-8 显示了可能影响高职院校未来发展趋势的 PEST 因素。

可能影响高职院校未来发展趋势的 PEST 因素 表 5-8

项 目	国 际	国 家	地 方
政治法律	跨国职业教育市场的开放,加入 WTO,国际学分互认	高等教育法、职业教育法,国家中长期教育改革和发展规划纲要 高职发展政策及财政资助政策	地方职业教育发展规划 地方高职招生政策 地方高职发展政策
经济	国际经济、产业结构变革 经济全球化对职教影响	国家宏观政策、国家产业结构调整政策、职业资格认定	地方经济发展走向,地方发展规划、产业结构、人口结构等
社会文化	不同社会文化背景,对借鉴别国的职业教育经验的影响	社会对职业教育的态度、对蓝领工作的看法、对继续教育的态度	地方对职业教育的态度、地方文化传统、当地的企业文化
科学技术	信息的快速发展及传递、全球性资讯的获得	技术变革对专业、课程的影响。教育技术的改进、网络技术的应用	作为核心竞争力的技术、不同学校之间的资源共享和互补

资料来源:根据史秋衡、陈蕊《战略工具在高职院校发展中的综合应用》的资料整理而成。

(1)广东交通职业技术学院国际层面 PEST 模型分析

其一,政治、法律及经济层面。我国加入 WTO,成为世界贸易组织的正式成员之后,教育作为服务贸易领域第 5 类,受到《服务贸易总协定》的约束。除了义务教育和特殊教育服务(如军事、警察、政治和党校教育等)之外的各级各类教育均为承诺的范畴,向国际开放。允许中外合作办学,并允许外方可获得多数拥有权;允许境外消费;允许自然人流动,有条件地承诺国民待遇等。

教育市场开放包括两个方面,其一是"走出去"留学。统计数字显示,2011 年我国出国留学规模超过 30 万人次,其中自费留学人员占到了 92% 以上,中国已经成为全球留学生最大的输出国。据专业机构估算,广州每年出国留学人数超过 3 万人。[1] 并且留学生低龄化趋势越来越明显,《中国留学发展报告(2012)》显示,2010 年中国出国留学生中,高中及以下学历学生

1 成希. 中国成全球留学生最大输出国 广州每年 3 万人出国[N]. 南方日报,2012-08-08.

占19.8%，而2011年中国高中生出境学习人数占当年中国总留学人数的22.6%。[1] 在珠三角地区这一现象尤为明显，珠三角地区平均每10个家庭中就有一个孩子留学，中小学生出国留学的人数已占全省出国留学人数的50%，其中深圳高达70%，每年都有四五百人自费出国留学。[2] 另一方面是“引进来”，开展合作办学。2008年，广东高校中外合作办学机构和项目达到129个。既包括以职业培训为目标的非学历教育，也有以专业教育为方向的学历教育；既有层次较高的研究生教育，也有层次较低的专科教育。以教育部和教育厅审批为划分标准，非学历教育项目所占比重最大，共计111个，占所有项目的86%；研究生层次项目8个，占6%；本科层次项目7个，占5%；专科层次项目4个，占3%。[3]

无论是“走出去”，还是“引进来”，都表明教育市场的竞争日趋激励。教育竞争主要体现在优秀和有经济价值（如IT、EMBA专业）的生源的竞争上。一方面，优势生源的流失将直接影响我国大学的办学水平，没有一流的生源，就没有一流大学。对优秀生源的争夺将更加激烈。另一方面，教育服务贸易逆差的格局在短期内难以改变，并有扩大的趋势。

其二，经济环境层面。随着经济全球化的纵深发展，必然加速推动经济结构、产业结构和城乡结构的变革。特别是入世后，我国部分产业将可能跨越式发展进入后工业化、信息化时代，这对与之相关的传统的人才培养模式提出严峻的挑战。传统的教育与人才培养模式重知识轻能力、重传承轻创新、重守业轻创业、重单一型轻复合型的培养模式，很难适应当今社会发展的需要。[4] 另一方面，产业结构的调整对劳动者素质和专业化水平提出了更高的要求。发达国家非常重视职业培训和职业资格证书制度的开发，致力于制定统一的职业标准，构建统一的职业资格鉴定平台。德国13个行业建立职业培训委员会，由行业职业培训委员会统一制定职业标准，统一命题进行鉴定考核。美国根据《2000年目标法案》，成立全国职业技能标准委员会等机构，通过资助促进行业规范技能标准，作为全国通行的职业资格标准。OECD国家2005年在哥本哈根召开的教育部长会议上，将职业教育与培训纳入其成员国教育事业的优先发展目标，并在2007年至2010年间实施“为工作而学习：经合组织职业教育与培训政策评价研究”项目。OECD国家认为应在职业教育与培训和实际工作之间建立桥梁：

①职业教育与培训课程应同时满足学生和雇主的需求：职业教育与培训体系应为年轻人提供通用的、迁移性强的技能，以便适应转岗及终身学习的需求。同时，也要为他们提供职业专门化技能，以满足雇主的现实需要；

②雇主和工会应深度参与课程开发，以确保职业教育与培训所传授的知识能够满足现代工作岗位的需要；

③及时收集数据，确定学习成果对于劳动力市场的影响，增强职业指导的针对性和有效性。

对于广东交通职业技术学院而言，一方面必须立足行业、服务行业，根据行业发展需求进行人才培养模式改革，确定人才培养的质量和规格。同时要及早确立质量标准意识。借鉴英国、澳洲、新西兰等英联邦国家的做法，采用职业功能分析法（Approaches to Occupational Analysis），

---

1 中国留学生低龄化趋势明显：切忌过度“保护”[N]. 人民日报：海外版，2012-11-02.

2 来自中新网信息.

3 李盛兵，王志强. 广东高校中外合作办学发展的现状与对策研究[J]. 高教探索，2009，(2)：66-71.

4 章新胜. 加入世贸组织与我国高等教育[EB/OL]. [2013-05-06] http://www.eol.cn/article/20060110/3169985.shtml.

将职业能力标准分成核心单元(core units)和非核心单元两大部分,[1] 已确立针对不同职业的培养标准,提升自身的竞争力。

另外,由于不同国家政治、经济制度不同,对职业教育的文化传统、价值观等也大相径庭。技术发展对教育的影响主要体现在其对教学方式和教学内容方面。一方面需要把最新的技术成果体现在人才培养内容上,同时又要运用新的教育技术手段实现教学内容的传递。这也是学校管理者和教师必须考虑的问题。

(2)广东交通职业技术学院国家层面 PEST 模型分析

其一,在政治、法律层面。正如前文所述,先后出台了包括各类法律和政策,推动职业教育的快速发展。

其二,在经济层面,主要体现为行业发展对人才的需求。在未来几年,交通运输行业仍处于我国大建设、大发展时期,[2] 交通行业现有各类从业人员 3 640 万人,其分布如表 5-9 所列。

交通行业人力资源分布结构(单位:万人)　　表 5-9

类　别	人　数
交通基础设施建设与养护	1 060
水路运输	200
港口	90
营运性公共客货运输及辅助服务	2 016
机动车维修与检测	234
行业行政管理	40
合计	3 640

未来交通持续发展以及交通结构调整、科技进步等发展趋势表明需要大量的人力资源,特别是高质量的人力资源。通过对营运性公路客货运输及辅助服务业、机动车检测与维修、交通基础设施建设、养护与管理等人力资源进行分类预测计算,交通行业人力资源总规模变动趋势分析结果汇总如表 5-10 所示。

交通行业人力资源总体规模预测结果汇总(单位:万人)　　表 5-10

类　别	2010 年	2020 年
营业性公路运输	3 255.6	5 227.5
机动车维修	287.8	368.4
交通基础设施建设、养护	1 217.9	1 343.3
水路运输	229.7	253.59
港口	106.2	123.2
行业行政管理	36	36
合计	5 133.2	7 354

1 上海上海市劳动和社会保障局. OECD 国家的职业资格鉴定制度[J]. 中国培训,2006,(2):57-58.

2 高宏峰要求 贴近行业 突出特色 按照发展现代交通运输业的人才需求办学[EB/OL].[2010-12-22]中国高速公路网 http://www.cngaosu.com/zhuanti/html/gaoduanluntan/dongtai/2010/1222/74117.html.

根据表5-10计算结果表明：交通行业人力资源总规模在2010年达到约5 100万人，在2020年可达到约7 300万人。特别要说明的是在交通人力资源中占有较大比例的是公路运输系统。

将交通人力资源总体规模预测与交通人力资源拥有量进行比较，可以得出交通行业人力资源需求预测（不包含行政管理岗位），如表5-11所示。

交通行业人力资源需求预测（单位：万人） 表5-11

类　别	2003—2010年	2020年
营业性公路运输	1 240	1 972
机动车维修	54	81
交通基础设施建设、养护	158	127
水路运输	30	24
港口	16	17
合计	1 498	2 221

表5-11表明，除行政管理人员外，包括机动车检测维修与检测人力资源需求在内，交通行业在2003—2010年间新增从业人员约1 500万人，而在2010—2020年间新增就业人员约2 200万人。

面对交通人力资源规模的迅速扩张，根据实施人才强交战略的基本要求，交通行业的教育培训工作应当在各级政府和教育、劳动等部门的重视和支持下，完善交通行业从业人员的教育培训制度，为从业人员接受教育与培训提供保障；加强教育培训机构能力建设，提升教育培训质量，切实推动实际工作的开展；整合行业内外资源，构建交通行业继续教育网络体系，满足交通从业人员终身学习的需求。[1] 各高校、特别是高职院校要紧抓交通运输行业转变发展方式的重大机遇，按照发展现代交通运输业的人才需求办学，围绕行业发展新领域、新课题创新办学思路，贴近行业，突出特色，推进产学研用结合，在科技创新和人才培养上再上新台阶。

（3）广东交通职业技术学院地方层面PEST模型分析

其一，在政治、法律层面。《珠江三角洲地区改革发展规划纲要（2008—2020年）》，《共广东省委　广东省人民政府关于大力发展职业技术教育的决定》（粤发［2006］21号）等政策文件，招生政策的地方性文件等对学校发展提供了政策保障。

其二，在经济发展方面。《珠江三角洲地区改革发展规划纲要（2008—2020年）》提出，未来十年，广东将建成节能、环保、便捷的绿色交通，充分满足民众安全舒适的出行和各类运输需要：重点建设网络完善、布局合理、运行高效、与港澳及环珠江三角洲地区紧密相连的一体化现代综合交通运输体系，使珠三角成为亚太地区最开放、便捷、高效、安全的客流和物流中心；尽快建成珠三角城际轨道交通网络，完善区内铁路、高速公路和区域快速干线网络；重点建设环珠三角地区高速公路、港珠澳大桥，以及广州、深圳、佛山、东莞城市轨道交通等重大项目；有效整合珠江口港口资源，完善广州、深圳、珠海港的现代化功能，形成与香港港口分工明确、优势互补、共同发展的珠三角港口群体。到2012年，珠三角高速公路通车里程达3 000公里，轨道

1 交通行业发展及对人才培养的需求［EB/OL］.［2010-03-26］中国高职高专教育网. http://www.tech.net.cn/web/articleview.aspx? id = 2010032600019&cata_id = N034.

交通运营里程达 1 100 公里,港口货物吞吐量达 9 亿吨,集装箱吞吐量达 4 700 万标箱;到 2020 年,轨道交通运营里程达 2 200 公里,港口货物吞吐量达 14 亿吨,集装箱吞吐量达 7 200 万标箱。广东还将重点发展现代装备、汽车、船舶制造等先进制造业,坚持走新型工业化道路;重点发展电子信息产业等高新技术产业,建设现代信息产业基地。[1]

粤港澳现代综合交通运输体系的迅速发展和珠三角产业结构调整带来了巨大的人才需求。据不完全预测,"十二五"期间,珠三角地区城际轨道交通网建设、养护和运营管理高技能人才缺口超过 10 万人,汽车制造、检测与维修、营销服务的高技能人才缺口超过 20 万人,智能交通系统高技能人才缺口达 2 万 ~3 万人,汽车制造、检测与维修、营销服务高技能人才达 10 万 ~15 万,国际海运、船务服务、货运代理高技能人才缺口将达 3.8 万人,国际海员缺口将达 5 万人,适应华南地区的路桥建设、养护高技能人才缺口达 5 万人。这就要求学院更加紧密对接现代综合交通运输体系、先进制造业和现代生产性服务业的需要,开展全方位、宽领域、多形式的校企合作,培养更多高素质技能型人才,加大技术推广与服务的力度,提高服务粤港澳现代综合交通运输体系建设和珠三角区域经济发展的贡献力。

在对广东交通职业技术学院的竞争态势、外部环境系统分析的基础上。学校还需就校企合作进行战略决策。SWOT 分析方法是一种根据企业自身的既定内在条件进行分析,找出企业的优势、劣势及核心竞争力之所在的企业战略分析方法。借助 SWOT 矩阵进行分析,学校能够谋求内部资源和外部环境之间的良好匹配。通过确定学校的强势和资源能力,确定学校的弱势和资源缺陷,确认学校面临的机会和威胁,从而确定校企合作战略。见表 5-12。

高职院校 SWOT 分析法 表 5-12

内部分析 / 外部分析	优势(S) 1. 服务行业特色(学科、教师) 2. 占有行业资源优势 3. 校企合作基础 ……	劣势(W) 1. 特色亟待强化 2. 行业资源优势亟待加强 3. 校企合作地位亟待提升 ……
机遇(O) 1. 国家大力发展职业教育 2. 示范性项目 3. 广东独特的区位优势 4. 校企合作已成共识 ……	SO 战略 1. 依托示范校项目,增强能力 2. 突出特色,服务行业需求 3. 强化共识,建立长效机制	WO 战略 1. 依托示范校项目,增强能力 2. 立足本区域、行业需求 3. 强化共识,建立长效机制
威胁(T) 1. 高等教育大众化、多元化 2. 同类机构竞争激烈 3. 与行业主管部门关系变化 ……	ST 战略 1. 突出特色,增强竞争力 2. 立足区域、行业 3. 行业主管部门、教育主管部门协调 ……	WT 战略 1. 减少劣势 2. 减少威胁

[1] 国家发展和改革委员会. 珠江三角洲地区改革发展规划纲要(2008—2002 年)[EB/OL]. (2008-12)[2009-01-08] http://www.china.com.cn/news/2009-01/08/content_17074210.htm.

5.2.2 依托行业——广东交通职业技术学院校企合作的制度建设

推动校企合作是一项系统工程。根据波特的价值链理论,企业与企业的竞争,不只是某个环节的竞争,而是整个价值链的竞争,而整个价值链的综合竞争力决定企业的竞争力。因此推论,校企合作不仅仅是某一环节的合作,而是包括制度建设、平台建设在内的支援性活动以及课程、专业合作、人才培养合作、师资合作、实训基地建设在内等主要活动方面的合作。

进行制度建设首先需要考虑的是资源整合,即立足学校需求和优势、充分考虑内外部环境因素,借鉴其他学校的经验,把有利于学校发展的资源通过制度平台进行整合。其次是要保障资源的充分利用和有效。制度建设是整合各类有效资源,实现校企合作长效性的重要保障。广东交通职业技术学院为此采取的主要措施主要有以下几点:

1)撬动政府与行业,建立政校企合作共建的办学局面

(1)政府和行业层面——促成省教育厅与交通运输厅的签署合作共建协议

作为一所长期由交通行业主管的高职院校,经数十年的办学,其专业设置、人才培养、服务面向均具有了浓郁的交通特色。学院隶属关系划归省教育厅以后,学院的办学及人才培养依然与交通行业有着密切的联系。为继续保障和彰显行业特色,发挥交通行业主管部门在指导学院办学中的重要作用,学院坚持紧贴交通行业办学,在人才培养和社会服务方面为交通行业发展提供有力的人才保障和智力支持。根据在学院主管部门变更时达成的省交通运输厅继续支持学院办学的协议,积极谋取省教育厅和交通运输厅的共同支持学院办学的局面,推动和促成了省教育厅与交通运输厅签署合作共建学院的框架协议。同时,推动和促成省交通运输厅出台了《广东省交通运输厅关于支持广东交通学院开展校企合作的暂行办法》。根据《框架协议》,广东省教育厅与广东省交通运输厅决定联合共建广东交通职业技术学院,大力支持学院建成华南地区交通行业高技能人才培养示范基地、交通行业继续教育示范基地、交通行业关键技术推广应用中心。双方共建的具体事宜如下:

①广东省教育厅对学院办学的支持

——对学院面向交通行业办学给予支持。支持学院继续面向交通行业办学,指导学院主动服务交通行业。从学院的专业建设、课程改革、师资队伍建设、实习实训基地建设等方面给予重点指导。

——对学院建设国家骨干高职院校给予政策支持和资金保障。主动争取省财政厅对学院的国家骨干高职院校建设项目的省财政资金给予足额配套,加快落实学院生均综合定额拨款制度。

——对学院建设新校区给予政策倾斜。在已经启动的广东省职业技术教育示范基地,优先安排学院的新校区位置和土地面积,在配套建设资金方面也将给予倾斜政策,以保障学院的优先发展。

②广东省交通运输厅对学院办学的支持

——完善政校企合作的体制机构。支持学院拓展并优化校企合作发展理事会,在校内设立各重点专业的校企合作部,在合作企业设立联络工作站,完善优化政校企合作的体制和机制。

——创新政校企合作体制的运行机制。指导学院修订合作发展理事会章程及交通职业教

育集团章程，进一步明晰政、校、企各方的责、权、利关系，充分利用广东交通职教集团平台，建立政校企合作的长效机制。

——引导、支持行业企事业单位积极与学院开展多方面合作。出台《关于支持广东交通职业技术学院开展校企合作的暂行办法》，引导并支持交通行业企事业单位通过税收优惠等政策与学院加强校企合作。支持学院在行业内开展产学研合作、进行交通行业关键技术的推广应用。优先安排科研项目，让学院参与更多的课题研究，为学院提供更多与行业实质性交流的机会，从而更好地服务于交通行业。支持学院继续发挥作为全省交通行业员工培训和师资培训基地的重要作用，支持学院继续促进全省交通行业企业的在职人员的继续教育。

（2）学院与专业层面——达成学院与大型企事业单位、行业中介组织、科研院所的校企合作共建协议

通过建立开放办学的理念，主动服务地方和企业，增强自身的社会服务能力，学院与大型企事业单位、行业中介组织、科研院所签订合作共建协议，发挥双方各自在资金、技术、人才、信息等方面的优势，基本形成了多方共建学院的办学体制。下面是学院6个重点建设专业与行业企业签署的部分合作协议，具体如表5-13所示。

6个重点建设专业与行业企业签署的主要合作协议一览表 表5-13

序　号	重点建设专业	行业企业名称
1	城市轨道交通工程技术	广州市地下铁道总公司、中铁二十五局集团第一工程有限公司、深圳地铁三号线运营分公司、中铁港航局集团有限公司、广东华隧建设股份有限公司……
2	汽车检测与维修技术	一汽丰田汽车有限公司、广汽丰田汽车有限公司、华晨宝马汽车有限公司、博世贸易（上海）有限公司、东风日产汽车有限公司……
3	交通安全与智能控制	广东省智能交通协会、广东省高速公路有限公司、广东京安交通科技有限公司、广东省卫星应用协会、广东新粤交通投资有限公司……
4	国际航运业务管理	广东省船东协会、广东省港口协会、东莞海昌实业有限公司、广州洋航物流有限公司、广东省珠江国际货运代理有限公司……
5	航海技术	南海救助局、广州打捞局、广东省航海学会、中海国际船舶管理公司广州分公司、广东双泰运输集团有限责任公司……
6	道路桥梁工程技术	广东省交通运输工程质量监督站、广东省路桥建设发展有限公司、广东省长大公路工程有限公司、广东龙浩路桥集团有限公司……

2）以理事会改组和职业集团完善为重点，建立覆盖面广、运行高效的校企合作组织体系

自2004年成立学院合作发展理事会，2008年成立广东交通职教集团以来，学院初步建立了校企合作的组织体系。骨干院校建设期间，学院进一步紧贴行业，服务企业，积极拓展理事会与职教集团成员单位，不断密切与成员单位的合作关系。经过精心筹备，学院于2012年11月成功举办了理事会换届暨职教集团改组大会，成立了新一届合作发展理事会和职教集团，并通过了修订后的理事会与集团章程，以及各专业校企合作发展理事会章程。

专栏 5-3

广东交通职业技术学院
公路专业校企合作发展理事会章程(摘编)

第四章　理事单位的权利和义务

第十九条　委员单位可参与指导学校的专业设置、人才培养方案(教学计划)、课程体系、课程标准和教学改革等教学活动,使学校的教学更切合企业实际需求。

第二十条　委员单位需确定一名高级管理人员作为联络员。根据工作需要,联络员及时与校企合作办公室联系,介绍本单位的最新情况,商谈双方进行合作的项目。委员单位变更联络员或联系方式时,应及时通知校企合作办公室。

第二十一条　委员单位享有下列权利

(一)优先取得和利用本理事会的技术信息或资料。

(二)参加本理事会组织的各种学术、技术交流活动。

(三)优先招收学校毕业生就业。

(四)优先与学校共同进行人才培养、科研合作。

第二十二条　委员单位必须履行下列义务:

(一)遵守本理事会章程,执行理事会的决议。

(二)维护理事会的合法权益。

(三)保持与公路学院的密切联系,协助学校与各委员的相互合作;协助学校开展技术调研及学生实习实训基地建设等工作。

(四)优先接受学校毕业生就业。

(五)及时向理事会反馈本单位的人才需求情况。

(六)向公路学院推荐兼职教师。

(七)协助公路学院开展专业技术发展调研及其他活动。

(八)开展如专业(或方向)共建、实训中心共建、课程共建等合作项目。

(1)完善校企合作发展理事会体制,优化运作机制

新一届理事会由广东省交通运输厅担任理事长单位,省教育厅、省交通集团、省航运集团、广东海事局、省公路管理局,以及省内知名企业、行业协会、学院等 36 家单位担任副理事长。同时,在学院理事会下面成立 8 个专业层面的合作理事会,并分别在主要合作企业设立了联络工作站(见表 5-14),基本建立了覆盖面广、运行高效的校企合作组织体系,建成了由地方政府、行业企业、中介组织及科研机构等职业教育相关利益群体代表广泛参与的校企合作协调发展平台。

(2)优化职教集团运作机制

①形成多方参与、优化校企合作方式的决策机制。吸引职业教育集团内各理事单位从政府、产业、行业企业和高职教育的不同视角来审视具体校企合作项目的必要性和可行性,多方参与校企合作的决策过程,并对项目合作的注意事项、关键点和合作方式等进行充分论证,从

源头上确保校企合作的有效性。

专业校企合作发展理事会与企业联络工作站一览表 表5-14

序号	理事会名称	成员单位数量(家)	联络工作站数量(家)
1	城市轨道专业校企合作发展理事会	18	8
2	汽车专业校企合作发展理事会	39	6
3	智能交通专业校企合作发展理事会	33	13
4	国际航运专业校企合作发展理事会	21	4
5	航海专业校企合作发展理事会	71	10
6	公路专业校企合作发展理事会	36	36
7	物流运输专业校企合作发展理事会	16	16
8	电子信息专业校企合作发展理事会	14	8

②建立集团内部人才交流与共享机制。采用以行业—产业—专业—职业岗位层级链方式建立共享型人力资源信息库,及时掌握集团内部各单位所拥有的人力资源现状。对各类人才的主要专业领域、特长、供求状态等进行动态跟踪,并根据集团内各单位发展的客观需求提供人才交流渠道与平台,开展互聘互访,发挥各单位在具体专业、技术领域的优势,实现人力资源共享。

③形成多方共赢、优化校企合作成效的利益分配机制。从分析各方的需求、合作可能和期望获得的利益入手,明确合作各方的权利和义务,并在利益分配过程中根据贡献率和利益需求进行分配。提供合作企业在获得营业税减免、亟需后备高技能人才、新产品或新技术、职工培训或技术服务、社会声誉等方面的利益要求,确保各方在校企合作中受益,实现多方共赢、共同发展。

3)出台和完善适应校企合作、工学结合需要的一系列制度,推动学院校企合作向深层次发展

经过三年的建设,学院陆续完善和出台了一系列适应校企合作办学和工学结合培养人才制度,旨在推动学院校企合作向深层次发展。

学院层面,由示范院校建设办公室牵头并组织各有关职能部门开展工作,重点出台和完善了涉及全局的校企合作方式、资金分配、利益分配等管理制度,旨在对校企合作中的一系列关键问题做出有效规定,这些制度主要包括:《学院政校企合作合作发展理事会章程》、《广东交通职业教育集团章程》、《学院校企合作管理办法》、《学院校企合作项目管理办法》、《关于实施"双向互动、置换培训"的指导性意见》、《教科研奖励办法》,以及学院人才培养、师资建设与管理、实训基地建设与管理、学生顶岗实习管理、科技项目管理等相关内部管理制度。

各二级学院和专业(群)则根据自身校企合作事宜开展的需要和实际情况,在遵循学院校企合作相关制度的前提下,陆续形成了专业层面的制度与实施细则体系,包括校企合作实施细则、专业校企合作发展理事会的章程、专业理事会办公室工作职责、校企合作项目的运作管理流程与实施细则等。

4)全面实施校企合作项目化管理,建立校企“共建共管共享共赢”的长效运作机制

依托重点建设专业,以项目为载体,完善校企合作人才培养的运作机制,改革人事管理与分配制度,建立调研与市场需求分析机制,建立动态就业机制,创新专业(群)校企合作运作机制,推动深层次校企合作。

(1)完善校企合作人才培养运作机制——确保行业企业有效参与学院人才培养活动

①修订人才培养方案制定与审核流程。充分发挥学院校企合作平台及各专业层面校企合作组织平台的作用,规定专业人才培养方案的制定必须由专业教师与行业企业界人士共同设计,须积极征求有行业企业人士广泛参与的专业教学指导委员会意见,校企订单人才培养方案的审核须由学院会同订单企业共同开展。

②开拓校企协同管理的渠道、明确协同管理的职责与方式。各专业积极开展行业企业调研,了解合作企业生产周期与特点,与合作企业共同制定利于企业参与教学和管理的教学计划和教学组织形式,形成专业教学指导委员会、兼职教师、企业实习指导老师参与合作人才培养计划制定、实施和评价的有效渠道。各专业可以根据合作人才培养的需要建立信息化教学管理平台,以便企业界人士、兼职教师及时参与教学过程管理与监控,引入柔性管理理念,构筑柔性化的教学质量管理和控制机制。对接订单培养、学做交替等人才培养模式,根据各专业的特色,实施柔性化过程管理,拓展行业企业参与人才培养质量管理的有效渠道。

③针对预就业顶岗实习特点,完善《广东交通职业技术学院学生顶岗实习质量管理办法及实施细则》,明确企业参与人才培养管理与评价的途径与形式,充分发挥行业企业在顶岗实习等领域的重要作用。

(2)全面实施校企合作“项目化”管理——形成多方共建共管共享共赢机制

探索实施校企合作“项目化”管理,将合作各方的投入、职责和权利、利益形式和利益分配方式在具体的合作项目中以合同等有效形式予以明确,确保合作各方的“共赢”。以“宝马班、博世班”等企业冠名班,“宝马培训基地”等“厂中校”合作,以及与合作企业在应用技术研究与技术服务等方面的合作,进行“项目式”校企合作管理方式的改革试点,制定项目管理办法和管理流程。力争用三年左右的时间,在学院校企合作的各个领域全面实施“项目式”管理方式。

(3)双元催化校企人事管理与分配制度改革——建立科学有效的激励机制

企业层面:

建立以契约为核心、“义务共担,利益共享”的类商业合作模式,校企共同开发人力资源。

依托校企合作发展理事会平台,校企双方以签订合作协议的形式,在共同培养和开发人力资源的形式、内容、方法等方面进一步明确双方的责权利,将行业企业兼职教师的来源、数量、工作内容及标准、薪酬标准及支付方式、合作费用,包括校企双方在推荐毕业生就业或订单式人才培养数量等方面的要求以合作协议的形式确定下来,做到标准化的同时兼顾企业的个性化需求,建立一种基于“义务共担,利益共享”的类商业合作模式,减少因个人或者感情因素对合作的影响,建立学院教师与企业专业技术人员双向互动的长效机制。

学校层面:

①继续深化学院内部管理改革,推动管理中心下移。根据深层次校企合作的需要,进一步将人事聘任权、资金分配权、教学安排与课程设置等方面的权利下放到各二级学院,发挥二级

学院在人才培养、社会服务中的主体作用,激发其开展校企合作的积极性。允许各二级学院、专业(群)根据校企合作的需要聘任兼职人员,其薪酬在合作项目的收益中支出。

②研究制定教师技术服务工作量核算标准与薪酬体系。借鉴吸收本科院校、同类高职院校制定教师标准工作量的经验和做法,从社会效益和经济效益等角度制定教师参与校企合作与技术服务的核算标准,将其作为教师应完成的标准工作量的组成部分之一,纳入薪酬体系。

③制订教师参与校企合作项目的激励措施。将教师参与校企合作情况计入教师业绩考核范围,作为职称评定和年度考核的重要指标。鼓励教师根据企业发展的需求与企业合作开展科技攻关、科技成果转化、新产品研发、企业技术咨询等技术服务工作,学院对具有突出贡献的应用技术服务团队和个人予以奖励。

(4)建立定期调研与市场需求分析机制,提升校企合作的自调节、自适应能力

出台企业调研制度与实施办法,明确学院各职能部门和各专业到企业调研,以及时了解行业企业人才需求与技术发展的最新动态,获取合作企业合作与发展的需要,捕捉合作信息,形成全程跟踪、优化校企合作质量的评价与反馈机制,对校企合作的方式、内容等及时主动地做出调整并动态管理,加强校企合作的自我适应、自我调节能力。

(5)以市场为导向,建立动态就业机制

在合作发展理事会的基础上,发挥行业职教集团的优势,基于毕业生、学校、企业、社会机构、政府部门等五个主体的信息网络,建立“五位一体”、长短结合的就业信息反馈预警机制。

学校的招生就业部门要常规化地分地区、分专业、分层次的开展毕业生就业质量跟踪和就业状况调研,对人才需求市场进行动态预测。各专业校企合作部综合来自政府、社会机构、企业、毕业生及学院自身形成的就业反馈信息,适时调整专业设置或调整人才培养方案。以满足市场发展为目标,根据专业基础和属性的不同,采取“整合”、“延伸”或“新增”等方式对专业结构适时调整;以满足企业人才需求为目标,与企业共同制定人才培养调整方案,根据就业反馈信息,或增减课程教学、专业培训,或改变专业实训内容,使培养的毕业生总能及时适应动态的岗位要求,实现校企合作办专业的格局。

(6)依托重点专业(群),探索校企合作长效运行机制

根据校企合作具体领域的不同,各合作项目的具体运作机制各有特点,学院采取改革试点—经验总结—推广应用的方式,结合各重点专业(群)在校企合作方面已经具备的基础和优势,在共同开展人才培养、课程开发、实验实训基地建设、学生顶岗实习与就业、技术服务等方面探索主动适应行业与企业发展需求,能够及时根据市场需求变化进行动态调整的有效机制,探索不同校企合作领域的具体运作流程与规范,形成共谋发展、共管过程、共担责任、共享成果的校企合作长效机制。

通过一系列的建设,初步形成了行业企业广泛参与、职责明确的校企合作组织体系。如5-13 广东交通职业技术学院合作发展理事会组织机构图所示。

随着《框架协议》和一系列校企合作协议的签署,以及各项合作内容的深入开展,有效地撬动了政府与行业支持学院开展校企合作,形成了政校企合作共建的办学局面。学院基本建立了面向行业企业的动态调研机制,能够及时了解交通行业企业发展的需求变化,捕捉校企合作信息。同时,能够充分发挥学院在人才培养、应用技术服务、职工教育培训等方面的优势,实现了与大型企事业单位、行业中介组织、地方高新技术开发区、科研院所等职业教育与培训利

益相关方在合作办学、合作培养人才、职业资格标准与课程标准制定、实训基地与学生顶岗实习、人才交流、技术服务及教育培训等方面的合作共建。合作共建以双方共赢为目标，赋予各方明确的权利和义务，发挥了各自的优势，较好地实现了共同发展。

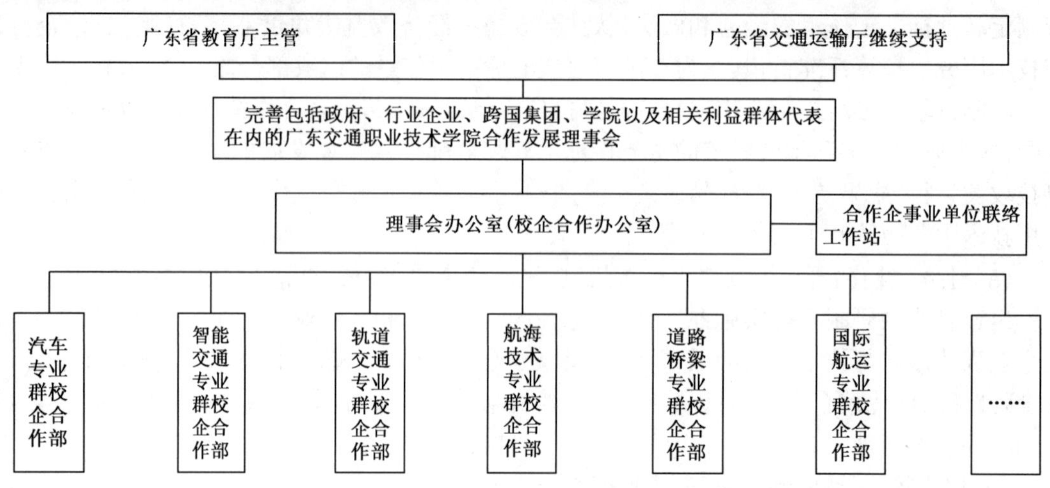

图 5-13　广东交通职业技术学院合作发展理事会组织机构图

5.2.3　服务行业——广东交通职业技术学院校企合作的基础与方式

1）校企合作基础方面——以立足行业、服务行业为基本方针

高职院校是一类特殊的高等学校，他们必须和企业、行业有着密切的联系，在政府支持力度有限，企业积极性不高的现状下，高职院校必须转变办学和治学理念——开门办学，吸纳行业主管部门、行业组织、行业企业等参与办学。积极进行制度创新，寻找校企合作的多种可能。但是，学校在培育和发展自身的优势、形成核心竞争力时，必须结合自己的历史和传统，结合自身的优势，坚持有所为，有所不为。学院采取改革试点—经验总结—推广应用的方式，结合各重点专业（群）在校企合作方面已经具备的基础和优势，在共同开展人才培养、课程开发、实验实训基地建设、学生顶岗实习与就业、技术服务等方面探索能够主动适应行业与企业发展需求，及时根据市场需求变化进行动态调整的有效机制，探索不同校企合作领域的具体运作流程与规范，形成共谋发展、共管过程、共担责任、共享成果的校企合作长效机制。

具体而言，在专业建设上对接粤港澳综合交通和现代产业体系，建设三级重点建设专业体系。按照“改造升级传统专业、做大做强特色专业、辐射扩散优势专业”的工作思路，以国家骨干高职院校重点专业（群）建设为引领、省级示范院校重点专业建设为支撑，坚持新专业的打造与原有专业的改造升级相结合的建设模式，深化校企合作，带动一批院级重点专业（群）建设，形成“交通特色鲜明、产业对接紧密、专业布局合理、建设层次分明”的“金字塔”型的国家、省级和院级三级重点专业体系。

首先，建设交通特色鲜明的国家骨干高职院校重点专业。

（1）适应珠三角城市和城际轨道交通网建设要求，与广东省铁路建设投资集团有限公司、广州市地下铁道总公司等企业共建城市轨道交通工程技术专业（群）。

（2）对接广东快速发展的汽车产业，依托广东丰田、本田、日产三大日系车制造基地，面向广州蓬勃发展的汽车服务市场，与丰田、宝马、利泰等大型企业合作共建汽车检测与维修技术专业（群）。

（3）主动服务粤港澳交通一体化，打造安全交通、便捷交通、绿色交通，与广州市智能交通管理指挥中心、广州北斗大三通导航科技有限公司等企业共建交通安全与智能控制专业（群）。

（4）面向粤港澳地区港口群，主动服务国际航运企业，与广州港集团有限公司、深圳盐田国际集装箱码头有限公司等企业合作，共建国际航运管理专业和专业群。

（5）面向海洋、兼顾江河，围绕粤港澳航运一体化的要求，与广东省航运集团有限公司、惠州金桥海运有限公司共建航海技术专业和专业群。

（6）适应广东高速公路网络建设的要求，与广东交通集团有限公司、长大公路工程公司等企业共建道路桥梁工程技术专业（群）。

其次，建设一批省级和院级重点专业，形成三级重点专业体系。

（7）以城市轨道交通工程技术重点专业的建设辐射带动高速铁道技术等省级重点专业及城市轨道交通车辆、城市轨道交通运营管理等院级重点专业的建设。

（8）以汽车检测与维修技术重点专业的建设辐射带动汽车运用技术等省级重点专业及汽车制造与装配技术、汽车电子技术、汽车技术服务与营销等院级重点专业的建设。

（9）以交通安全与智能控制重点专业的建设辐射带动公路运输与管理、计算机网络技术、应用电子技术等省级重点专业及软件技术、图形图像制作、电子信息工程技术等院级重点专业的建设。

（10）以国际航运业务管理重点专业的建设辐射带动水运管理、物流管理等省级重点专业及港口与航运管理、港口物流管理、报关与国际货运代理等院级重点专业的建设。

（11）以航海技术重点专业的建设辐射带动轮机工程技术等省级重点专业及船舶电气工程技术、船舶建造与修理等院级重点专业的建设。

（12）以道路桥梁工程技术重点专业的建设辐射带动建筑工程管理等省级重点专业及市政工程技术、工程测量技术等院级重点专业的建设。

2）在校企合作内容和方式方面：坚持“三个零距离接触”，推进校企合作纵深发展

即专业设置与行业发展零距离的接触，教学内容与行业职业需求零距离的接触，实践教学与职业岗位零距离的接触。通过发挥自身优势，实现与企业共育人才、共建专业、共同开发课程、共建共享实训基地、共享“校企”人才资源、共同开展应用研究与技术服务等。

（1）完善“订单式”等各具特色的人才培养模式

学校紧贴广东省交通运输行业向现代服务业转型、珠三角产业结构调整与转型升级对技术技能人才的新要求，主动服务学生职业生涯发展和终身学习的需要，以学生的职业能力发展为核心，以企业为主体，开展了“能力核心、订单培养”人才培养模式改革，取得了明显成效。例如：

①汽车检测与维修技术专业依托“院内企业培训中心 + 院外品牌 4S 店”的校企合作模式，深化“企业订单先导、国际教学标准融入、三方考核评价、校企合作共育”的人才培养模式改革。

②城市轨道交通工程技术专业在校企共同进行市场调研基础上，共同实施“对接城轨企

业需求，灵活实施订单培养”的工学结合人才培养改革。

③航海技术专业融合国际船员职业标准，根据“三副”的能力要求和培养规律，按照“见习水手→值班水手→见习三副→三副”的职业岗位升迁规律，开展“能力进阶、订单培养”的人才培养模式改革，实施“5 阶段校内学习 +3 阶段校外顶岗实习”交替进行的教学过程组织，使学生职业能力得到不断提升。

学院还建立了常态化的专业调研和调整机制，校企共同设计人才培养方案，共同设计和实施人才培养的各个环节。在教学组织上，与企业的生产需求紧密结合，例如，根据道路运输高峰周期的生产规律，每年的五一、十一和春运等节假日道路运输繁忙阶段，道路运输行业和企业需要大批高素质的运输管理人员，学校根据行业和企业的用人需求，安排学生到行业和企业参加生产性顶岗实习。而道路运输生产非繁忙季节，安排学生在学校进行理论学习和校内实训。

对接职业标准，引入第三方评价，各专业推行“双证书”制。例如，汽车类专业在“订单班”培养中实施三方考核评价：专业考核由学校实施、职业考核（职业资格证书）由国家相关部门实施、岗位考核及发证（专项技能、职业素养）由订单企业实施。

（2）校企共建能力核心的课程体系与教学资源库

依托学院合作发展理事会，拓展广东交通职教集团资源，与广东省铁路建设投资集团、华晨宝马集团、广州北斗大三通导航科技有限公司、盐田国际集装箱码头有限公司、广东省珠江海运有限公司和广东长大公路工程公司等企业合作，校企共同制定人才培养方案，共建能力核心的课程体系与教学资源库，将交通行业的产品、服务及职业资格的国际化标准融入课程与教学内容。

①围绕 6 个重点建设专业，与行业企业密切合作，以基于工作过程系统化课程体系重构为改革突破口，修订专业教学标准和课程标准，在课程开发和教学评价中引入行业企业技术标准。参照国家精品课程标准校企合作建设《地下铁道施工技术》、《汽车底盘诊断与修复》、《ETC 收费系统安装与维护》、《集装箱码头操作》、《海商纠纷处理》、《船舶值班与避碰》、《道路材料与检测》等 67 门基于工作过程系统化的优质核心课程，引领带动学院课程建设。

②吸引行业企业参与，组建开发团队，整合社会资源，校企共建 17 个专业及专业群教学资源库。选择城市轨道交通工程技术等 6 个国家骨干院校重点建设专业和专业群，采用整体顶层设计、先进技术支撑、开放式管理、网络运行的方式，在集成优质核心课程建设成果的基础上，建设高水平的职业教育特色的，充分共享的专业教学资源库。

（3）创新教学模式，强化职业能力和关键能力的培养

推行“项目导向，任务驱动”、“教、学、做一体化”情境式教学。根据工学结合人才培养模式和专业课程特点及高职学生学习认知规律，以学生为中心，专业课程教学采用“项目载体，任务驱动”的教学组织方式，推行“教、学、做一体化”。

综合使用多种教学方法，提高教学效果。例如，交通安全与智能控制专业在每个学习情境教学过程中引入一个真实的工程案例，根据智能交通工程项目的工作流程和典型设备的工作原理，综合运用“问题导向”、“分组讨论”、“探究式”、“现场教学”等多种教学方法，有效地解决理论与实践相脱节的难题，实现课程内容教学与岗位任务的无缝对接。

采用虚拟化技术，将生产现场和流程引入课堂。例如，国际航运业务管理专业利用佛山新

港码头正在使用的集装箱码头信息管理系统和仿真的集装箱港口沙盘模型建设“虚拟港口”实训室，在课堂上就能完成集装箱码头的工作流程。城市轨道交通工程技术专业针对盾构等大型昂贵设备，充分利用计算机仿真技术开展“虚拟工地”教学。

充分利用网络信息技术，实现教学手段现代化。通过整合网络课程、精品课程、网上虚拟实训平台、自我测试系统、考试系统等教学资源，系统地构建各专业的多媒体教学平台。平台为教师的教学提供了方便高效的手段，也为学生自主学习、协作学习提供丰富的资源，学生可以根据自己的职业目标，在学习平台上开展研究性、拓展性学习和训练。同时，通过在线测试系统，实现计算机信息处理、实用英语等课程的在线考试和自我测试。

(4)共创“校中厂”、“厂中校”，实现企业育人与生产教学相结合

一方面，把工厂“请进来”，在学院中建设“校中厂”——校内生产性实训基地，一边生产，一边承担对学生的实训实习，形成前店后校形式的生产企业。“校中厂”由“校方”提供场地、人力资源、技术支持及研发推广，“厂方”提供设备、技术升级资金、提供项目及标准。以“校方”为管理主体，负责生产安全、生产组织及日常维护管理，“厂方”负责生产指导、生产质量监控及市场营销。

建设和完善设在我院的“广东省道路运输车辆综合性能检测中心站”的“校中厂”。“厂方”提供检测设备资金、检测项目来源，“校方”提供场地、人力资源和行业技术推广应用。由学院负责日常检测组织管理、省交通行业从业人员的技术培训及考核等。顶岗实习的学生通过对社会上的营运车辆综合性能检测，“学中做，做中学”，掌握先进仪器设备的使用和车辆检测技术，掌握车辆检测标准与使用性能评定等知识。

另一方面，走出去办学，把教室搬进工厂，在知名的企业中建设“厂中校”。学生住在工厂，学在工厂。“厂方”提供生产项目、场地和企业培训师，组织学生生产实践。“校方”提供人力资源、技术服务和企业员工理论提升服务，负责学生的理论教学。“厂方”为生产管理主体，“校方”为学生管理主体。

在利泰集团中建设“厂中校”——“广东交通职业技术学院利泰教学基地”，利用利泰集团的项目技术人员和管理人员对“利泰订单班”的学生传授汽车销售、检测、维修等岗位技能和企业现代管理理念。学院按照教学计划，安排组织学生到“利泰教学基地”实施相应理论课程教学、顶岗锻炼。

在南方高铁测量技术公司、广东华隧公司中建设“厂中校”。企业的技术骨干兼任“厂中校”的培训教师，为顶岗实习的学生传授企业施工标准、规范和技术要求等。学院按照教学计划组织实施理论教学，参与企业的技术研发。

建立“厂校合一”育人环境的运行和质效考核制度，合作双方签订协议，明确“厂方”、“校方”的职责、义务要求、管理范围和权益。使“校中厂”和“厂中校”正常有序运行，为工学结合人才培养模式实施提供良好的环境。通过“厂校合一”体制机制建设，明确了厂校各自的相关职责，签订基地建设合作方在资金、场地、使用方面的契约，使学生在“校中厂”和“厂中校”学习环境中掌握企业的先进生产技术和现代管理理念，提高就业的岗位技能。同时，还解决了“校方”实习生安全责任、顶岗实习的工伤保险、实习补贴等有关问题。

3)质量为本——广东交通职业技术学院校企合作质量保障举措

坚持质量为本，构建校企合作、企业全程参与的教学质量保障体系。质量是高等学校的生

命线，提高高等教育质量主要是提高人才培养质量。按照“企业全程参与、实施多元化管理主体和柔性化过程管理”的思路，依托广东交通职教集团和合作发展理事会，形成校企专家共同参与制定人才培养方案、专业建设、课程改革、毕业论文、答辩、教学过程和毕业生就业质量等全过程的人才培养质量多元化评价体系，重点完善“教学做”一体化教学、顶岗实习、毕业生就业质量进行，形成校企合作质量管理和评价的长效机制。

(1)人才培养质量举措

①融入企业文化，培养具有交通特色的职业道德品格

强化基于校企合作的校园文化建设，构建具有实效性的职业道德教育模式，采用内在教化与外在约束相结合的养成教育模式，培养学生的“铺路石”品格和“航标灯”精神。具体措施见表5-15。

专业特色化职业道德教育建设一览表 表5-15

类　别	职业道德特色内涵	职业道德特色教育措施
城市轨道交通专业类	吃苦耐劳、诚实专注、精益求精、团结协作	1. 聘请劳动模范、技术能手、成功校友担任兼职辅导员，用他们亲身经历影响、培养学生； 2. 开展“工程测量技能大赛”、“工程材料试验技能大赛”、“大学生挑战杯”比赛等活动，不断提高学生的创新意识和创新能力
汽车检测专业类	团结合作、一丝不苟、精益求精、追求科技进步	1. 汽车企业走访实践教育； 2. 举办汽车文化节； 3. 举办成功校友论坛
智能交通专业类	安全优质、文明服务、团结协助、追求新技术	1. 开设《职业规划》、《就业指导》等课程； 2. 邀请成功校友回校交流； 3. 聘请行业专家举办讲座； 4. 开展职业规划比赛等活动； 5. 到广东联合电子收费公司等企业开展专业实践； 6. 在专业课程教学中融入职业理想的教育
国际航运管理专业类	爱岗敬业、坚持原则、吃苦耐劳、甘于寂寞	实施“师友计划”，通过讲座、论坛、座谈、互联网等方式，让在工作中取得一定成就的校友和学生建立起“亦师亦友”的关系，帮助学生们成长
航海技术专业类	热爱祖国、坚定信念、明辨是非，遵守纪律、服务守信	1. 开设《海员职业道德》、《海员心理学》职业道德教育课程； 2. 举办本行业劳动模范、岗位排头兵交流会； 3. 岗位实践锻炼
土木工程专业类	吃苦耐劳、实事求是、精益求精、团结协作	1. 在专业教育全过程中不断培养公路人精神； 2. 举办成功校友论坛； 3. 顶岗实践锻炼

②构建企业参与的多元化评价主体的课程教学质量评价体系

依托职教集团和合作发展理事会、共建企业，邀请合作企业管理人员、技术专家和兼职教师参与人才培养全过程各质量环节的评价。建立以学生、学校、企业、行业、社会共同参与的评价模式，实现评价主体(学生、学校、企业、行业、社会)、评价内容(专业建设与课程改革评价、

教学管理水平评价、教学质量评价、毕业生质量评价)、评价方法(社会调查、企业访谈、评价打分、座谈会)多元化。

③开发教学质量动态网络监控和诊断预警系统

依托校园网使学生、同行、企业兼职督导专家等评价主体参与网上监控和测评,实现多层次、及时动态督导,开发网络教学质量评价结果快速查询系统,实现网上教学质量评价结果快速查询,使院领导、教学管理人员及全院教师在不受地域、时间限制的情况下查阅限定范围的评价信息。开发网络教学质量评价诊断预警系统,通过教学质量综合诊断系统,及时发现教学和管理的缺陷。对教学中出现的问题和危机做出预警,使教学质量监控部门和决策部门及早制定应对措施,将问题和危机消灭在萌芽状态,做到防患于未然。

④顶岗实习:明确职责、制度先行、措施得力

——明确职责,制度先行。为加强学生顶岗实习管理,保障学生工学交替顺利实施,预防、控制和消除实习潜在的风险,学院建立完善的实施与监管分开的管理体系。二级学院组织实施顶岗实践教学,落实顶岗实践学习学生的动员、安全教育,提高学生安全的自我保护意识和防范能力,并与顶岗实习学生签订《实训实习安全协议》、《实习安全责任书》等有关实习协议,办理人身安全保险,制定顶岗实习方案、考核标准,安排实习内容及指导教师。根据实际情况,指导教师可以是学院教师也可是“厂中校”的指导教师,指导教师既是生产的实施者,也是实践教学的指导者。教师应做好实习学生的考勤工作,批改实训实习总结,与厂方共同对学生进行考核与成绩评定。学院就业处联合其他职能部门对各顶岗实习项目进行的巡视、指导检查与质量评价,形成顶岗实践教学中独特的组织实施与监督分开的管理体系,明确专业实施、职能部门监督的职责。

——建立“顶岗实习预就业”网络管理平台。为加强对顶岗实习预就业的教学质量的监控与管理,针对学生实习地分散、实习时间长的特点,建设顶岗实习预就业教学质量网络管理平台,如图5-14所示。以门户网站的形式,加强与实习学生、实习指导教师的交流沟通互动。为学生服务,进行个性化实习指导和辅助管理,实现对实习指导教师在线的顶岗实习教学质量的多元化评价。

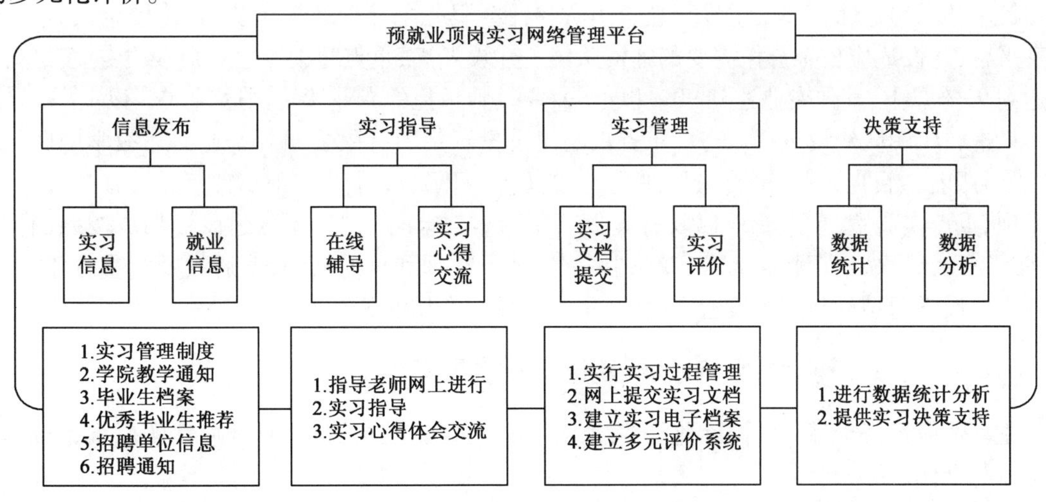

图5-14 顶岗实习预就业教学质量网络管理平台

⑤基于校企共建,建立毕业生就业质量评价指标体系

以就业质量评价体系为载体,以评价结果为依据,完善人才培养方案,有效缓解毕业生技能与岗位需求不匹配造成的就业结构性矛盾,实现校企互利共赢,增强高职院校服务区域经济社会发展的能力。完善毕业生质量跟踪调查制度,更加及时全面地了解毕业生在工作单位的思想表现、专业水平、人际关系和心理素质等情况及社会评价。

依托广东交通职教集团与学院合作发展理事会、各专业校企合作部、各企业联络工作站等机构,采取网络、调查问卷、走访用人单位等形式对毕业生进行思想政治表现、敬业精神、团结协作精神、业务能力、专业知识、动手能力、创业精神、人际关系、心理素质、参加单位组织、总体表现多项内容的调查。

就业质量评价指标体系主要包括就业水平和用人单位的满意度。就业水平指标包含就业机会的获得、就业岗位的特征、就业的主观满意度等内容。其中,就业机会的获得包括岗位提供率、就业率、签约率;就业岗位的特征包括劳动报酬、工作地点、工作时间、工作环境;就业的主观满意度包括工作的稳定性、专业对口性、劳动关系的和谐性、职业发展前景。用人单位的满意度指标包括职业素养与职业技能。不同指标赋予适当的权重。进行主客观动态的综合评价,并反馈回教育教学部门,会不断促进教育教学质量提高。

(2)师资质量

建立校企人员双向互动的工作机制。通过"双向互动、置换培训"(含岗位双聘、双岗双职、双向兼职),聘请合作企业专业技术人员和技师担任兼职教师,经培训后承担教学工作,使兼职教师"上得讲堂"。加大公开招聘企业专业技术人员的力度,理顺兼职教师的来源渠道,充实学院现有的兼职教师资源库,在客座教授的基础上建立完善兼职教师专家库。完善学院教师下企业实践与服务实施办法,有效导入绩效考核、薪酬、激励体系,激发教师下企业的积极性、主动性,使专任教师"下得工场"。建立专兼职教师人员调配管理系统,确保"双向互动"的有效实施。

推进专兼职教师聘用等人事管理制度创新。完善学院教师聘用与管理办法,建立专、兼职教师的入职标准、专业能力标准、分类管理与分层考核办法和薪酬激励机制,专兼并重、同工同酬。校企共同组建课程模块主导型教学团队和社会服务主导型教学团队,共建校企人力资源共享平台,建设适应校企合作需要的师资队伍。建设期满,重点建设专业双师素质专业教师比例达到95%以上,其他专业达到90%以上,兼职教师承担的专业课比例达到50%以上。

推进教学团队建设工程。与广东省铁路建设投资集团有限公司等企业共建教学团队,实现"教学跟着项目走,团队围着项目建"。实施创新团队建设计划。围绕教育部、省教育厅重大专项、重点实验室、重点专业以及各类创新平台,实施学院创新团队建设计划。按照国家、省、学院三级梯次,培育教学名师、专业带头人、骨干教师和普通教师,普通教师侧重青年教师培养。建设学习型创新型决策管理团队,是实现校企合作的关键枢纽。

5.2.4 立足港澳台,面向世界,走国际化发展道路

主动适应经济全球化对国际化人才的需要,以更广阔的视野,更具开放性的思维,开展国际交流与合作。

(1)完善机制。建立学院国际合作与交流组织领导机构、办事机构,完善《广东交通职业

技术学院国际合作与交流实施办法》、《广东交通职业技术学院交换生管理办法》等制度，制定教师、学生参与国际资格证书培训的激励政策。着力培养一支能在高职教育国际市场上有传播能力的对外交流团队，遴选外语水平较高的专业课教师进行“双语”教学培养，为开展职业教育国际化打好基础，形成国际合作与交流的长效机制。

(2)出境交流。加大师资海外培训力度，努力创造条件，支持鼓励教师、干部走出学校，跨出国门，推进师资队伍国际化进程。按照学院《管理干部和师资队伍能力提升培训计划》，设置教师出境研修专项资金，统筹安排教师出境培训，专业带头人、中层干部100%参加境外培训，骨干教师90%参加境内外培训。通过长短期出境考察、培训提升、学术访问、合作研究、交流学习等方式，学习国(境)外先进的职业教育理念、教学模式及方法，掌握国际行业标准，逐步造就一批具有国际视野，熟悉国际行业标准，能够与国际同行开展沟通、交流的有较高国际化素质的师资。

(3)借鉴引进。开展与职业教育发达的国家和地区教育机构的合作，学习、吸纳先进的教育观念、方法和评价体系，引进优质教育资源，完善专业职业教育课程体系、专业教学标准、课程教学标准和考核评估标准，促进专业建设、课程建设、教学管理、职业资格认证国际化，提升办学水平和办学层次，增强竞争力，培养符合国际化标准的人才。继续做好广东省中英职业教育《汽车类专业课程体系专业课程体系改革研究与实践》合作项目，引进英国汽车维修职业资格标准及教学标准(City and Guilds 和 IMI 证书机构)、香港汽车业能力标准、德国教育汽车维修框架教学计划。推进与德国、日本等国家知名企业的合作，与德国宝马公司、博世公司、日本丰日、日产汽车公司共建集教学、培训、技术研发推广于一体的校内培训基地。

(4)走出去，请进来，做好做大交换生项目。继续做好学生赴台研习项目，以广州“中新知识城”设立中国—东盟创新中心和面向东盟教育培训产业国际化示范区为契机，开辟学院与东南亚国家合作交流新渠道，与东南亚汉语基础较好的新加坡、印尼等国家以及台湾、香港、澳门地区高校建立学生交换项目，扩大交换生规模和交流力度，增强国际和区域影响力。

广州是国家重要的汽车产业基地和汽车消费市场，也正在全力打造区域性国际航海运输中心。学院将依托良好的产业背景和雄厚的专业办学实力，在汽车检测与维修技术、航海技术、国际航运业务管理等专业拓展交换生项目。同时，以一年或半年的交换生项目为龙头，带动短期培训课程、师资互访互训、文化交流等项目的开展。如参照国际认可的国际货运代理协会联合会(FIATA)货运代理资格证书考试的要求，联合香港亚洲进出口贸易有限公司，合作开办国际航运货运代理培训班。加强与香港海事局、澳门港务局、澳门航海学校、航运企业的合作，为港澳航运企业培养适用人才。

5.3 合作共赢——广东交通职业技术学院校企合作的成效

5.3.1 建立了校企“共建、共管、共享、共赢”的长效运作机制

在政府与行业层面，学院促成省交通运输厅出台的关于支持学院开展校企合作的暂行办法，以正式文件的形式推动和提高了交通企业参与高技能人才培养的积极性，初步解决了校企合作实际操作过程中，存在着亟待规范双方权利与义务、学生实习身份确认及劳动纠纷、工伤

事故处理等现实问题。《暂行办法》按照“搭建平台、创新政策、优化机制、营造环境”的思路，通过以交通职教集团校企合作平台成员单位为试点，推动校企共建实训实习基地、师资培训基地、产学研基地，增进校企合作动力，在专业设置与课程开发、学生实习与就业推荐、行业职业标准开发与修订、技能人才培养与评价等方面开展广泛合作，推动校企合作向更深、更高层次发展，着力提高人才培养质量。

在学院与专业层面，经过两年多的改革实践工作，在项目化管理和校企合作长效运作机制方面取得了一定的成效，初步建立起了以项目为主体的校企合作方式，在优化资源配置、提高校企合作成效、畅通企业参与渠道、保障校企双赢、扩大合作规模与深度等方面发挥了重要的作用，基本形成了校企“共建、共管、共享、共赢”的长效运作机制。具体体现在四个方面：

1)优化资源配置，提高资源使用效能，提升了校企合作成效

通过开展校企合作项目化管理改革，使得校企合作的目标和内容更为明确，合作各方能够围绕合作项目的需要提供相应的人、财、物来开展各项合作事宜。同时，基于项目管理理念的柔性组织形式，更利于集中优势的人力和物力资源，在项目负责人的统筹安排下，根据项目目标进行有效的配置与使用，从而有效地提高了资源的使用效能，提升校企合作成效。

2)保障校企双赢，吸引企业参与，扩大了学院校企合作的规模

采取项目化管理方式，项目目标得以进一步明确，同时，在合作协议(合同)中对项目合作内容和合作形式、合作各方的投入比例和形式、合作各方的管理职责与权力、合作各方的利益分配比例及方式均有着明确的规定，使得校企双方的利益均有着一定的保障，能够更好的吸引企事业单位的参与，对学院校企合作规模的扩大具有明显的促进作用。

3)畅通企业参与渠道，增强企业信心，推动了学院校企合作向深层次发展

采取项目化管理方式，首先在校企合作管理上更趋于规范化和有序化，使得校企合作有章可循、有律可依，能够使得校企双方根据既定的合同条款投入人力、物力及财力，通过科学的管理与有序的组织实施来实现既定的合作目标，并保障双方的合作利益，企业参与校企合作的信心得到明显的增强。其次，项目化管理方式的开展，对企业参与的渠道和方式有着明确的描述，使得企业不再作为局外人或者利益相关人群的外围机构来看待校企合作，而是一个参与者和利益核心群体来关注校企合作，并通过校企合作得到其相应的利益诉求，企业参与程度得到明显提高，推动校企合作向深层次发展。

4)依托职教集团平台，行业校企合作的示范项目取得重要成效

(1)完善了广东交通职业教育师资培训基地。通过发挥职教集团优势，采集行业院校、企事业单位优秀管理干部、技术人才和教师信息，将其纳入交通职业教育教师资源库，形成了具有丰富管理经验、掌握行业前沿技术和较高教学水平的培训教师资源库。同时，根据学院人才培养的需要从资源库中聘请行业企业兼职教师，进一步提高了学院兼职教师队伍的水平。根据行业发展、技术革新和职工教育与培训的需要开展师资培训，建立了能更好满足行业教育与培训需求的师资培训基地，进一步提高了学院服务行业企业的能力。

(2)建立了广东交通运输行业技术服务与推广基地。通过密切职教集团成员单位的联系，及时掌握了行业发展需求动态，及时反馈行业技术研究项目的新进展，并根据各会员单位技术输出和技术需求的反馈信息，加快了科技成果转化生产力的进程，建立了广东交通运输行

业技术服务与推广基地，有效推进了行业节能减排、智能交通与安全、现代综合运输体系建设等关键技术领域的应用与推广。

(3)建立了广东交通行业教学资源开发与共享平台。学院充分利用集团成员单位来源广泛，拥有众多行业企业和职业院校参与的特点，依托汽车类专业群、行业类专业群开展试点，组成由行业企业人士、不同院校的优秀教师、课程开发专家组成的教学与培训资源开发项目组，共同开发了一批吸纳企业最新技术、工艺和管理方法、岗位能力要求的课程教学资源，更好地满足了学院人才培养和行业企事业单位职工培训需求的优质教学与培训资源，推动了学院优质课程教学资源建设，也推动了交通职业教育与培训事业的发展。

学院在推进校企合作体制机制改革、明确合作各方参与人才培养的责、权、利，建立长效合作运作机制的过程中，不同专业结合行业特点采取了不同的合作方式，均取得了一定的成效。其中，汽车学院的汽车企业员工培训中心(与宝马、沃尔沃、丰田等国际品牌名企共建)、广东省基础工程检测技术应用中心(与广东交通质量监督站、广东承信检测公司合作共建)、船员专业技能训练基地项目(与交通运输部合作共建)、广东交通职工继续教育培训基地(与广东省交通运输厅共建)等均具有较为明显的特色，现就宝马项目、船员专业技能训练基地项目介绍如下。

宝马合作项目。近年来，我院汽车学院积极探索校企合作办学模式，先后与华晨宝马、一汽丰田、广汽丰田、博世集团、利泰集团、广州市汽车维修行业协会等企业、协会合作，创新“院内企业培训中心 + 院外品牌4S店”的校企合作模式，完善相关机制与制度，初步实现了校企“合作办学、合作育人、合作就业、合作发展”。其中，与宝马公司合作建立了宝马广州培训基地，并于2009年7月正式运营。双方合作的内容主要包括：学院教师定期参加宝马校企合作会议及技术培训与认证，定期到宝马企业调研和顶岗实践，宝马公司技术人员定期参加课程开发及教学研讨会，作为兼职教师承担授课任务，举办技能大赛、招聘会等各种校企合作活动。经过两年多的探索，合作双方深入实践了“院内企业培训中心 + 院外品牌4S店”的校企合作模式。在人才培养方案的制定，融入企业最新技术、工艺和管理方法的课程教学资源开发，适应企业深度参与人才培养的教学方法与教学组织形式设计、校内专任教师到宝马企业顶岗实践、企业技术人员作为兼职教师承担授课任务、合作建立人才培养质量评价体系、学生综合素质培养、校园文化建设以及资金、设备等方面开展了广泛深入的合作，取得了较好的品牌效应，形成了更加紧密的校企合作办学体制和灵活的运作机制，实现了共赢的长效发展。

船员专业技能训练基地项目。广东海事局是交通运输部驻粤的直属正厅级机构，是广东省水上辖区交通安全监督管理的主管机关。我院海事与港航学院作为华南地区重要的船员培养和培训基地，早在广东海事局成立之初就与之建立了合作共建关系。双方已共同制定了《海船船员考试与评估考核评价办法》等8个规章制度，并在人才培养方案及培训纲要制定、教材编写、实训基地建设、评价体系建设、一站式船员服务中心建设等多方面开展了合作，取得了良好的办学效益。近年来，随着航海环境更加复杂、航海技术不断提高、各国海上交通管理制度不断变化、环保要求不断提高等，对船员的专业技能和综合素质提出了更高的要求。双方在各领域进一步深化合作，稳定了合作关系，拓展了合作内容，完善了合作机制。经过两年多的改革实践，双方在明确各自的责、权、利的基础上，在校内合作共建了船舶实体模型，建成集教学、实习、培训、适任证书考试等多功能的船员专业技能综合训练基地，合作开展船员适任证书的评估及理论考试等项目,并深入开展生产性实训教学,实现了课堂教学与实习、学习与工作的"零距离"对接,显著提升了学员的实际能力,更好地适应了岗位需求。

5.3.2 校企深度合作得到长足发展,政校企多方共赢局面基本形成

通过改革项目的建设,形成了行业—学院—企业横向紧密联系、教育主管部门—学院—专业(群)纵向贯通的校企合作组织平台,学院政校企合作的组织平台得到进一步充实和完善。制定和实施了一系列校企合作办学、工学结合人才培养、课程开发、实验实训基地建设、师资队伍交流与合作、教育培训及科技服务的管理制度和运作流程,形成了较为有力的制度体系和运作机制体系,行业引导型政校企合作办学模式得到进一步深化和发展,使得学院的校企合作呈现出稳固、长期、可持续的发展势头。以行业引导型政校企合作为重要路径,学院与行业企事业单位全面开展在人才培养、专业建设、教育培训以及科技服务等方面的合作,促进了学院人才培养质量、专业建设水平、师资队伍水平、实验实训条件等综合办学实力的进一步提升。同时,学院积极开展面向区域经济、行业和企业需求的职工教育培训,校企联合开展应用技术研发与科技服务工作,为区域经济、行业企业发展提供有力的智力支持和技术支持,使得政校企多方均在校企合作中受益,基本形成政校企多方共赢的局面。

1)学院综合办学实力进一步提升

通过行业引导型政校企合作体制机制的建设与改革,学院与行业企业在人才培养、教育培训课程资源开发、职业教育师资队伍建设、实验实训基地建设等方面的合作得到进一步深化,促进了学院专业建设水平,提升了人才培养质量,推动了学院内涵式发展,使得学院综合办学实力得到进一步提升,具体体现在以下几个方面:

(1)人才培养针对性强,得到行业企业认可。以校企合作为基础,学院实施了"订单培养"、"2+1"等多种结合专业特点及专业校企合作现状的人才培养方式,畅通行业企业参与学院人才培养的渠道,确保企业参与到学院人才培养的方案制定、课程设计、教学实施以及教学评价的各个环节,同时借助企业进校园、企业论坛等校园文化活动提升学生的职业素养,使得学院所培养的人才既具有职业岗位所需的职业知识和技能,同时对合作企业的企业文化有着更为充分的了解,企业认同感强,深受用人单位的欢迎。学院毕业生双证书获取率超过99%,主干专业高级工证书获取率超过75%。近三年来,学生在全国、全省大学生数学建模大赛、全国职业院校学生技能大赛、"挑战杯"大学生科技竞赛等活动中获奖239项。良好的职业技能和素养有力地保证毕业生的高质量就业,学院近年来毕业生总体就业率均在99%以上,汽车运用技术、道路桥梁工程技术等主干专业对口就业率达90%以上。

(2)专兼结合"双师"素养教师队伍整体水平提升。在校企人才交流与人力资源共享的制度保障下,学院开展了"双向互动、置换培训"的师资队伍建设工作,一方面保障了合作企业生产经营活动以及教学活动正常有序的开始,另一方面也通过有计划的培训提升了兼职教师的教学能力、专任教师的专业水平和实践能力,使得学院专兼结合的"双师"素养教师队伍无论在数量和质量上均有了明显的提升。目前,学院聘请了行业企业兼职教师568人,基本实现了专任教师每年至少2个月的企业顶岗实习锻炼,"双师"比例达到81.05%。在形成一支专业知识水平高、教学能力强,胜任高职教育教学工作,并具有较强的科技服务能力的"双师"素养教师队伍方面迈上了一个新的台阶。

(3)校企合作开发一批优质的教育培训课程资源。紧密与企业、行业协会等单位合作,联合企业一线技术人员、职业教育培训专家、课程开发专家,与学院教师联合开发与生产一线岗位能力要求、生产流程对接的课程资源。在开发时明确所开发的课程资源能够同时满足学院高技能人才培养和企业职工教育培训的需要,使得行业企业具有更高的责任感和兴趣参与到学院的课程建设中来,有效的推动了学院课程资源建设工作。近年来,学院与行业企业共同开发了2门国家级精品课程、19门省级精品课程、125门优质核心课程,建成17个共享型教学资源库,共同建设了2个国家级教学改革试点专业、6个省级示范性专业,全面推动了学院的内涵发展。

(4)校企共建了一批先进的校内外实训实习基地。以"共建、共管、共享、共赢"为基点和运作机制,学院在校企共建校内外实训实习基地方面取得了新进展。首先,在共建的方式方面,形成了包括"企业设备、校方场地"、"企业资金、校方场地"、"校企共同投资、校方场地"、"企业资金、校方技术"等多种共建形式。其次,在实训实习基地的功能方面,形成了集学生实训实习、技术研发、员工教育培训与技能训练、技能鉴定,甚至生产等功能一体的多功能实训基地。其三,在管理上,按照企业生产场地管理的要求,对校内实训场所实施"5S"管理,由合作企业与学院共同对实训场所管理情况进行监督和评价。其四,在校内外实训实习基地规模上得到明显提升。近三年来,学院新建了17个多功能校内生产性实训场所——"校中场"和21"厂中校",建成492个校外顶岗实习基地,其中包括中央财政支持实训基地1个、省级财政支持实训基地2个。

2)社会服务能力明显增强

以"政校企多方共赢"为合作基点的校企合作体制机制改革,使得学院在校企合作的理念得到了进一步的发展,从单纯的解决自身的办学瓶颈转向综合考虑行业、企业发展需求,充分发挥自身在人才培养、教育培训以及技术服务等方面的优势,为合作企事业单位提供亟需的人才、教育培训与科技服务,全面提升了自身服务社会、反哺社会的能力。

(1)面向终身学习型社会和职业教育发展需求的教育培训服务能力大幅度提升。根据区域经济与行业企业发展的需求,结合终身学习型社会和职业教育发展的需求,以强有力的政校企合作平台和机制为基础,学院教育培训服务能力得到大幅度提升。在培训平台上,先后建立了广东省职业教育汽车类专业师资培训基地、广东省交通职业教育师资培训基地、广东省交通行业职工教育培训基地、宝马(中国)华南区培训基地等一大批具有较大影响力的职业教育与职工培训基地。通过校企合作人才培养,学院为合作企业培养了一大批职业综合能力强、具备合作企业文化精神的优秀技能人才,他们在岗位上表现优异,快速成长为企业的技术骨干和管理人才。同时,学院为合作企业提供了万余次员工培训,先后承担了100余项合作企业委托的技术服务项目,为企业发展提供了有力的人才支持和智力保障。

(2)面向行业企业一线需求的科技服务能力进一步增强。以行业企业一线需求为出发点,以应用技术研发与推广应用为科技服务方向,通过激励教职员工参与应用技术研究和科技服务的制度建设和企业科技服务需求的动态调研机制建设,以科技服务平台和团队建设为抓手,进一步提升了学院的科技服务能力。在服务的领域上,根据区域经济和行业企业发展的需求,结合学院的专业设置和科技服务力量现状,形成了以安全生产、智能交通、车辆检测维修技术、道路桥梁施工与监测、航海技术、轮机工程技术等科技服务的领域。在科技服务规模上,近三年，学院毕业生中60%以上在交通行业相关领域工作，先后承担了90余项应用技术研发与交通新技术推广、应用等领域的交通科技项目，为交通行业提供了7万余次的行业关键岗位和从业资格培训，完成了包括“全国公路工程监理工程师执业资格”等专业资格考试和广东省机动车驾驶教练员从业资格考试，参加考试共计9万人次，编制了交通行业的6个工种国家职业标准、广东省职业技能鉴定指导中心6项鉴定标准的编制工作，完成了161项交通科技项目创新，成为行业发展的重要力量。

附录 A

1985 年至今我国主要的有关职业教育校企合作政策

(1)1985 年,出台《中共中央关于教育体制改革的决定》。

(2)1991 年 10 月,出台《国务院关于大力发展职业技术教育的决定》。

(3)1993 年,中共中央、国务院印发《中国教育改革和发展纲要》。

(4)1995 年,原国家教委出台《关于深化高等教育体制改革的若干意见》。

(5)1996 年 5 月,出台《中华人民共和国职业教育法》。

(6)1996 年 9 月,李鹏总理和李岚清副总理在全国职业教育工作会议上讲话。

(7)1998 年 2 月,国家教育委员会、国家经济贸易委员会、劳动部关于印发《实施〈职业教育法〉发展职业教育的若干意见》的通知。

(8)1998 年 8 月,颁布《中华人民共和国高等教育法》。

(9)1998 年 12 月,教育部出台《面向 21 世纪教育振兴行动计划》。

(10)1999 年 1 月,教育部、国家计委印发《试行按新的管理模式和运行机制举办高等职业技术教育的实施意见》。

(11)1999 年,出台《中共中央国务院关于深化教育改革,全面推进素质教育的决定》。

(12)1999 年 9 月 4 日,教育部印发《关于开展建设示范性职业技术学院工作通知》。

(13)2000 年 1 月,印发《教育部关于加强高职高专教育人才培养工作的意见》。

(14)2000 年 5 月教育部在 1997 年原国家教委颁布的《关于高等职业学校设置问题的几点意见》的基础上又颁布了《高等职业学校设置标准》(暂行)。

(15)2000 年 6 月,教育部以高教司[2000]35 号文下达《关于加强本科院校举办高等职业教育管理工作的通知》。

(16)2000 年 9 月,教育部出台关于启动第一批示范性职业技术学院建设的通知。

(17)2002 年 8 月,颁布《国务院关于大力推进职业教育改革与发展的决定》。

(18)2003 年,教育部印发《2003—2007 年教育振兴行动计划》。

(19)2004 年 6 月,全国职业教育工作会议。9 月,七部委联合印发了《教育部等七部门关于进一步加强职业教育工作的若干意见》。

(20)2007 年,国务院批转教育部国家教育事业发展“十一五”规划纲要的通知。

(21)2010 年,出台《国家中长期教育改革和发展规划纲要(2010—2020 年)》。

附录 B

我国高等职业教育校企合作体质机制建设的新思路[1]

一、校企合作参与主体结构的新趋势——校企合作参与主体统计

地方政府	行业部门	行业协会	行业集团	企业	社区	县乡政府	农村合作社	农村	学校
70	37	15	29	95	2	2	1	1	106
0.66	0.349	0.142	0.274	0.896	0.019	0.019	0.009	0.009	1

二、校企合作管理体质的新进展——校企合作管理体质统计

董事会	理事会	委员会	协助会	共建委员会	合作发展理事会	校企联谊会	基金会	校企合作委员会	合作共建联合会
39	52	1	1	1	5	1	1	1	1
0.368	0.491	0.009	0.009	0.009	0.047	0.009	0.009	0.009	0.009

三、校企合作运行机制的新创举——校企合作运行机制统计

产学联盟	股份实体	校企共同体	服务外包	职教集团	专业学院	合作企业	生产性学习船	共享性实习基地	产学园区
7	13	2	1	24	21	5	1	3	12
0.066	0.123	0.019	0.009	0.226	0.198	0.047	0.009	0.028	0.113

四、政府行业和举办者在共建高等职业院校中的作为统计(一)

地方政府作用							举办者作用		行 业 作 用				
规划统筹	财政支持	政策支持	项目支持	协调关系	领导指导	筹集经费	领导指导	引导企业	筹集经费	协调关系	提供标准	整合资源	项目委托
14	82	16	2	5	7	6	1	6	23	7	10	6	3
0.132	0.774	0.151	0.019	0.047	0.066	0.057	0.009	0.057	0.217	0.066	0.094	0.057	0.028

1 刘洪宇. 我国高等职业教育校企合作体质机制建设的新思路[J]. 教育与职业,2011,(5).

五、学校、企业在办学合作中新任务——学校、企业在合作中的作为统计

企业作用									学校作用				
提供教师	开发课程	共建基地	经费投入	提供实训设备	提供生产实训	提供实习岗位	提供就业机会	提供订单	培养人才	技术服务	技术研发	培训服务	参与标准制定
63	38	70	23	15	44	22	5	23	106	48	15	76	5
0.594	0.358	0.66	0.217	0.142	0.415	0.208	0.047	0.217	1	0.453	0.142	0.717	0.047

六、校企合作动机的新变化——校企合作动机统计

政府行业企业的合作共建动机								学校需要解决的主要办学问题								
新兴产业发展	高端产业发展	承接产业转移	特色产业振兴	支柱产业发展	新农村建设	中小企业	其他	学校教师能力提升	企业兼职教师提供	制定培养方案	专业技术课程开发	形成新的学习组织模式	教学质量评估	生产性实训	顶岗实习	学生就业
11	6	1	36	2	10	3	37	94	81	27	53	33	25	74	42	13
0.104	0.057	0.009	0.34	0.019	0.094	0.028	0.349	0.887	0.746	0.255	0.5	0.311	0.236	0.698	0.396	0.123

七、校企合作资源配置方式的新动向——校企合作资源配置权力方式统计

市场利益配置资源	行政统筹配置资源	行业标准配置资源	其 他
37	36	32	4
0.349	0.034	0.302	0.038

八、校企合作形式主义的新问题

企业行为——学校目标的相关性统计

企业行为 / 学校目的	提供教师	开发课程	共建基地	提供生产性实训	提供实习岗位	提供就业机会	提供订单
学校教师提升能力	1	0	0	0	0	0	0
企业兼职教师提供	1	0	0	0	0	0	0
专业技术课程开发	0	1	0	0	0	0	0
形成新的学习组织模式	0	0	1	0	0	0	0
生产性实训	0	0	1	1	0	0	0
顶岗实习	0	0	1	0	1	0	0
学生就业	0	0	0	0	0	1	1

企业行为——学校目的相关度分析统计

学校目的	学校教师能力提升	企业兼职教师提供	专业技术课程开发	形成新的学习组织模式	生产性实训	顶岗实习	学生就业
原数据	94	81	53	33	74	42	13
相关分析数据	155	142	83	58	138	76	22
相关度	0.649	0.753	0.566	0.758	0.865	0.81	0.692

九、校企合作推进动力的新难题——政府行业和举办者在共建高等职业院校中的行为(二)

地方政府作用							举办者作用		行 业 作 用					合计
规划统筹	财政支持	政策支持	项目支持	协调关系	领导指导	筹集经费	领导指导	引导企业	筹集经费	协调关系	提供标准	整合资源	项目委托	
14	82	16	2	5	7	6	1	6	23	7	10	6	3	188
0.0745	0.4362	0.0851	0.0106	0.0266	0.0372	0.0319	0.0053	0.0319	0.1223	0.0372	0.0532	0.0319	0.016	

附录 C

广东省教育厅
广东省交通运输厅共建广东交通职业技术学院框架协议

为深入贯彻落实《珠江三角洲地区改革发展规划纲要(2008—2020 年)》,适应广东建立现代综合交通运输体系的要求,加快广东交通行业高技能人才的培养,根据教育部、财政部《关于进一步推进“国家示范性高等职业院校建设计划”实施工作的通知》(教高〔2010〕8 号)和《教育部关于充分发挥行业指导作用 推进职业教育改革发展的意见》(教职成〔2011〕6 号)等文件精神,广东省教育厅与广东省交通运输厅决定联合共建广东交通职业技术学院,共同把广东交通职业技术学院建成华南地区交通行业高技能人才培养示范基地、交通行业继续教育示范基地、交通行业关键技术推广应用中心。经双方协商,就有关共建事宜达成如下协议:

一、广东省教育厅重点支持广东交通职业技术学院建设国家骨干高职院校

(一)对学院面向交通行业办学给予支持。支持学院继续面向交通运输行业办学,指导学院主动服务交通运输行业。从学院的专业建设、课程改革、师资队伍建设、实习实训基地建设等方面给予重点指导。

(二)对学院建设国家骨干高职院校给予政策支持和资金保障。加大省级财政对学院的国家骨干高职院校建设项目的资金支持力度,加快落实学院生均综合定额拨款制度。

(三)对学院建设新校区给予政策倾斜。在将启动建设的广东省职业技术教育示范基地,优先安排学院的新校区位置和土地面积,在配套建设资金方面也将给予政策倾斜,以保障学院的优先发展。

二、广东省交通运输厅大力支持广东交通职业技术学院的改革与发展

(一)建立政校企合作的有效机制。支持学院拓展并优化校企合作发展理事会,在校内设立各重点专业的校企合作部,在合作企业设立联络工作站,逐步完善政校企合作的有效机制。

(二)建立政校企合作的联席制度。指导学院修订合作发展理事会章程及交通职业教育集团章程,充分利用广东交通职教集团平台,积极开展交通运输行业职业教育培训工作,逐步完善政校企合作的联席制度。

(三)引导、支持行业企事业单位积极与学院开展多方面合作。制订《关于支持广东交通职业技术学院开展校企合作的暂行办法》,支持学院在行业内开展产学研合作、进行交通行业

关键技术的推广应用；引导学院参与交通运输行业发展的课题研究，为学院提供与行业实质性交流的机会，从而更好地服务于交通运输行业；支持学院发挥作为全省交通行业从业人员的培训和师资培训基地的重要作用，充分发挥学院作为全省交通行业继续教育培训基地的示范作用。

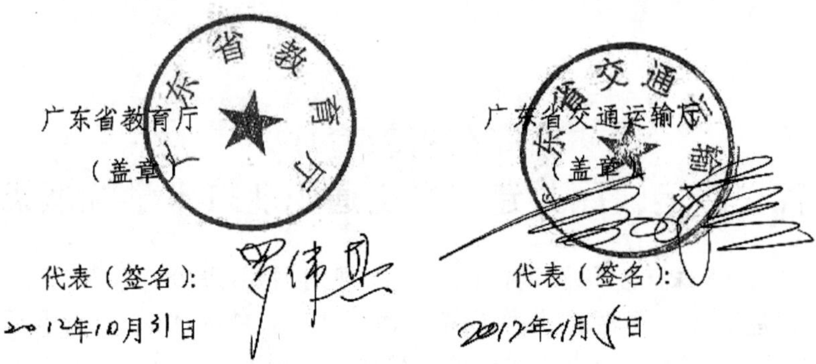

广东交通职业技术学院政校企合作发展理事会章程

（2012 年 7 月修订）

广东交通职业技术学院政校企合作发展理事会成立于2004 年（以下简称“理事会”）。为进一步落实《国家中长期教育改革和发展规划纲要（2010—2020 年）》和《广东省中长期教育改革和发展规划纲要（2010—2020 年）》精神，建立校企合作的长效运行机制，更好地为广东交通行业以及珠三角区域经济和社会发展服务，维护理事会及所有成员的合法权益，规范理事会活动及成员单位行为，根据国家和广东省相关法律法规，特修订本章程。

第一章　总　　则

第一条　名称：广东交通职业技术学院政校企合作发展理事会。

第二条　性质：以广东交通运输行业和珠三角区域经济发展为目标，加快培养高素质的交通高技能人才，以校企合作、校际合作为主要形式，以校企双赢为根本目的，由学院、行业协会、企事业单位按照平等互利原则组成的非营利性组织，不具有法人资格，是促进产学研紧密合作和人才培养，共商合作发展建设事项的机构和平台。

第三条　宗旨：创新高等职业教育办学体制机制，推进合作办学、合作育人、合作就业、合作发展，增强办学活力。形成以学院为主体、行业联合、企事业单位参与的联合办学机制，实现人才共育、过程共管、成果共享、责任共担的紧密型合作办学机制，提升职业教育的综合实力。

第四条　原则：各成员单位具有相对独立性。凡进入理事会的成员单位，原隶属关系、产权性质、组织结构、员工身份不变，各成员间实行“平等协商，自愿参加，互惠互利，共谋发展”的原则，在人才、设施、师资、培训、实训、就业等方面优先共享、协调互补。

第五条　目标：搭建广东交通职业教育的信息平台，沟通高技能人才供求信息和教育改革信息；开展以项目为纽带的校企合作，实现教育教学资源和企业资源的共享，建立新型的校企合作基地；学院为理事会单位提供各种优质服务，并与其开展一系列合作活动（见第十八条）；开展师资、行业企业员工、毕业生职业资格等全方位培训，促进行业企业员工继续教育、学生实习和就业，形成校企良性互动，推动校企共同发展。

第二章　主 要 任 务

第六条　推动理事会内学校教育教学资源和企业资源的共享，组织对专业设置、人才培养方案制订、课程改革等事项的研讨和交流，促进校内实训、校外实习的有机衔接，为学校教师到企业参加实践锻炼和企业技术骨干到学校担任兼职教师提供有利条件。

第七条　开展产学研合作、订单式培养，进行技术开发与服务，满足职业院校毕业生就业需求和企业用人需求；开展理事会内学校专业师资和企业员工教育培训，提高理事会成员员工整体素质。

第八条　完善理事会网站，搭建信息交流平台，实现信息资源共享；宣传成员企业的特色信息；宣传成员学校的办学模式、人才培养规格、课程设置、学生风采，发布毕业生就业信息；交流校企双方对人才培养模式、岗位要求、员工素质的意见与建议。

第九条 筹措运作经费，主要来源包括：会员单位、理事单位捐赠；社会捐赠；争取政府专项拨款；在核准的业务范围内开展活动或服务的收入；通过提供设备、技术援助等折算成的经费；通过科研项目、课题研究、社会培训、教材编写、实训基地有偿使用等多种方式筹集的资金；其他合法收入。所筹资金用于各成员单位在理事会中开展各种相关活动的经费。

第十条 建立理事联席会议制度，听取和审议理事单位承担的有关工作的情况报告，讨论研究理事会工作计划及重要事项，并对有突出贡献的成员单位和个人进行表彰。

第三章 组 织 机 构

第十一条 理事会由政府相关部门、事业单位、企业以及集团、行业协会、企业家和知名专家学者等组成。

第十二条 参加理事会成员的单位，由学院发出邀请，经常务理事会协商讨论，征得半数以上成员同意、签订有关协议后即可成为理事会正式成员。

第十三条 凡要求退出理事会的单位，应提前三个月提出申请，经常务理事会协商同意，办理有关手续后即可退出理事会。

第十四条 理事会设理事长一人，副理事长若干人，常务理事若干人。

第十五条 理事长、副理事长均由理事会成员协商后产生。理事长单位由广东省交通运输厅领导担任，常务理事由理事长提名，理事会通过。

第十六条 理事会下设秘书处，作为理事会的常设机构。秘书处设在广东交通职业技术学院，由广东交通职业技术学院出任秘书长1人和副秘书长若干人，在理事长领导下负责处理理事会的日常工作。设立各二级学院专业理事会，负责专业层面校企合作具体事务，学院理事会负责宏观上统筹、协调和指导。

第十七条 理事会每届任期五年。原则上每年召开一次全体理事会议和一到两次常务理事会，特殊情况经理事长和副理事长协商可提前或延期召开。

第四章 权利与义务

第十八条 广东交通职业技术学院承担以下义务，并作为其他理事单位享有的权利：

1. 采用委托研究，合作开发，组建科技联合体，共建工程研究中心，合作创办高新技术产业等方式进行各类科技合作。积极承担理事单位的科技任务，并作为学院重点项目实行专项跟踪，确保项目的顺利实施，并优先将科技成果转让给有需要的理事单位。

2. 鼓励专业教师带项目下企业进行实践锻炼，帮助成员单位进行技术开发和产品、工艺等研发，为企业解决实际问题，提高企业生产效率、效益。

3. 院校实训室全面向理事会单位开放，为理事会单位进行中间试验、产品试制、产品性能测试提供方便，并予以优惠。《广东交通职业技术学院学报》可发表理事会单位撰写的学术论文。

4. 为理事会单位提供科技管理人才及员工培训所需的教师、教材、实验室等方便条件，亦可在对方开设教学点或共同开办各类人才培训中心。

5. 与理事会单位共建“校中厂”、“厂中校”等实习实训基地，学院为企业支付必要的学生实习和实习基地建设等费用,落实有关政策,并对“校中厂”、“厂中校”等共建项目给予企业必要的名誉权。

6. 为理事会单位组织召开专场人才招聘会,优先向理事会单位推荐毕业生。

7. 理事会单位职工子女报考广东交通职业技术学院的自主招生,在录取中按学院职工子女对待,在同等条件下予以优先照顾,毕业时在就业方面给予指导和提供帮助。

8. 由理事会单位或个人提供经费设立的奖励基金或建筑物、道路、购买的大型设备等,可以以单位或个人的名称命名(或按理事会单位和个人的要求命名)。对在支持办学工作中有突出贡献的单位及个人给予奖励。

9. 在不影响教学的前提下,为各理事会单位提供图书阅览,文体活动资源的免费服务。

第十九条 其他行业企业理事会单位承担以下义务,并作为理事会成员的广东交通职业技术学院享有的权利:

1. 凡学院有能力承担的科技任务(包括项目论证、产品开发与换代、新产品试制、成果转化、专题调研、科技咨询与论证、产品及工程设计、中间实验等),尽量优先安排学院承担。

2. 企业可根据实际情况优先接纳学院学生到企业顶岗实习。

3. 企业制定具体的制度措施,支持和鼓励企业的高技能人才、专业技术人员参加教育教学能力培训,并作为兼职教师参与学院的人才培养方案制定、课程开发与教学改革、学生实习指导等。

4. 企业向学院反馈对学校毕业生的需求信息,进行就业指导。

5. 企业可利用各种形式(包括捐款、赠物、设立专项基金、减免税费等)资助学院办学。

6. 行业企业优先为学院提供人才培养(含成人教育、继续教育生源),科技开发、技术改造、工程建设等方面的合作项目。

7. 行业企业应积极参加理事会组织的各项活动,向社会各界宣传理事会,发展新的理事成员单位。

第五章 附 则

第二十条 理事会单位根据工作需要应委派一名综合职能部门负责人担任联络员,负责日常联系工作。

第二十一条 理事会可根据工作需要设立教学、科技、人才、文体等方面的专门工作机构,负责落实具体工作事项。

第二十二条 理事会全会必须有半数以上成员参加方可召开会议,各项决议须经三分之二以上的与会成员通过方能有效。

第二十三条 本章程由秘书处负责解释。

二〇一二年七月

广东交通职业教育集团章程

第一章　总　　则

第一条　集团名称：广东交通职业教育集团（以下简称“职教集团”）。

第二条　集团性质：以交通行业为主导，以推进广东交通业快速发展为目标，以高素质高技能人才培养、专业建设和技术服务为主要任务，以校企双赢为基本目标，以校际合作、校企合作和教育培训为主要形式，以自愿加入职教集团的高、中职院校、企业、科研院所、行业学会（协会）及社会有关单位为主体，按照自愿、平等、互惠、互利原则，组成具有联合性、互利性、非营利性的职业教育协作团体。

职教集团在省交通厅、省教育厅的领导指导、监督、协调下开展工作，属于职业院校与行业企业合作育人的群众性组织，不具备事业单位法人资格。集团内各成员单位原有的所有制结构不变，管理体制不变，隶属关系不变，经济独立核算不变，人事关系不变。

第三条　集团宗旨：以马列主义、毛泽东思想、邓小平理论和“三个代表”重要思想为指导，以科学发展观为统领，全面贯彻党和国家的教育方针，按照高素质、技能型专门人才的培养要求，切实解决高技能人才培养与社会需求相脱节的问题，整合广东交通行业教育资源，形成整体优势，突出专业特色，增强总体实力。通过加强校际合作、校企合作、学校与行业学会（协会）、科研机构合作，优化资源配置，形成以职业教育院校为主体、以企业和行业为依托的多层次、立体化办学体系，实现资源共享，整体提高集团成员院校适应市场的竞争力，充分发挥群体优势、组合效应和规模效应，提升交通类职业教育的综合实力，为广东省交通职业教育事业、广东交通行业的发展以及区域经济建设服务。

第四条　集团准则：平等、合作、诚信、创新、共赢。

第五条　集团制度：实行理事会负责制，接受省交通厅和省教育厅的指导和监督管理。

第二章　目标与任务

第六条　集团目标：依托设有交通类相关专业的职业院校，以专业发展为纽带，以校企合作为重点，以提高劳动者素质为目的，构建工学结合人才培养的新模式，实现职业教育与行业企业发展的对接。通过组建交通职业教育集团，建立职业院校与企业、科研院所、行业学会（协会）之间的全方位、多元化合作关系，促进资源的集成和共享，有效地推进职业院校依托产业办专业、办好专业促产业，促进职业院校在人才培养模式上与企业实行“订单式培养”和“零距离对接”，形成院校与企业之间的良性互动，推动职业院校和企业共同发展。

第七条　集团任务：

1. 整合资源，共享资源，联合培养各类职业技术人才，实现中职与高职、职业院校与对口企业的人才培养对接，沟通职业技术人才供求信息和教育改革信息，开展联合办学，共同联手打造交通行业急需的技术应用型和技能型人才；

2. 实现地域和空间优势互补，以职业教育培训“连锁超市”为主要形式，沟通职业技术人才供求信息，建立职业教育改革与创新机制，探索职业院校人才培养和企业人力资本运作的模式；

3. 促进集团内院校的专业建设，建立职业教育改革与创新机制，实现教学资源的优势互补，探索教学改革和学分互认，组织对人才培养模式、专业设置、专业培养目标、课程标准、考核标准等方面开展广泛的研讨和交流，在招生、就业、教学、科研攻关、技术服务等方面进行有效合作，满足职业院校毕业生升学、就业和企业用人需求；

4. 实现职业资格和培训考核鉴定、职工岗前在岗培训以及实验室、实习基地、图书馆、学报学刊等资源的共享，为职业院校学生实习、实验及专业课教师培训提供支持，建立新型的校企合作实训基地，为学校间学分互认，教师互聘创造条件；

5. 实现教育教学资源和企业资源的相互共享，通过企业订单式培养，举办校企联谊恳谈会、招聘会等形式，满足职业院校毕业生就业和企业用人的需求，推进毕业生就业工作；

6. 成立技术研发中心，合作进行科学研究、技术和产品开发，开展相关的经营和服务活动，联合开发有关实业项目，探索职业教育融资新模式；

7. 开展集团成员内部的交流活动，举办加快发展交通产业高层论坛，进行集团化发展职业教育的战略趋势和发展走向的理论研究和实践探索；

8. 开展与省内外其他产业（行业）职教集团的交流活动；

9. 以集团名义，开展各类国际交流活动，与国（境）外职教机构进行合作；

10. 合作企业给予集团内部职业院校一定的资金或设备支持，用于实训基地建设和教师培训；企业为教师、学生到企业实习提供相应的条件；企业根据人才培养需要，提供一定数量的专家、“能工巧匠”到学校兼职任教；

11. 实现学校、企业、协会三者的深度融通，建立健全职工教育和培训体系，实施职工的继续教育和岗位培训，提高集团成员企业职工的素质。

通过以上工作的开展，促进集团各成员单位的共同进步、提高和发展。

第三章　机构组成与管理

第八条　职教集团采取单位会员制。

第九条　在广东省范围内，凡具有独立法人资格，遵守职教集团章程，恪守集团宗旨，愿意履行章程规定义务的交通行业职业院校、企事业单位和行业协会，均可自愿报名参加。

第十条　职教集团的办事机构为“广东交通职业教育集团理事会”。理事会在省交通厅、省教育厅的指导和监督下开展工作。理事会设名誉理事长 3 ~ 5 名，理事长 1 名，副理事长 3 ~ 5名，常务理事若干。理事长、副理事长经推荐后由理事会选举产生，每届任期三年。理事会下设办公室，设在广东交通职业技术学院，负责职教集团内的协调工作及日常工作事务的处理。

理事会每年召开一次全体理事大会，决定集团的重大事宜，总结上一年度的工作，制定下一年度工作计划。如遇特殊情况，可由理事长提议，常务理事会通过后提前或延期举行。根据平等、公正、互利、共赢的原则，理事会对重要事项所做的决策，须经三分之二以上常务理事通过。

第十一条 理事会职责：

1. 确定集团发展的规划、方针及目标，对重大问题进行决策；

2. 统筹各成员单位的资源利用与共享，协调各成员单位的关系；

3. 制订或修改本集团章程，研究各理事单位的重要提案；

4. 决定成员单位的加入或退出。

第十二条 职教集团下设校企合作委员会、校际合作委员会、教育培训委员会等分支机构。各机构在理事会的领导下开展活动。

第十三条 加入集团程序：

1. 首批加入职教集团的单位会员向理事会提交登记表以及单位主要负责人基本情况，经单位同意盖章后即可加盟；

2. 后继申请加入职教集团的单位会员，需向职教集团办公室递交申请，经由 2/3 以上理事参加的理事会会议研究同意后加盟。

第四章 权利和义务

第十四条 学校成员单位的权利义务：

（一）学校成员单位的权利

1. 享有参与集团重大问题的讨论、研究、决策和参加集团组织的活动的权力；

2. 享有合作培养、延伸办学的权利。同类同层次的学校可以互认学分，统一培养目标、培养方案，统一质量考核标准，统一发放各类证书；不同层次学校之间可以实施联合培养学生；

3. 可以使用集团成员单位提供的实习、实训基地；

4. 可以共享集团内的就业信息，有权参加由集团组织举办的毕业生就业洽谈会；

5. 有权使用“广东交通职业教育集团”的统一标志和品牌，经理事会审核后可以集团的名义开展有关活动；享受行政部门给予交通职教集团的优惠政策；

6. 可以享受的其他合法正当权益。

（二）学校成员单位的义务

1. 遵守本章程，执行集团有关决议，并向集团通报有关情况；

2. 积极协助集团开展招生、培养、实习、就业、交流等各项活动；

3. 宣传集团成员招生、培养、就业等优势，共同维护和提升集团整体形象的义务；

4. 共同研讨人才培养方案的义务。

第十五条 企业成员单位享有的权利义务：

（一）企业成员单位的权利

1. 享有参与集团重大问题讨论、研究、决策的权力；

2. 定期获得集团动作的信息，可以根据集团运作的实际情况，提出指导性建议或意见；

3. 优先获得由集团成员单位提供的技术及科研成果转让权；

4. 优先到集团内院校挑选毕业生的权利。

5. 享有利用集团资源培训企业员工的权利；

6. 有权使用“广东交通职业教育集团”的统一标志和品牌，经集团理事会审核后可以集团

的名义开展有关活动;享受行政部门给予交通职教集团的优惠政策;

7. 可以享受的其他合法正当权益。

(二)企业成员单位的义务

1. 遵守本章程,执行集团有关决议,并向集团通报有关情况;

2. 为集团争取社会各界,包括港澳及海外知名人士对集团建设发展的关心和支持,以此来帮助集团筹集资金、开展国内国际交流与合作;

3. 根据与集团达成的有关协议,为集团成员单位的学生提供实习实训基地,为学生创业提供优惠的条件,同时也为集团成员单位教师提供实践锻炼机会;

4. 积极地为集团专业建设与发展提供咨询服务,并参与策划,为集团提供最新的企业管理与企业文化等方面的信息;

5. 有共同研讨人才培养方案的义务;

6. 积极宣传、共同维护和提升集团整体形象的义务。

第十六条 行业学会(协会)成员单位的权利义务:

(一)行业学会(协会)成员单位的权利

1. 有权使用"广东交通职业教育集团"的统一标志和品牌,经集团理事会审核后可以集团的名义开展有关活动;

2. 优先获得企业、学校的支持,形成良性互动机制;

3. 有偿向成员单位转让科研成果或提供有偿咨询、中介服务。

(二)行业学会(协会)成员单位的义务

1. 发挥信息交流平台优势,实现信息资源共享;

2. 为集团化办学提供理论指导、咨询分析,为决策提供依据;

3. 为企业提供人才供需信息,为学校提供就业信息;

4. 配合成员学校开展职工教育培训,提升集团成员企业劳动者素质。

第十七条 集团成员如有违反本章程的行为,损害集团的声誉和利益,情节严重,经劝告无效者,由集团理事会通过,责令其退出或予以除名。对于多次无故不参加职教集团活动的单位,提请理事会表决,经与会 2/3 以上理事同意予以取消。

第五章 资产管理及使用

第十八条 集团经费的主要来源:

1. 集团成员单位的捐赠;

2. 社会捐赠;

3. 政府拨款;

4. 集团从事其他社会服务活动的合法收入。

第十九条 集团经费由集团成员大会指定专人专户管理。集团经费必须用于本章程规定的业务活动和事业发展,不得在会员中分配。

第二十条 职教集团资产管理执行国家规定的财务管理制度,做到合法、真实、准确、完整,接受理事会的监督。集团换届或更换理事长之前,应接受有关单位的财务审计。

第二十一条 属于社会捐赠、资助的集团资产,集团须以适当的方式向社会公布。

第六章　终止程序及财产处理

第二十二条　集团完成使命或自行解散或由于其他原因需要终止活动，由集团理事会提出终止议案。

第二十三条　集团终止议案须经集团理事会会议表决通过，并报主管部门审查同意。

第二十四条　集团终止前，须在主管部门的指导下成立清算组织，处理善后事宜。

第二十五条　集团终止后的剩余财产，在主管部门的监督下，按照国家规定，用于发展职业教育事业。

第七章　附　　则

第二十六条　本章程自职教集团成立之日起生效，同时报送上级主管部门备案。

第二十七条　本章程解释权属集团理事会。

第二十八条　本章程其他未尽事宜由集团理事会决定。

二〇一二年七月

广东交通职业技术学院校企合作实施办法

第一章 总 则

第一条 根据《教育部财政部关于进一步推进“国家示范性高等职业院校建设计划”实施工作的通知》(教高[2010]8 号)、《教育部关于推进高等职业教育改革创新引领职业教育科学发展的若干意见》(教职成[2011]12 号)等文件精神,为进一步增强学院办学活力,促进合作办学、合作育人、合作就业、合作发展的校企合作体制机制创新,深化工学结合的人才培养模式改革,提升人才培养质量和社会服务能力,特制定本办法。

第二条 校企合作是指学院联合企业在发展规划、专业建设、人才培养模式改革、课程建设、师资队伍建设、实习实训、教学评价、招生就业、科研与技术服务、培训、学生管理等方面开展的各类合作。

学院与政府部门、行业企业、相关院校、科研院所、社会团体等开展的合作参照本办法执行。

第三条 校企合作双方应坚持互惠互利、实现共赢的原则。学院以企业需求为出发点,主动深入企业调研,了解企业人才需要状况、用人标准、技术需求、培训需求,积极为企业开展各类服务,帮助企业增加效益、促进技术进步、提升员工素质;企业为学院人才培养模式改革、实习实训条件建设、专任教师实践锻炼、兼职教师、学生顶岗实习、毕业生就业等提供相应支持。校企共同开展科研项目研究等社会服务活动,实现校企合作的良性循环。

第四条 开展校企合作的企业一般应具有独立的法人资格,在本行业、本区域具有一定知名度,业绩良好,具有可持续发展的能力和较高的合作诚信度。

第二章 机构设置与职责

第一条 机构设置

学院政校企合作发展理事会,其日常办事机构(秘书处)为示范性院校建设办公室(简称建设办),由建设办主任兼任理事会秘书长,由内设机构建设办负责学院层面的校企合作日常管理工作。

各二级学院的专业理事会,其日常办事机构为二级学院的校企合作部,校企合作部主任由二级学院综合办公室主任兼任,设干事若干人,负责校企合作的日常事务,包括在主要合作企业设立联络工作站,开展专业层面的校企合作的一系列具体工作。

第二条 秘书处基本职责

(一)负责制定学院校企合作的总体规划和各项管理制度,完善校内校企合作工作的运行与管理体系;负责开展理事会、职教集团的日常工作。

(二)对内负责统筹管理各专业校企合作部工作。整合学院各部门校企合作信息资源、校友资源、行业资源及合作企业资源,指导共享型教学资源、继续教育服务和科技服务等平台的建设;协调各部门进行专业建设、人才培养方案制定、课程建设、师资队伍建设、实习实训条件建设、社会服务等涉及校企合作的工作。

(三)对外负责牵头校企合作的相关活动。负责与学院政校企合作发展理事会、交通职教集团机构中的理事长、副理事长单位保持联系与沟通;负责牵头与相关本科院校、中职学校进行联系与沟通,为构建职教体系发挥平台作用;同时负责牵头与境外学校联系与沟通,发挥共育人才的桥梁与纽带作用。

(四)负责理事会的宣传工作,发挥校企合作的窗口作用。负责学院政校企合作发展理事会、广东交通职教集团两个网站的日常维护与更新,实现校企合作的信息资源共享;负责《理事会工作简报》(季刊)的编辑、出版与发行。

第三条 校企合作部基本职责

(一)负责履行学院政校企合作发展理事会新章程和专业理事会章程,结合专业实际,创造性地开展各项工作。

(二)负责承担相关专业教指委的具体工作,负责与理事会机构中相关类别的常务理事、理事单位保持联系与沟通,负责与设在企业的联络工作站保持联系与沟通。

(三)负责对专业设置、专业人才培养方案、课程设置与改革、教材建设、质量考核标准等人才培养方面与企业进行研讨交流、密切合作。

(四)负责职业资格和技能考核与鉴定、校内外实习实训基地等资源的校企共享,建立起能为学生顶岗实习实训、专业课教师培训提供支持等实质性的校企共建的实习实训基地。

(五)负责与企业在兼职教师聘任、兼职教师参与专业建设与课程体系改革、教育教学、专任教师下企业锻炼等方面开展具体合作。

(六)负责教育教学资源和企业资源的相互共享,开展校企合作和产学研结合,合作进行科学研究和技术开发,通过“订单式培养”和“工学结合”等方式,设立“校中厂”、“厂中校”。举办校企联谊恳谈会,满足毕业生就业和企业用人的需求。在招生、就业、教学、企业员工培训、科技服务等方面进行有效合作。

(七)负责举办企业家论坛,聘请有较高知名度的企业家或成功校友来校为学生作专题报告,让学生开阔视野,补充专业的新知识、新技术等,并更多地了解企业的需要,感受企业文化,为实习就业做好心理和知识技能准备。

(八)负责开展与省内外其他兄弟产业(行业)理事会(或职教集团)的交流活动,负责其他校企合作范畴的各类各项活动。

第三章 管理与考核

第一条 学院建设办(秘书处)制定计划,不定期与各专业理事会(校企合作部)、企业联络工作站进行信息交流,在宏观上统筹和协调全院校企合作工作。各校企合作部应及时向秘书处反馈校企合作的最新情况,签订的校企合作协议必须及时送交办公室登记备案。

第二条 根据学院校企合作发展理事会章程和广东交通职教集团章程的规定,不定期召开各类校企合作会议,解决校企合作过程中出现的重大问题。

第三条 为使校企合作活动规范化、常态化、可持续发展,学院以一定量的资金予以保障。每个校企合作部每年给予专项资金 2 ~ 3 万元;学院建设办用于校企合作专项资金单列。校企合作专项资金纳入学院年度财政预算,经学院预算委员会批准后,专款专用。

第四条 学院建设办的校企合作成效纳入部门考核体系,由学院考核领导小组考核;各二级学院校企合作部所开展的校企合作成效纳入二级学院考核体系,由人事处会同建设办进行考核。

二〇一一年十二月三十一日

北京市交通行业职业教育校企合作暂行办法

第一条 为充分发挥首都教育资源和科技资源优势,创新校企合作模式,进一步深化和促进本市交通行业职业教育院校与企业的合作,培养适应首都交通事业发展的职业人才,加快构建北京现代交通职业教育体系,根据《中华人民共和国职业教育法》和国家、本市有关规定,制定本暂行办法。

第二条 本暂行办法所称的交通行业职业教育校企合作,是指交通类职业院校与企业在技能型专门人才培养与职工岗位技能提升培训、科技创新与技术服务、资源共享与共同发展等方面开展的合作。

第三条 本市交通行业职业教育办学实行政府主导、行业指导、企业与职业院校共同参与的多元化校企合作机制。校企合作应当遵循自愿协商、优势互补、利益共享的原则,坚持以需求和就业为导向,实现生产(运营)、教学、科研相结合,产业链和教育链、产品链和教学链的深度融合。

第四条 市交通行政主管部门、教育行政主管部门负责本市交通行业的职业教育校企合作促进工作,统筹职业教育校企合作的教育教学改革、师资培养、实训基地建设、科技成果转化、督导评估等工作,协调市发展改革、财政、人力社保等部门对职业教育校企合作的规划计划、资源配置、经费保障等给予政策支持。

第五条 本市鼓励交通类职业院校扩大招生自主权,试行弹性学制,按照需求调整完善专业设置与课程内容,加强校企人才交流与合作。

第六条 本市实施交通行业职业教育校企合作会商机制,会商机制办公室设在北京交通职业教育集团。

北京交通职业教育集团内的职业院校、企业等成员单位应发挥带动和示范作用,探索集团化办学模式,企业在实施中长期人才发展战略的过程中与职业院校建立紧密联系、高度融合的合作关系,确保政府投入的职业教育资源转化为首都交通发展的保障能力。

第七条 本市交通行业协会(学会)应充分发挥资源、技术、信息等优势以及沟通、协调作用,引导企业与交通类职业院校开展校企合作。

第八条 交通类职业院校应针对企业实际用人需求,积极推进教育教学改革,建立专兼职结合的师资队伍,完善实训基地,参与企业职工培训与继续教育,促进科技成果转化应用。

第九条 本市鼓励交通行业企业与职业院校开展多种形式的合作办学。企业可采取设立奖学金,冠名品牌班,订单式培养,与职业院校联合建立实习实训基地,合作建设实验室或生产车间,合作兴办技术创新机构,合作组建职业教育实体或其他形式的产学研联合体等方式开展校企合作。

第十条 交通类职业院校应加强对合作企业的调研,了解合作企业用人需求,按照企业岗位工作标准所要求的知识、技能和职业素养,制定技能型专门人才培养方案。

第十一条 交通类职业院校应按照合作企业岗位工作标准及技术要求,调整完善专业设置、改革教学方式方法,定制课程标准,开发教学及培训课程,编写教材并形成教学内容更新机制。

第十二条 交通类职业院校应提高专业教师的业务水平和教学能力,聘请行业专家和企业的管理、技术骨干担任兼职教师,建立专兼职师资库。

第十三条 交通类职业院校应建立学生和教师到企业实习、实践制度,安排在校学生到企业参加实习,安排专业教师到企业实践。实习学生和实践教师要遵守企业规章制度和劳动纪律,保守企业商业秘密。

第十四条 支持交通类职业院校申请国家、本市职业教育基础能力建设项目。职业教育实训基地应按照真实工作环境进行设计、搭建,为学生创建真实的岗位训练、职场氛围。

第十五条 交通类职业院校实行"双证书"制,导入职业技能鉴定标准,实现专业课程内容与职业技能鉴定标准对接,并向合作企业优先推荐毕业生。

第十六条 鼓励交通类职业院校面向企业开展职业资格等级晋升培训,提升应用型管理及技术职业人才的职业资格等级。

第十七条 鼓励交通类职业院校参与企业的技术改造、产品研发和科技攻关等项目,促进科技成果转化应用。

第十八条 鼓励、引导市属交通企业和交通行业其他企业与交通类职业院校开展校企合作。参与校企合作的企业应与合作院校签订校企合作协议,向合作院校提供人才发展规划、用人需求信息、岗位工作标准、职业培训要求等,参与合作院校技能型专门人才培养方案制定、专业设置、课程开发和教材编写等工作。

第十九条 参与校企合作的企业应支持合作院校师资队伍建设,选派管理、技术骨干到合作院校担任兼职教师,有计划地提供实践岗位,接受合作院校教师进入企业实践。

第二十条 参与校企合作的企业应支持合作院校实训基地建设,参与实训基地的设计、论证,并提供技术支持。

第二十一条 鼓励企业采取与交通类职业院校合作的方式,对本单位应用技术与管理岗位人员开展在职培训及继续教育。

第二十二条 参与校企合作的企业应接受合作院校学生顶岗实习,免收实习费并给予适当的实习补贴。

本市在交通类职业院校推行"导师制",聘请有实践经验的企业管理、技术人员作为实践导师,参与学生顶岗实习的辅导与管理工作,有关聘任管理办法另行制定。

第二十三条 本市逐步在交通类职业院校建立"工程师工作站"、"技师工作站",以合作企业工程师、技师为主,依托职业院校教育资源,解决企业技术难题、进行技术创新。

第二十四条 校企合作双方应对合作项目建立考核、评价体系,共同制定考核标准,对人才培养及在职培训质量进行考核。

第二十五条 本市逐步建立交通行业企业与交通类职业院校共同研发机制,结合企业技术革新改造、产品升级换代等过程中的实际问题,校企共同申请科研立项,开展应用型技术与管理科研成果的转化研究,向行业推广研究成果。

第二十六条 本市逐步建立并完善交通行业新兴岗位、工种的技术标准、职业培训标准,交通类职业院校与企业应共同开设新专业、开发培训课程和教材。

第二十七条 本市交通行业推行集团化办学模式下的职业教育改革创新,在北京交通职业教育集团内搭建人才需求信息平台、师资互动平台、实训基地共享平台、职业培训与技能鉴定平台、交通应用型技术与管理研发推广平台,适应交通行业发展要求。

第二十八条 交通类职业院校应按照市交通行政主管部门、教育行政主管部门的要求,率先在城市轨道交通、汽车应用技术等专业建立一级至五级职业教育分级标准,采取校企合作的方式逐步开展交通职业教育分级制改革试验。

第二十九条 市交通行政主管部门协调相关部门开展交通行业新兴职业、岗位的职业技能鉴定培训工作,促进本市交通行业职业技能鉴定工作。

第三十条 本暂行办法适用于本市交通行业企业与交通类职业院校的校企合作。

第三十一条 本暂行办法自 2011 年 7 月 1 日起施行。

教育部关于充分发挥行业指导作用
推进职业教育改革发展的意见

教职成〔2011〕6号

各省、自治区、直辖市教育厅(教委),各计划单列市教育局,新疆生产建设兵团教育局,全国中等职业教育教学改革创新指导委员会,各行业职业教育教学指导委员会,有关部门(单位):

为贯彻落实全国教育工作会议精神和《国家中长期教育改革和发展规划纲要(2010—2020年)》,加快建立健全政府主导、行业指导、企业参与的办学机制,推动职业教育适应经济发展方式转变和产业结构调整要求,培养大批现代化建设需要的高素质劳动者和技能型人才,现就充分发挥行业指导作用,推进职业教育改革发展提出如下意见:

一、进一步提高对职业教育行业指导重要性的认识

1. 行业是建设我国现代职业教育体系的重要力量。长期以来,各行业主管部门、行业组织积极参与举办职业教育,认真指导职业学校办学,为我国职业教育的改革发展作出了重要贡献。行业是连接教育与产业的桥梁和纽带,在促进产教结合,密切教育与产业的联系,确保职业教育发展规划、教育内容、培养规格、人才供给适应产业发展实际需求等方面,发挥着不可替代的作用。构建适应经济社会发展方式转变和产业结构调整要求、体现终身教育理念、中等和高等职业教育协调发展的现代职业教育体系,离不开行业的指导。

2. 强化行业指导是职业教育提升服务能力的重要保证。“十二五”时期,以科学发展为主题,以加快转变经济发展方式为主线,促进经济长期平稳较快发展与社会和谐稳定,迫切需要职业教育培养大批高素质劳动者和技能型人才。当前,职业教育办学机制还不够健全,与行业企业的联系还不够紧密。加强行业指导,是推进职业教育办学机制改革的关键环节,是遵循职业教育办学规律,整合教育资源,改进教学方式,突出办学特色,提高服务经济发展方式转变能力的必然要求。全面落实教育规划纲要,职业教育要围绕国家战略需求,充分依靠行业,加强产学研合作,密切校企合作、工学结合,共同推进改革创新,促进职业教育的规模、专业设置和人才培养更加适应国家战略任务的新要求,为实现全面建设小康社会奋斗目标提供有力的人力资源支撑。

二、依靠行业,充分发挥行业对职业教育的指导作用

3. 大力支持行业主管部门和行业组织履行实施职业教育的职责。要支持行业根据发展需要举办职业教育,并对本系统、本行业的职业教育发挥组织、协调和业务指导作用;明确举办职业学校的办学定位,完善管理模式,促进学历教育与培训有机衔接;整合行业内职业教育资源,引导和鼓励本行业企业开展校企合作;发挥资源、技术、信息等优势,参与校企合作项目的评估、职业技能鉴定及相关管理工作;收集、发布国内外行业发展信息,开展新技术和新产品鉴定与推广,引导职业教育贴近行业、企业实际需要;提出制定行业职业教育规划咨询建议,参与国家对职业学校的教育教学评估和相关管理等工作。

4. 鼓励行业企业全面参与教育教学各个环节。要以行业、企业的实际需求为基本依据，遵照技能型人才成长规律组织教育教学。要依靠行业相关专业优势，充分发挥行业在人才供需、职业教育发展规划、专业布局、课程体系、评价标准、教材建设、实习实训、师资队伍、企业参与、集团办学等方面的指导作用，促进行业在职业学校专业建设和教学实践中发挥更大作用，不断提高职业教育人才培养的针对性和适应性。

5. 充分发挥行业职业教育教学指导委员会（以下简称行指委）的作用。行指委是行业主管部门、行业组织牵头组建的职业教育专家组织，是促进职业教育与产业结合的重要力量。发挥行指委的作用是新阶段保障职业教育科学发展的一项重要机制。各行指委要按照工作职能和要求，建立健全工作制度，明确工作计划、目标和任务，积极为各级教育行政部门提供咨询和建议，帮助和指导职业学校开展教学改革，成为职业教育政策的建议者、信息的传播者、校企合作的推动者、职业学校的服务者和相关活动的组织者。

三、突出重点，在行业的指导下全面推进教育教学改革

6. 推进产教结合与校企一体办学，实现专业与产业、企业、岗位对接。建立健全校企合作新机制，指导推动学校和企业创新校企合作制度，积极开展一体化办学实践。通过整合实训资源，共建产品设计中心、研发中心和工艺技术服务平台，在企业建立教师实践基地等方式，推动职业学校教师到企业实践，企业技术人员到学校教学，促进职业学校紧跟产业发展步伐，促进教育与产业、学校与企业深度合作。

7. 推进构建专业课程新体系，实现专业课程内容与职业标准对接。以提高学生综合职业能力和服务学生终身发展为目标，紧贴经济社会发展需求，结合产业发展实际，对接职业标准，指导专业设置标准和教学指导方案开发，指导学校加强专业建设，规范专业设置管理，更新课程内容，调整课程结构，探索教材创新，实现人才培养与产业，特别是与区域产业的紧密对接。

8. 推进人才培养模式改革，实现教学过程与生产过程对接。依照全面发展、人人成才、多样化人才、终身学习、系统培养等新的人才培养观念，遵循教育规律和人才成长规律，指导职业学校根据职业活动的内容、环境和过程改革人才培养模式，做到学思结合、知行统一、因材施教，着力提高学生的职业道德、职业技能和就业创业能力，促进学生全面发展。推动企业积极接受职业学校学生顶岗实习，探索工学结合、校企合作、顶岗实习的有效途径。紧贴岗位实际生产过程，改革教学方式和方法，倡导启发式、探究式、讨论式、参与式教学，积极开展项目教学、案例教学、场景教学、模拟教学。

9. 推进建立和完善"双证书"制度，实现学历证书与职业资格证书对接。积极组织开展本行业所负责的职业资格认证及行业相关专业的"双证书"实施工作试点。依据产业发展和行业企业岗位职业能力标准所涵盖的知识、技能和职业素养要求，指导相关试点专业的人才培养方案制定、核心课程开发、技能训练和岗位职业能力认证等工作，推动职业学校和职业技能鉴定机构、行业企业的深度合作。推动在省级以上重点学校设立职业技能鉴定点，将相关课程考试考核与职业技能鉴定合并进行，使学生在取得毕业证书的同时，获得相关专业的职业资格证书和行业岗位职业能力证书。

10. 推进构建人才培养立交桥，实现职业教育与终身学习对接。整合职业教育资源，推进行业内中职与高职及职业培训机构集团化办学。指导推进招生和教学模式改革，改变单一的

入学方式和学习形式,学校教育与职业培训并举,全日制与非全日制并重。指导推动中、高职协调发展,探索中、高职课程相贯通,职业技能成果与学习成绩的互认和衔接。指导职工在职接受职业教育工作,推动企业委托职业学校并协同优质社会培训机构、各级各类成人继续教育机构进行职工培训,有计划地提高从业人员的业务素质和职业技能,满足在职职工继续学习、终身发展的需求。

四、完善机制,探索和构建职业教育行业指导工作体系

11. 切实加强行指委能力建设。各行指委要不断加强自身的思想建设、组织建设和业务建设,不断提高工作质量和服务水平。要坚持科学严谨,实事求是的工作态度、工作作风,注重调查研究,发扬勤俭节约,艰苦奋斗的优良传统,建立完善自律性管理约束机制,努力做到指导到位、有力,服务专业、有效,与政府部门和相关单位密切沟通、积极配合。要加强行指委之间的交流与合作。

12. 逐步建立和完善职业教育人才培养质量行业评价制度。要建立社会、行业、企业、教育行政部门和学校等多方参与,以能力水平和贡献大小为依据的职业教育质量评价体系,把行业规范和职业标准作为学校教学质量评价的重要依据,把社会和用人单位的意见作为职业教育质量评价的重要指标。逐步建立以行业企业为主导的职业教育第三方评价机制。职业学校办学条件、教师编制等实施标准,以及专业设置标准、国家级示范校和示范专业点建设等工作都应听取有关行业的意见。

13. 健全职业学校教育教学行业指导制度和工作机制。职业学校要建立有行业企业参加的办学咨询、专业设置评议和教学指导机构。要根据当地产业发展的实际,针对区域产业发展和企业需求,与行业企业共同制定实施性人才培养方案和教学计划,编写校本教材,培养培训师资,组织实施教学,使学校人才培养最大限度地与区域产业发展需求相吻合。

14. 加强职业教育行业指导工作的组织领导。要把发挥行业指导作用,纳入现代职业教育体系建设之中,加强制度建设,建立健全行业指导领导机构和工作机制。要充分发挥职业教育部际联席会的作用。省级教育行政部门要切实发挥区域统筹作用,大力支持行业、企业发展职业教育,为促进区域内中高等职业教育协调发展和资源共享,提供必要的保障条件。在研究制定职业教育重大政策措施的过程中,要主动听取和征求有关行业的意见和建议。要把行业指导情况,作为职业教育督导的重要内容。

15. 转变职能,适应办学体制机制改革的新要求。教育行政部门要根据加强职业教育行业指导的要求,加快转变工作职能、工作方式和工作作风,要在指导思想、工作方法、机构设置等方面与时俱进。要建立行业指导例会制度,经常性地开展教育行政部门、职业学校与行业、企业的对话交流。要将应当或适宜由行业承担的工作,通过授权、委托等方式交给行业承担,并给予相应的政策和资金等方面的支持。要创造良好的政策环境,推动制定实施引导行业企业和社会参与办学的宏观政策、政府购买企业培训实训资源的政策。要鼓励行业组织、企业举办职业学校,鼓励委托职业学校进行职工培训。鼓励支持行业组织开展相关职业技能竞赛活动。探索建立评估行业指导、参与职业教育督导机制。

教育部
二〇一一年六月二十日